高职高专“十二五”规划教材

金属材料与成型工艺基础

李庆峰　主编

北　京
冶　金　工　业　出　版　社
2013

内 容 提 要

本书系统地阐述了金属材料的成分、结构、性能之间的关系以及在生产实践中的应用，介绍了热加工工艺基础，并结合应用实例介绍了机械零件的选材及热处理工艺路线的安排，其中对铸造工艺、锻造工艺、焊接工艺，以及机械零件选材的介绍是本书的一大特色。通过本书的学习，可使学生掌握金属材料学的基本理论与应用，熟悉工程材料的主要热加工工艺方法，具有根据机械零件的服役条件和性能要求合理地选用工程材料的能力。

本书适合于高职院校机械类专业学生 50 ~ 60 学时的教学，也可供相关企业技术人员参考。

图书在版编目(CIP)数据

金属材料与成型工艺基础／李庆峰主编．—北京：冶金工业出版社，2012.2（2013.8 重印）

高职高专“十二五”规划教材

ISBN 978-7-5024-5813-3

Ⅰ.①金… Ⅱ.①李… Ⅲ.①金属材料—成型—工艺—高等职业教育—教材 Ⅳ.①TG39

中国版本图书馆 CIP 数据核字(2012)第 008026 号

出 版 人　谭学余
地　　址　北京北河沿大街嵩祝院北巷 39 号，邮编 100009
电　　话　(010)64027926　电子信箱　yjcbs@cnmip.com.cn
责任编辑　李　臻　美术编辑　李　新　版式设计　葛新霞
责任校对　卿文春　责任印制　李玉山
ISBN 978-7-5024-5813-3
冶金工业出版社出版发行；各地新华书店经销；北京百善印刷厂印刷
2012 年 2 月第 1 版，2013 年 8 月第 2 次印刷
787mm × 1092mm　1/16；14.5 印张；344 千字；222 页
30.00 元

冶金工业出版社投稿电话：(010)64027932　投稿信箱：tougao@cnmip.com.cn
冶金工业出版社发行部　电话：(010)64044283　传真：(010)64027893
冶金书店　地址：北京东四西大街 46 号(100010)　电话：(010)65289081(兼传真)

前 言

“金属材料与成型工艺基础”课程是高等职业教育学校机械类专业的专业基础课，主要介绍工程材料的种类、性能及改性方法、应用、选材原则及方法、主要热加工工艺方法等内容。本课程的任务是通过学习使学生熟练掌握金属材料的“成分－组织－性能”三者之间关系的一般规律；掌握常用金属材料的分类、性能、应用范围和选择原则；初步掌握钢热处理的基本原理及常用工艺的目的；熟悉工程材料主要热加工工艺的方法、工艺性能及应用等相关基本理论和基本知识；具有能根据机械零件的服役条件和性能要求正确合理地选用工程材料的基本能力，为学习其他有关课程和今后的工作奠定必要的基础。

本书依据高职教育职业基础课教学必须、够用的原则，对课程内容进行模块化设计，全书共分金属学基础、钢铁材料基础、金属材料及应用、热加工工艺基础和机械零件选材及工艺路线分析五大模块。每个模块中的内容，因果相连，有很强的对照性和可比性，学习起来易于相互融通；而各个模块之间，既相互独立，又有一定的联系，可以针对不同的需求，进行取舍。每个模块都根据内容的内在规律进行了小结并配有针对性的课外练习。

本书第1、3、5章由安徽工业职业技术学院李庆峰编写；第2章由安徽工业职业技术学院孙春英编写；第4、6章由安徽工业职业技术学院张怀春编写。全书由李庆峰副教授主编；铜陵有色金属公司高级工程师刘晓明参审。

由于编者水平有限，疏漏及不足之处在所难免，敬请各位读者批评指正。

编　者

2011年8月于铜陵

目录

1 绪 论

1.1 材料科学的重要地位

人类社会的发展历程，是以材料为主要标志的。人类使用材料的历史，从过去到现在共经历了 7 个时代（见表 1-1）。

表 1-1 人类使用材料的时代及时间表

石器时代	公元前 10 万年	钢时代	1800 年
青铜器时代	公元前 3000 年	硅时代	1950 年
铁器时代	公元前 1000 年	新材料时代	1990 年
水泥时代	公元 0 年		

公元前 10 万年以前，人类以石头作为工具，称旧石器时代；1 万年以前，人类对石器进行加工，使之成为器皿和精致的工具，从而进入新石器时代。新石器时代后期，出现了利用黏土烧制的陶器，人类在寻找石器过程中认识了矿石，并在烧陶生产中发展了冶铜术，开创了冶金技术。公元前 3000 年，人类开始发现并应用金属材料——青铜，从而进入青铜器时代，它是人类使用金属材料的第一个里程碑。公元前 1000 年，人类开始使用铸铁，从而进入了铁器时代。金属材料的使用标志着社会生产力的发展，人类逐渐进入文明社会，但直到进入铁器时代把铁作为武器和工具后，人们的经济和生活方式才发生了巨大的变化。

18 世纪，钢铁工业的发展成为产业革命的重要内容和物质基础，因而产生了若干经济发达的强国。19 世纪中叶，现代平炉和转炉炼钢技术的出现，使人类真正进入了钢时代。与此同时，铜、铅、锌也得到大量的应用，铝、镁、钛等金属相继问世并得到应用，直到 20 世纪中叶，金属材料在材料工业中一直占有主导地位。继钢时代之后，1950 年开始了硅时代，这是信息技术革命的时代，对当今世界产生了深远的影响。与此同时，随着科学技术的迅猛发展，作为发明之母和产业粮食的新材料又出现了划时代的变化。首先是人工合成高分子材料的问世，即先后出现的尼龙、聚乙烯、聚丙烯、聚四氟乙烯等塑料以及维尼纶、合成橡胶、新型工程塑料、高分子合金和功能高分子材料等。仅半个世纪时间，高分子材料已可与有上千年历史的金属材料并驾齐驱，并在年产量的体积上超过了钢，成为国民经济、国防尖端科学和高科技领域不可缺少的材料。其次是陶瓷材料的发展。陶瓷是人类利用自然界所提供的原料最早制造而成的材料。20 世纪中叶，合成化工原料和特殊制备工艺的发展使陶瓷材料产生了一个飞跃，出现了从传统陶瓷向先进陶瓷的转变，许多新型功能陶瓷形成了产业，满足了电力、电子技术和航天技术的发展和需要。

在钢时代和硅时代，人们强烈地认识到材料科学对社会发展与进步的作用。比如，日本和英国两国对材料研究和应用的不同认识，对本国的经济发展程度产生重大影响。英国在钢时代到来之际，由于有一定的预见性，因此在世界钢铁生产中占有一定的优势，也给英国的经济发展带来巨大的活力。日本在“二战”之后，充分认识到钢材料的应用对社会经济发展的重要作用，钢产量从 1952 年的 700 万吨、1962 年的 2755 万吨，增加到 1972 年的 9690 万吨，20 年间增加了近 13 倍；而英国的钢产量从 1952 年的 1700 万吨、1962 年的 2082 万吨，增加到 1972 年的 2500 万吨，20 年间钢产量仅增加不到 0.5 倍。日本的这一技术政策推动了日本的汽车工业和其他一些主要用钢产品的发展，使日本经济有了很大的发展。在 1970 年以后，日本认识到世界已处于硅时代，因此，在保持钢的生产优势的同时，瞄准了硅材料，发展半导体工业，使得家用电器的生产在世界市场中占绝对优势。然而，英国却忽视了硅时代的到来，由于没有相应的技术政策和战略眼光，其结果是英国从世界一类强国中退居二类。

1949 年后，我国也十分重视材料工业的发展，尤其是钢铁工业的发展，在反映中国发展成就的主要指标中，粮食产量、钢产量等总是摆在重要的位置。改革开放以来，钢铁工业更是得到了极大发展，有力地促进了中国国民经济的发展。表 1－2 与图 1－1 反映了我国钢材产量与国民经济发展综合指标——国内生产总值（GDP）的关系。

表 1－2 我国钢材产量与 GDP 增长数据比较

年 份	1980	1985	1990	1995	2000	2005	2006	2007	2008	2009	2010
钢材产量/万吨	2716	3693	5153	8980	13146	37771	46893	56561	60460	69405	79776
GDP/亿元	4950	9020	18670	60800	99220	183870	210870	257310	314050	340510	401200

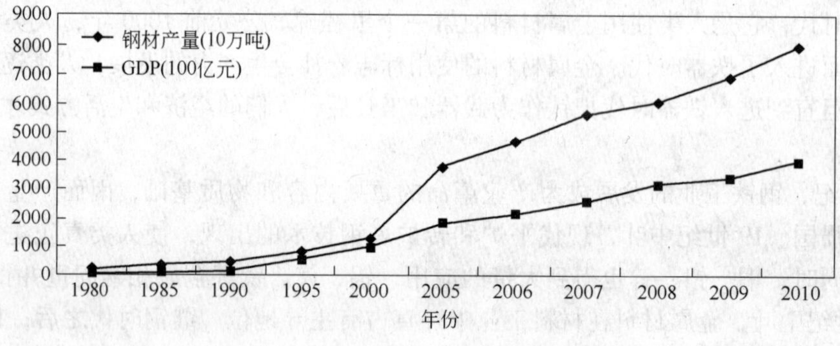

图 1－1 钢材产量与 GDP 增长关系比较

1.2 我国古代对世界文明的产生和发展做出的巨大贡献

中国从距今三千多前的殷商时期开始进入了一个光辉灿烂的青铜器时代。气势雄伟的司母戊鼎、精美绝伦的四羊方尊、大气磅礴的战国编钟、设计巧妙的长信宫灯等，这些荟萃了工艺技巧与文化艺术的杰作，使得出现并不算最早的中国青铜文明后来者居上，站在了世界的先进行列，并将青铜冶铸的技术推向了一个新的高峰。国外冶金学权威克里尔曾说：“即使把美国和欧洲第一流的技师集合起来，并使用现代的科学技术，也不能做得比殷商青铜器更好。”

中国的青铜业之所以能取得如此卓越的历史成就，要得益于中国古代先进的采矿、冶炼技术和高超的铸造工艺。

1.2.1　先进的矿石开采

我国古代劳动人民在从事农业、畜牧业、手工业生产中，陆续发现和使用了石器、陶器、木器、骨器等。在长期生产实践中，又逐渐认识到自然界中存在金属铜块，于是开始采集和使用它。

早在新石器时代，中国人就已经会使用“火攻法”采集矿石。位于广州市郊区西南樵山的新石器时代制石工场遗址是我国目前发现最早的古代采矿遗址。在遗址的矿坑内壁上有火烧痕迹，巷道地面堆积了很厚一层经过火烧的磷石块和碳屑，说明早在5000多年前，我国劳动人民就已懂得利用热胀冷缩的原理来开采矿石，这是世界采矿史上的一个奇迹。

中国古代的采矿技术在商周时期就已经达到很高的水平。从已出土的商周时期的铜矿采矿遗址来看，开采方法既有露天开采，又有地下开采，其中以地下开采为主。当时矿工能利用木立框支撑在地层深部，构筑了庞大的地下采场。地下开采时利用井口高低不同所产生的气压差形成自然风流解决了通风问题。青铜斧、钺、凿等开采工具，木锨、木铲等翻土工具，竹筐、竹畚箕等装载工具，木辘轳、木钩等提升工具，都说明古铜矿井已有效地解决了安全、通风、排水、提升等一系列技术问题，展示了中国早期辉煌的采矿技术成就。在采矿遗址的矿区还发现了大型选矿场，出土了选矿器具木溜槽，它可以利用矿粒在斜向水流中运动状态的差异进行物料选别。矿粒在重力、摩擦力、水流的压力、剪切力及挡条阻力等联合作用下发生松散、分层，这是按密度分离的重力选矿法之一。

这些遗址证明，我国早在商、周时期不仅能找到富矿、大矿，而且已能开掘深矿井，这在当时世界上是极为先进的。

1.2.2　完善的青铜冶炼

我国在新石器晚期就进入了铜石并用时代。古人最初采集铜矿石是用于提炼纯铜。纯铜因为是红色的，所以叫红铜。红铜虽然可锻并能熔铸工具，但质地不如石器坚硬和锋利，制作出来的工具刀口容易钝。同时，由于红铜溶液黏稠，流动性差，所以难以浇铸出造型复杂的大件容器。古人在提炼及使用红铜工具的过程中，发现将红铜与锡、铅等金属熔融在一起，就能克服以上这些弱点，于是开始在红铜中掺进定量的锡、铅，炼制出一种青灰色的合金，这就是青铜。与红铜相比，青铜有熔点低，易于铸造，硬度大，熔化后流动性好，少气泡等优点，适于铸造锋利的刀刃和细密的纹饰。

青铜文化的出现和发展是建立在冶金设备的发展和完善的基础上的。先进的炼铜竖炉是青铜冶铸业兴起的基础之一。从湖北大冶铜绿山发现的春秋时期的炼铜竖炉来看，当时的竖炉由炉基、炉缸和炉身组成，在炉的前壁下部设有金门和出渣、出铜的孔洞，炉侧还设有鼓风口，整体结构已相当先进。

在冶炼青铜的过程中，我国古代劳动人民还逐步发现了铜与锡、铜与铅的配比的改变，能够使炼制出来的青铜的属性发生变化。青铜的熔点低，加进的锡越多，熔点越低。同时随着加锡量的增多，硬度也随之增高，远远超过了红铜的硬度。但是当加锡过多时，青铜反而变脆，容易断裂。后来，人们又发现在青铜中加入定量的铅就能克服青铜较脆的弱点。通过反复的实践，到春秋战国时期，古人已经总结出配制青铜的合金规律。

战国时代的《周礼·考工记》里对于铸造各种青铜器物的合金配比就有比较明确的记载："金有六齐，六分其金而锡居其一，谓之钟鼎之齐；五分其金而锡居其一，谓之斧斤之齐；四分其金而锡居其一，谓之戈戟之齐；三分其金而锡居一，谓之大刃之齐；五分其金而锡居二，谓之削杀矢之齐；金锡半，谓之鉴燧之齐。"这里的"金"是指青铜，"齐"是剂量的意思。这段话向人们指出了合金性能和合金成分之间的关系，说明当时的人们已经完全懂得了采用不同的铜、锡配方，来改变青铜的硬度、韧性、声学性能以及磨光性能，制作不同用途的青铜器。这是世界上关于青铜的成分配比不同而导致性能和用途不同的最早的文字记载。近年来，有关人员检验了600多件古代青铜器，成分都很合理。古代没有任何分析手段，却能将青铜器的成分掌握得如此精确，让人惊奇。

1.2.3 悠久的工艺铸造

铸造业在我国古代的金属加工工艺中占有突出的地位，并产生过巨大的社会影响。我国古代劳动人民在长期的生产实践中，创造了陶范法、失蜡法两大传统铸造工艺。

最初的铸造技术中使用的是石范（即模）。由于石料不容易加工，又不耐高温，随着制陶业的发展，很快就改用泥范。在近代砂型铸造之前的三千多年时间里，泥范铸造一直是最主要的铸造方法之一。我国在商代早期就有了泥范铸造，商代中期达到鼎盛时期。用这种方法，古代工匠们创造出了像司母戊鼎、四羊方尊这样的旷世珍品。

我国古代泥范铸造的又一个杰出成就是叠铸法的早期出现和广泛应用。所谓叠铸是把许多个范块或成对范片叠合装配，由一个共用的浇道进行浇注，一次得到几十甚至上百个铸件。我国最早的叠铸件是战国时期的齐刀币。这种方法由于其生产率高，成本比较低，至今仍在广泛使用。

我国的失蜡法最迟起源于春秋时期。战国、秦汉以后，失蜡法更为流行，尤其是隋唐至明、清期间，铸造青铜器采用的多是失蜡法。失蜡法一般用于制作小型铸件。用这种方法铸出的铜器既无范痕，又无垫片的痕迹，用它铸造镂空的器物更佳。中国传统的失蜡法铸造技术对世界的冶金发展有很大的影响。现代工业的熔模精密铸造就是从传统的失蜡法发展而来的。虽然无论在所用蜡料、制模、造型材料、工艺方法等方面，它们都有很大的不同，但是它们的工艺原理是一致的。20世纪40年代中期，美国工程师奥斯汀创立以他命名的现代熔模精密铸造技术时，曾从中国传统失蜡法中得到启示。

1.2.4 珍贵的技术文献

《周礼·考工记》是中国目前所见年代最早的手工业技术文献，篇幅虽不长，但科技信息含量却相当大。书中除涉及先秦时代的制车、兵器、礼器、钟磬、练染、建筑、水利等手工业技术、工艺美术资料外，还涉及天文、生物、数学、物理、化学等自然科学知识，记载了一系列的生产管理和营建制度，一定程度上反映了当时的思想观念。《周礼·考工记》是一部记载了周王朝春秋战国时代的手工业品、工程技术规格、制造方法、技术要求以及质量管理等技术方面的珍贵典范，成为我国从秦代到清代遵循效法的根据。该书在中国科技史、工艺美术史和文化史上都占有重要地位。

《天工开物》为明末清初的宋应星（1587～1661）所著，完成于1637年。全书共有18卷，包括种植、纺织、染色、粮食加工、熬盐、制糖、烧制陶瓷、冶铸、制造车船、锤锻、烧制灰硫、榨油、造纸、采矿、兵器、颜料、酿酒等诸多内容，描绘了130多项生产技术和工具的名称、形状、工序。无论是对操作技术还是对工具本身都尽可能用数字进行精确的描述。该书是中国古代一部综合性的科学技术著作，也是世界上第一部关于农业和手工业生产的综合性著作，被欧洲学者称为“技术的百科全书”。它对中国古代的各项技术进行了系统的总结，构成了一个完整的科学技术体系。对农业方面的丰富经验进行了总结，全面反映了工艺技术的成就，书中记述的许多生产技术一直沿用到近代。

1.3 材料及材料性能的分类

材料是人类用于制造物品、器件、构件、机器或其他产品的物质。材料是物质，但不是所有物质都可以称为材料。如燃料和化学原料、工业化学品、食物和药物，一般都不算是材料。

1.3.1 材料的分类

材料的分类方法很多，从物理化学属性可分为无机物材料、有机物材料和不同类型材料所组成的复合材料；从用途可分为电子材料、航空航天材料、核材料、建筑材料、能源材料、生物材料等；从发挥的作用可分为结构材料和功能材料；从材料发展的角度可分为传统材料和新型材料等。

机械工业中常用的材料主要分为金属材料和非金属材料两类：

（1）金属材料。金属材料是指由金属元素或以金属元素为主构成的具有金属特性的材料。通常分为黑色金属材料和有色金属材料两大类。

（2）非金属材料。非金属材料是指由非金属元素或化合物构成的材料。通常指以无机物为主体的玻璃、陶瓷、石墨、岩石以及以有机物为主体的木材、塑料、橡胶等一类材料。

1.3.2 材料的性能

材料的性能包括使用性能和工艺性能两大类。使用性能是指材料在使用过程中表现出来的特性，包含物理性能、化学性能和力学性能3种；工艺性能是指材料在不同的加工过程中表现出来的特性，根据工艺的类型，主要有铸造工艺性能、压力加工工艺性能、焊接工艺性能、切削加工工艺性能和热处理工艺性能等。

在上述各种性能中，力学性能是设计和制造机械零件时最重要的指标，是控制材料质量的重要参数。

1.4 “金属材料与成型工艺基础”课程研究的对象和学习目的

本课程是研究材料的成分、组织、性能三者之间关系和变化规律以及应用的一门学科。学习本课程的目的在于使学生获得机械工业中有关材料的基本理论和基本知识，初步掌握工程材料的基本类型和机械特性及常用热处理方法，同时了解常用热加工的方法和工艺性能，使学生具有合理选材、正确运用热处理方法改善性能、妥善安排工艺路线等方面的初步能力。

1.5 “金属材料与成型工艺基础”课程的基本内容

课程的基本内容具体如下：

（1）金属学基础：介绍金属和合金的基本结构、结晶规律、塑性变形、合金相图以及主要强化方法，以期掌握合金的成分、结构与性能之间的关系及其规律。

（2）钢铁材料基础：介绍铁碳合金成分、组织与性能之间的关系，以奥氏体转变为基础着重介绍钢的基本热处理工艺，以期掌握强化和改善钢的内部和表面性能的方法。

（3）金属材料及应用：介绍钢铁材料和常用有色金属材料的分类、特点、适用场合等知识，以期掌握常用金属材料的性能特点、热处理强化方法以及应用。

（4）热加工工艺基础：介绍金属材料常用的热加工的方法、加工性能等知识，以期熟悉热加工方法适用的材料种类。

（5）机械零件选材及工艺路线分析：介绍零件选材的基本原则，重要的机械零件材料的选择，热处理工艺及工艺路线的设置，以及典型零件工艺路线的分析，以期初步掌握本课程所学知识在工业上的综合应用。

2 金属学基础

金属学是研究金属及其合金的组成、组织结构和性能之间的内在联系以及在各种条件下的变化规律，为有效地使用金属材料和为发展具有特定性能的金属材料而服务的一门应用科学。金属学研究内容可分为两方面：（1）依据成分、冷却结晶过程对金属与合金的组织结构和性能的影响，研究金属与合金的相结构和组织的形成规律；（2）联系金属材料的使用，研究材料结构强度和断裂行为，研究金属材料在各种不同使用条件下的特性变化，进而研究金属的强化原理。本章主要介绍金属与合金的基本结构、性能及其之间的关系；主要介绍强化方法和基本原理以及形成组织的基本过程，为进一步学习研究钢铁材料成分、组织、性能三者之间的关系以及应用打下基础。

2.1 金属与合金的结构和性能

2.1.1 金属材料的力学性能

在机械工业中应用最广泛的材料是金属材料，根据不同的使用目的和工作条件，人们对金属材料的性能提出了不同的要求。因此，为了在机械制造过程中能够合理地选择金属材料，正确地拟订各种加工工艺过程，充分发挥金属材料的性能潜力，达到既节约金属材料又保证产品质量的目的，就必须了解并掌握金属材料的各种性能。

实际上金属的性能是多方面的，如在使用条件下表现出来的使用性能包括物理性能（如密度、熔点、导热性、导电性、热膨胀性等）、化学性能（如抗氧化性、抗腐蚀性等）、力学性能（如强度、硬度、塑性、韧性等）；在加工过程中表现出来的工艺性能包括铸造性能、锻造性能、焊接性能、切削加工性能等。

金属材料在实际应用时受到的外载荷（外力）形式是多种多样的，而在不同的受力形式下，材料表现出的力学性能也是不同的，所以金属材料对使用性能的要求，通常以力学性能为主。为保证金属材料的合理应用，在工程结构、机械零件及工具的设计与制造过程中，金属材料的选用大多以力学性能为首要依据，因此，熟悉和掌握金属材料的力学性能，对本课程后续的专业课程学习和实践而言是非常必要的。现将工程材料在应用过程中常用的有关力学性能介绍如下。

2.1.1.1 材料在静载荷作用下的拉伸试验

图 2－1 所示为低碳钢拉伸试样在静载荷作用下，其纵向线应变（ε）与轴向拉应力（σ）之间的关系曲线。

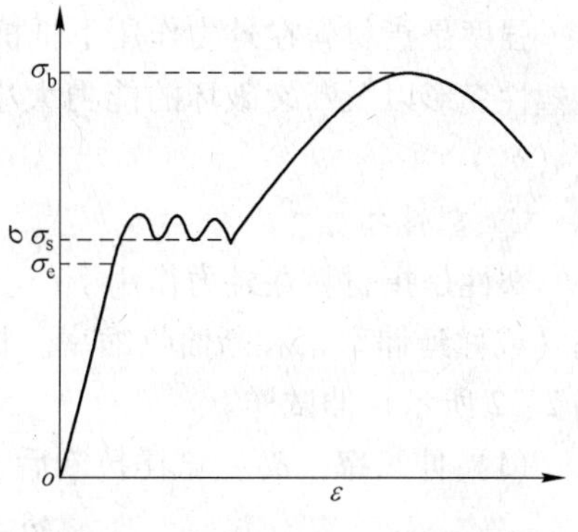

图 2－1 低碳钢拉伸曲线示意图

图 2－1 中直线段是材料的弹性变形阶段。在此

阶段试样的形变与所加的外力成正比，外力撤除后试样可以恢复原来的形状和尺寸，没有残留的永久变形。

图2-1中锯齿状的阶段为屈服阶段。在此阶段材料产生明显的塑性变形，也即当所加的外力超过弹性变形阶段对应的外力时，外力卸载后，伸长的试样只能部分恢复，而保留一部分残余变形，也就是材料产生了塑性变形。锯齿状表明，即使外力不再增加，试样也会继续变形，材料似乎已经失去了抵抗外力的能力。

图2-1中曲线阶段为均匀塑性变形阶段。屈服阶段后，随着塑性形变增大，试样变形抗力也逐步增加，要使试样继续变形，须不断增加外力，直到达到最大值。当外力达到最大后，试样就在某个薄弱部分形成“缩颈”，即局部产生明显塑性变形导致截面收缩，此时不增加外力试样也会发生断裂。

其各阶段的主要指标含义如下：

A 弹性极限（σ_e）

弹性极限是指材料在外力作用下，只产生弹性变形的最高应力值。表示在外力作用下，工作应力若超过弹性极限值，材料将产生塑性变形。

B 屈服极限（σ_s）

屈服极限是指材料在外力作用下，产生屈服变形时的最低应力值。表示在外力作用下，工作应力若超过屈服极限值，材料将产生明显的塑性变形。

C 抗拉极限（σ_b）

抗拉极限是指材料在外力作用下，产生断裂的最低应力值。表示在外力作用下，工作应力若超过抗拉极限值，材料将产生断裂破坏。

2.1.1.2 材料在静载荷作用下的力学性能

A 刚度指标

刚度是指材料在外力作用下抵抗弹性变形的能力，表示材料产生弹性变形的难易程度。常用弹性模量 E（图2-1中直线段的斜率）表示刚度的大小。E 的大小取决于金属键，它会随温度的升高而降低，但与显微组织的关系不大，因此，同一类型的材料通过合金化、热处理、冷变形等方式并不能改变其刚度的大小。

B 强度指标

强度是指材料在外力作用下抵抗变形和破坏的能力。它是反映材料在静载荷作用下抵抗塑性变形以及断裂破坏的能力大小的指标。主要有屈服极限强度（σ_s）和抗拉极限强度（σ_b）两种。

C 塑性指标

塑性是指材料在外力作用下产生塑性变形而不被破坏的能力。常用的塑性指标有伸长率（或称延伸率）和断面收缩率。材料的塑性指标也是通过低碳钢拉伸试验获得的，如图2-2所示拉伸试样。

(1) 伸长率（δ）：试样拉断后，试样标距的伸长量与试样原始标距的百分比，即：

$$\delta = (l_1 - l_0) \times 100\% / l_0$$

式中 l_0——试样原始标距长度；

l_1——拉断后试样的标距长度。

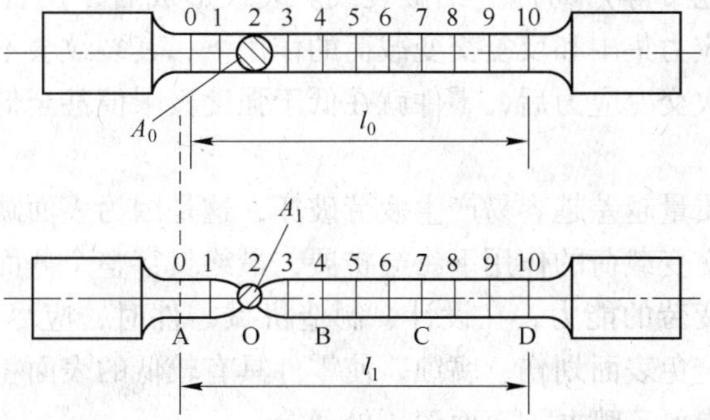

图 2-2 低碳钢拉伸试样示意图

通常 $\delta \geqslant 10\%$ 的材料称为塑性材料，而 $\delta \leqslant 5\%$ 的材料称为脆性材料。

(2) 断面收缩率（ψ）：试样拉断后，试样缩颈处截面积的最大缩减量与试样原始截面积的百分比，即：

$$\psi = (A_0 - A_1) \times 100\% / A_0$$

式中 A_0——试样原始截面积；

A_1——试样拉断后缩颈处的截面积。

断面收缩率的大小不受试样标距长度的影响，所得的 ψ 值比 δ 值准确，能更可靠地反映材料的塑性。通常金属材料的 δ 和 ψ 值越大，材料的塑性也就越好。

2.1.1.3 疲劳强度

某些机械零件，如轴、齿轮、弹簧、叶片等长期在交变载荷（大小、方向随时间发生变化的载荷）作用下工作，虽然其工作应力值远低于强度极限值，但经过较长一段工作时间后仍有可能发生突然破坏。工程中，将零件在远低于强度极限值的工作应力（主要是交变载荷）的作用下，经过较长一段时间后发生突然破坏的现象称为疲劳。

疲劳破坏大体上可分为三个阶段，第一阶段为裂纹形成期，第二阶段为裂纹扩展期，第三阶段为突然断裂期。将零件在远低于强度极限值的交变载荷的作用下，长时间工作而不产生疲劳破坏的最大工作应力值称为疲劳极限强度，用 σ_{-1} 表示。

疲劳极限强度可通过疲劳试验测定。图 2-3 是钢铁材料的疲劳曲线，在试验循环次数达到 10^7 次时，应力出现水平部分，对钢铁材料而言，把循环次数达到 10^7 时的最大工作应力作为疲劳强度。有色金属及其合金的疲劳曲线不出现水平部分，工程上规定，将循环数达到 10^8 次时的最大工作应力作为有色金属及其合金的疲劳强度。

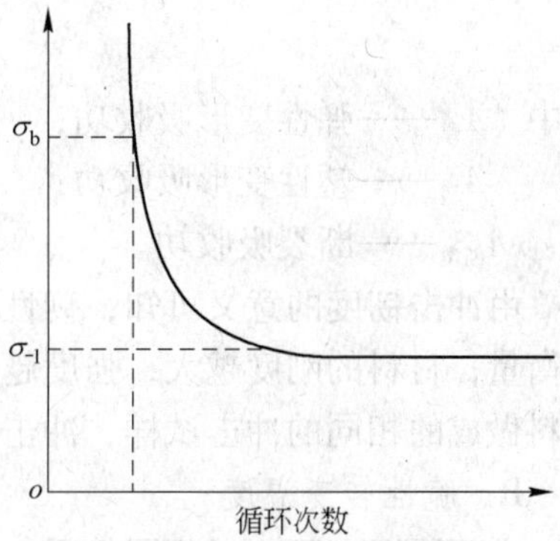

图 2-3 疲劳极限示意图

零件的微观组织是不均匀的，尤其是在其薄弱部位，如表面缺陷处（夹杂物、划伤、脱碳层、粗大碳化物、氧化物、硫化物）或缺口处（零件表面的沟槽、螺纹的根部、机加工刻痕、截面不同部位的过渡地带等）易产生细微裂纹。裂纹形成后，在裂纹尖端处容易形成应力集中，承载零件在应力集中和反复交变载荷的作用下，其裂纹会不断的扩展，形成较大的裂纹，再经过若干次交变应力后，零件就在低于强度极限值甚至低于弹性极限的应力作用下突然脆断。

通常零件的表面质量越差越容易产生疲劳破坏，这是因为表面缺陷处极易出现微细裂纹，而这些微裂纹在交变载荷的作用下将会扩展，最终贯穿整个截面而使零件断裂。

为提高零件抵抗疲劳的能力，在设计、制造机械零件时，应尽量采用合理的结构形状，减少截面突变，避免表面划伤、腐蚀，使零件具有较低的表面粗糙度；同时强化零件表面，如采用渗碳、渗氮、喷丸、表面滚压处理等。

2.1.1.4　韧性指标

金属材料在断裂前吸收变形能量的能力称韧性。评定指标有冲击韧度（冲击韧性）和断裂韧度（断裂韧性）两种。

A　冲击韧度

许多机械零件经常是在冲击载荷作用下工作的，例如内燃机的活塞杆、锻锤、冲床等，这种冲击载荷比静载荷的破坏力要大得多。因而对承受冲击载荷的零件，不仅要求其有高的强度和一定的硬度，还必须要求其有足够的冲击韧度。

所谓冲击韧度（用符号 a_K 表示）是指在冲击载荷作用下，材料断裂前吸收变形能量的能力，常用一次摆锤冲击试验来测定金属材料的冲击韧度。其试验原理是用规定高度的摆锤对处于简支状态的缺口试样进行一次性打击，测量试样折断时的冲击吸收功。

如图 2－4 所示，将欲测定冲击韧度的材料加工成标准试样放在试验机的机架上，试样缺口背向摆锤冲击方向，将具有一定重力（G）的摆锤举至一定高度（H_1），使其具有势能 GH_1，然后摆锤自由落下冲击试样，试样断裂后摆锤由于惯性摆到高度（H_2），此时摆锤的剩余势能为 GH_2。将摆锤冲击试样所做的功称为冲击吸收功，用符号 A_K 表示，则有 $A_K = GH_1 - GH_2$。再将冲击吸收功（A_K）除以试样缺口处截面积（S_0），就得到材料的冲击韧度。冲击韧度是冲击试样缺口单位面积上的冲击吸收功，用 a_K 表示，单位为 J/cm^2。即：

$$a_K = A_K/S_0$$

$$A_K = A_{弹} + A_{塑} + A_{断裂}$$

式中　$A_{弹}$——弹性变形吸收功；

$A_{塑}$——塑性变形吸收功；

$A_{断裂}$——断裂吸收功。

由冲击韧度的意义可知，韧性是对材料在弹性变形、塑性变形、断裂三方面抗力的综合衡量，材料的刚度越大，强度越高，塑性越好，则韧性就越好。在同一温度下，由不同材料做成的相同的冲击试样，冲击吸收功越大，冲击韧度越大，表明材料的韧性越好。

B　脆性转变温度

在不同温度下，对相同材质、相同冲击试样进行一系列冲击试验时发现，随温度的降低，冲击韧度总的变化趋势是降低的，但总体变化不大。而当温度降到某一数值时，冲击

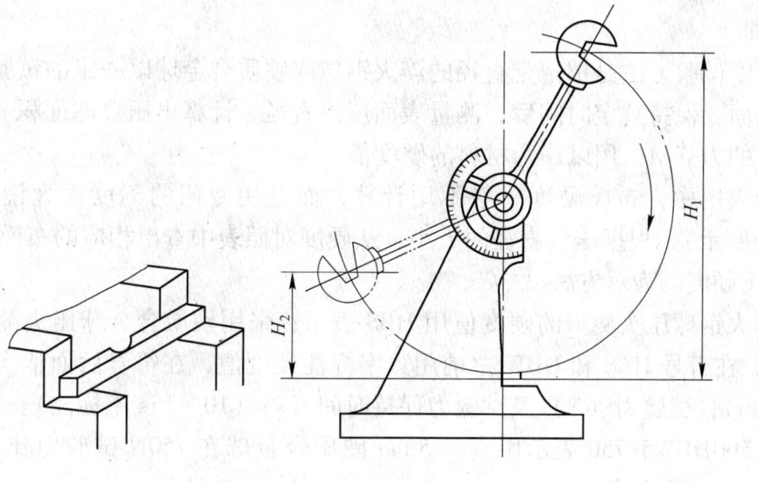

图2-4　冲击试验示意图

韧度将急剧下降，材料的破坏形式由韧性断裂变为脆性断裂，这种现象称为冷脆转变，其对应的温度称为脆性转变温度（T_K），如图2-5所示。

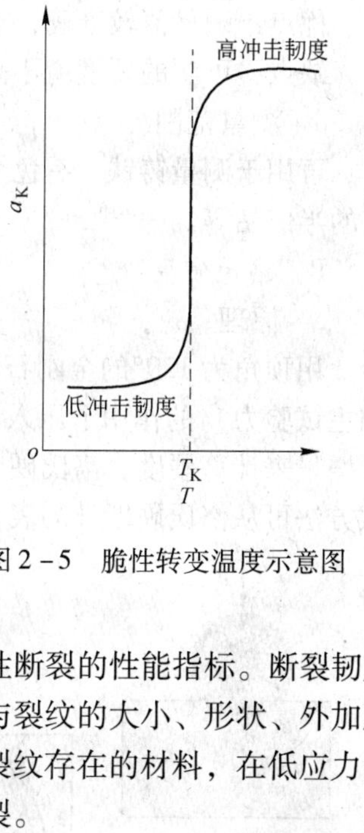

图2-5　脆性转变温度示意图

脆性转变温度是衡量金属材料冷脆倾向的指标，材料的脆性转变温度越低，材料在低温下的冲击韧度就越好。这一现象提醒我们，用金属材料制成的零件或构件，在应用时必须考虑其工作的环境温度。常在低温下服役的船舶、桥梁等结构材料，其使用时的环境温度应高于其脆性转变温度，如果使用温度低于脆性转变温度，则材料处于脆性状态，可能发生低应力脆性破坏。当然，并非所有材料都有冷脆转变现象，如铝和铜合金等就没有冷脆转变。

C　断裂韧度

断裂韧度是用来反映材料抵抗裂纹失稳扩展，即抵抗脆性断裂的性能指标。断裂韧度是材料固有的力学性能指标，是强度和韧性的综合体现。它与裂纹的大小、形状、外加应力等无关，主要取决于材料的成分、内部组织和结构。有微裂纹存在的材料，在低应力的工作条件下也有可能发生断裂，塑性材料也可能发生脆性断裂。

2.1.1.5　硬度指标

硬度是指材料在外力作用下抵抗表面局部塑性变形的能力，它是材料力学性能的一个重要指标。硬度指标是通过金属硬度试验获得的，硬度试验方法有十几种，但基本上可以归结为压入法和划痕法两大类。在压入法中，根据加载速率不同又可分为静载压入法和动载压入法。工业生产中经常采用的硬度试验方法有布氏硬度、洛氏硬度、维氏硬度试验方法等，它们都属于静载试验法。材料的硬度值是按一定试验方法测出的数据，试验方法不同，其数据不同，硬度值的含义也不同，因此一般不能进行相互比较。

A　布氏硬度

a　原理

布氏硬度试验方法是把规定直径的淬火钢球或硬质合金球以一定的试验力（*F*）压入所测材料表面，保持规定时间后，测量表面压痕直径，计算出压痕球面积 *A*，求出单位面积上所承受的力 *F/A*，用以作为材料的硬度值。

在实际应用中，布氏硬度一般不用计算，而是用专门的刻度放大镜量出压痕直径（如图 2－6 所示），根据压痕直径的大小，从硬度对照表中查出相应的布氏硬度值。

b　布氏硬度的表示方法

采用淬火钢球压头测得的硬度值用 HBS 表示；采用硬质合金球压头测得的硬度值用 HBW 表示。在符号 HBS 和 HBW 之前用数字标注硬度值，在符号后面依次用数字注明压头直径（mm），试验力（N）及试验力保持时间（s）（10～15s 不标注）。

例如：500HBW5/750 表示用直径 5mm 硬质合金球在 750N 试验力作用下保持 10～15s，测得的布氏硬度值为 500。

c　优缺点

优点：测量值较准确，重复性好，可测组织不均匀材料（如铸铁）；

缺点：可测的硬度值不高；不易测试成品与薄件；测量过程费时，效率低。

d　测量范围

可用于测量铸铁、有色金属；经退火、正火和调质处理的钢材；硬度较低或经过初加工的半成品等。

B　洛氏硬度

a　原理

用顶角为 120°的金刚石圆锥体或淬火钢球作压头，在试验力（先加初始试验力，再加主试验力）的作用下压入材料表面，经规定时间后卸除试验力，用测量的残余压痕深度增量来计算硬度。洛氏硬度值可用测量的残余压痕深度表示，如图 2－7 所示。此种测试方法可从洛氏硬度计的表盘上直接读出测试数据。

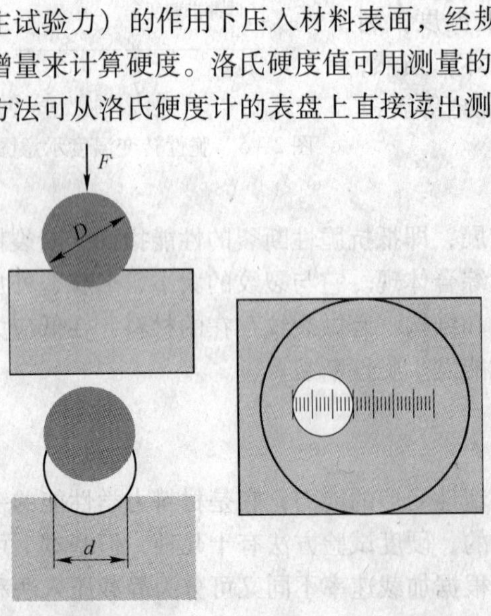

图 2－6　布氏硬度测量原理示意图

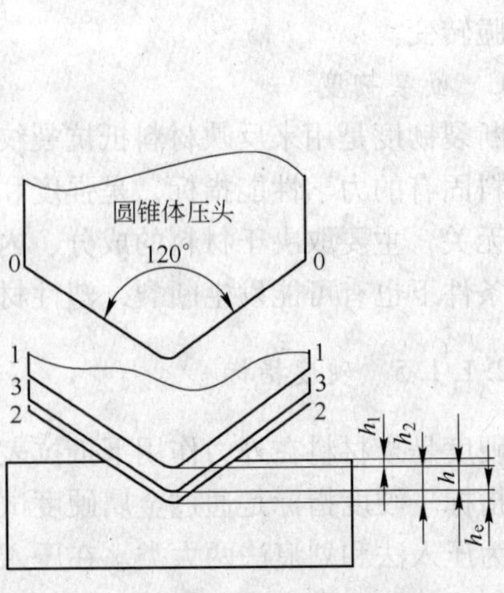

图 2－7　洛氏硬度测量原理示意图

1—初载后压头的位置；2—初载＋主载后压头的位置；
3—卸主载后压头的位置；h_e—卸主载后弹性恢复

b　洛氏硬度的表示方法

为了能用一种硬度计测定从软到硬的所有材料的硬度，通常采用不同的压头和总试验力组成多种不同的洛氏硬度标度，常用的有：A 标尺——120°张角的金刚石压头，试验力60kg；B 标尺——1.588mm 钢球，试验力 100kg；C 标尺——120°张角的金刚石压头，试验力150kg 三种。相应的洛氏硬度表示为 HRA、HRB、HRC 三种，并在硬度符号前面注明硬度数值。

例如：50HRC 表示用 C 标尺测定的洛氏硬度值为 50。

c　优缺点

优点：试验简单、方便、迅速；压痕小，可测成品、薄件；

缺点：数据不够准确，通常测三点取平均值；不能测组织不均匀材料，如铸铁。

d　测量范围

用于测量淬火和表面淬火钢、硬质合金钢、铝合金、轴承钢、硬化薄钢板等，以及经过精加工的成品。

C　维氏硬度

a　原理

用张角为 136°的金刚石四棱锥体压头，使用很小的试验力 F（49.03～980.07N）压入试样表面，测出压痕对角线长度 d_1、d_2，取其平均值 d，维氏硬度值≈$0.1891F/d$，如图 2－8 所示。实用中是根据压痕对角线长度平均值 d 通过查表获得维氏硬度值。

b　维氏硬度的表示方法

维氏硬度用 HV 表示，HV 前面为硬度值，HV 后面的数字按试验力（kg）、试验力保持时间（10～15s 不标注）顺序表示试验条件。

例如：640HV30 表示用 30kg 试验力，保持 10～15s 测定的维氏硬度值为 640。

c　优缺点

优点：测量准确，应用范围广（硬度从极软到极硬）；可测成品与薄件；

缺点：试样表面要求高；费工。

d　测量范围

常用于测薄件、镀层、化学热处理后的表层等。

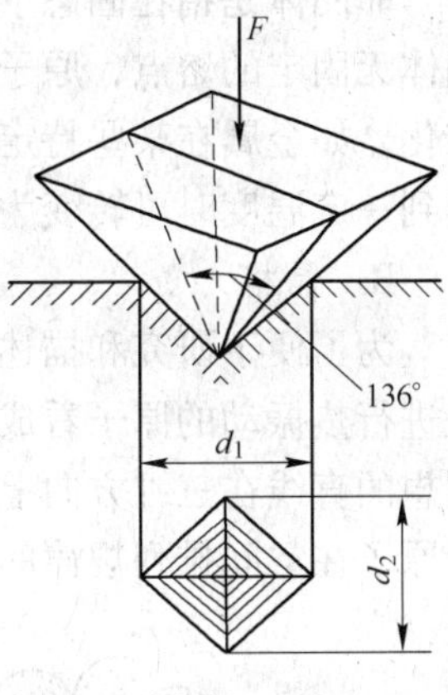

图 2－8　维氏硬度测量原理示意图

D　布氏硬度和洛氏硬度的比较

洛氏硬度试验方法与布氏硬度试验方法相比，其数据重复性差，硬度值的准确性较差。在测试时一般应至少选取不同位置的三点测出硬度值取平均值。但洛氏硬度的压痕小，对试样表面损伤小，试验操作简便，可以从硬度计上直接显示出硬度值，可检测从很软到很硬（甚至很薄）的金属材料的成品或半成品的硬度，是产品硬度检测最常用的方法。

2.1.2　金属的晶体结构

金属材料的性能与其内部的晶体结构和组织状态有密切关系。因此，研究金属的晶体结构与结晶过程，掌握其规律，对于更好地控制金属的性能，正确地选材、用材具有十分重要的意义。

2.1.2.1　金属的特性

金属原子内数量较少的外层电子脱离原子核的约束，以公有化的形式（自由电子）与原子集团内的正离子结合的方式称为金属键。金属内部这种独特的自由电子形式使金属具有以下共同特性，我们称之为金属特性。这些特性包括金属有固定的熔点，具有良好的导电性和导热性，具有一定的强度、良好的塑性变形能力，具有金属光泽、不透明，具有正的电阻温度系数（即随温度升高电阻增大）等。

2.1.2.2　金属晶体结构的基本概念

晶体结构是指晶体内部原子排列的方式和特征。研究金属的晶体结构有利于从本质上了解金属性能上的差异及变化的实质。

A　晶体与非晶体

固态物质按照原子在空间的排列方式,可分为晶体和非晶体。所谓晶体是指在固态下原子在三维空间呈规则排列的物质(如图 2－9 所示),如正常状态下的金属、食盐、单晶硅等。晶体具有固定的熔点,原子排列有序,其各个方向上原子密度不同,因而具有各向异性。

非晶体是指在固态下原子在空间呈无序排列的物质，如普通玻璃、石蜡、松香等。非晶体无固定的熔点，原子排列无序，具有各向同性。晶体与非晶体在一定条件下可以互相转化，如金属在某些特定条件下也可以形成非晶体，称为“金属玻璃”，而非晶态金属加热到一定温度时可转变为晶态金属，称为晶化。

B　晶格

为了便于研究和描述晶体内部原子的排列规律，通常把原子当作刚性小球，并把不停地进行热振动的原子看成在其平衡位置附近来回运动，但振动中心始终处在平衡位置，以假想的直线在三维方向上将原子振动中心连接起来，形成一个空间格架，将这个反映晶体中原子在空间排列规律的数学模型叫做晶格，如图 2－10 所示。

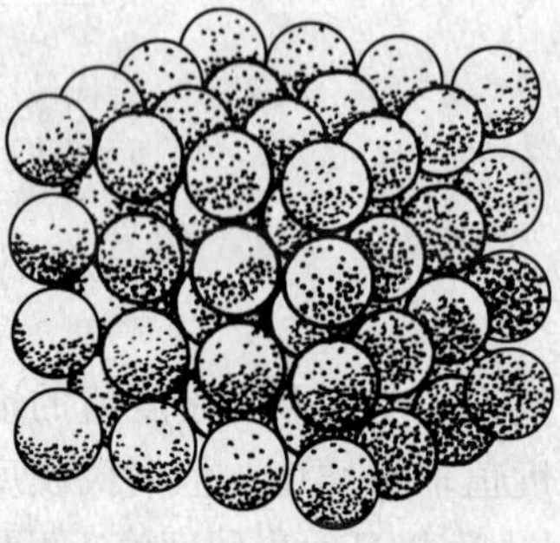

图 2－9　金属原了排列示意图

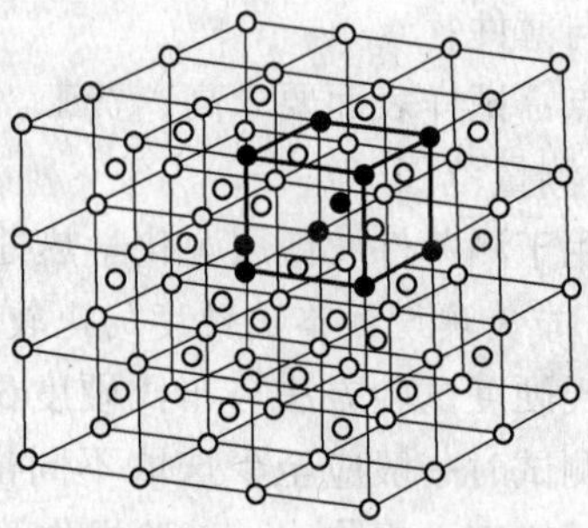

图 2－10　晶格示意图

C　晶胞

由于晶体中的原子排列规则并且具有周期性，为了便于讨论和描述，通常在晶格中选取一个能够完全反映晶格特征的最小的几何单元来分析晶体中原子的排列规律，将反映原子排列规律的最小单元称为晶胞（图 2－10 中粗线部分）。

D 晶格常数

要想准确反映晶胞在空间的几何形状和尺寸，需要三个棱边长度 a、b、c 及三棱边夹角 α、β、γ，我们将这 6 个反映晶胞大小和形状的最基本的参数称为晶格常数。在立方晶格中，$a=b=c$，且 $\alpha=\beta=\gamma=90°$，因此，通常只需一个参数即可。

E 单晶体的各向异性

在晶体学中，将原子排列规律完全相同的晶体称为单晶体，单晶体是金属在理想状态下的晶体结构。晶体中由一系列原子所组成的平面称为晶面，由任意两个原子中心连成的直线，它所指的方向称为晶向，而晶面与晶向在空间上的位置与方向称为位向。

单晶体内不同的晶面和不同的晶向上原子排列的数量是不同的，也即单位面积和单位长度上原子排列的疏密程度是不同的，这样各个晶面之间和各个晶向之间原子的间距也是不相同的（如图 2－11 所示）。由于原子之间的相互作用力与其之间的距离成比例关系，而晶面之间和不同晶向之间原子的距离不同，使得晶体内各个晶面之间及不同的晶向上原子间相互作用力的大小不同，反映在宏观上就是晶体抵抗外力的能力在不同的方向上有差异，也即力学性能表现出各向异性。需要说明的是，单晶体的各向异性不仅体现在力学性能方面，也体现在物理特性方面。

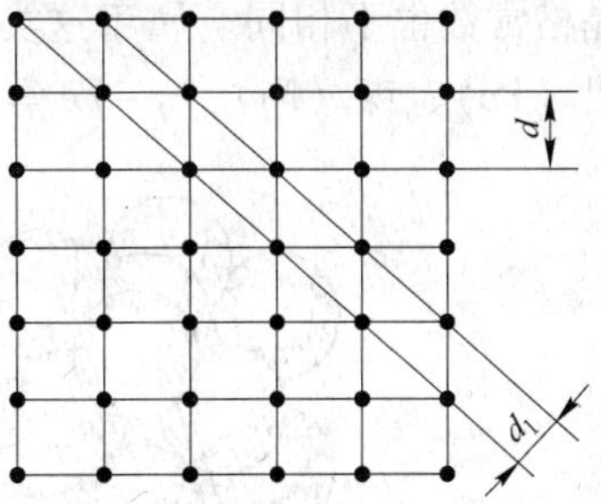

图 2－11 原子间距示意图

实际上，各晶面、晶向上原子排列的疏密程度对晶体的物理、化学和力学性能都有直接的影响。例如：具有体心立方晶格结构的铁的晶体在磁场中，沿不同的晶向磁化能力是不同的，所以在制造变压器的硅钢片时，轧制方向应平行于导磁方向，以降低变压器的铁损；铁单晶体的弹性模量在某些晶向上的差别非常大；具有面心立方晶格结构的晶体，在受到外力而发生塑性变形时在其原子排列密度最大的晶面间最容易产生滑移。

2.1.2.3 纯金属的晶体结构

正常状态下，金属都是原子排列有规律的晶体，都有一定的晶体结构，但某种金属的晶格是该金属所固有的，所以金属不同，晶体结构也就不同。在已知的金属元素中，晶体结构特征归结起来共有 7 大类 14 种，除少数金属具有复杂的结构外，大多数金属都具有简单的晶体结构。金属中常见的晶体结构有体心立方、面心立方、密排六方三种。

A 体心立方

体心立方结构的晶胞是一个立方体，基本特征为在立方体的八个顶角上和立方体的中心各有一个原子，其晶格常数为 a，如图 2－12 所示。同为体心立方结构的不同金属，由于原子直径不同，晶格常数也不相同。属于这类晶格的金属有 α－Fe、铬（Cr）、钨（W）、钼（Mo）、钒（V）等。

B 面心立方

面心立方结构的晶胞也是一个立方体，基本特征为在立方体的八个顶角上和每一个面

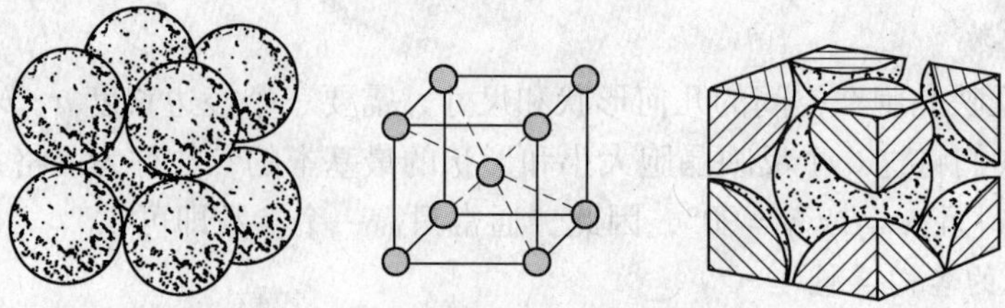

图 2-12 体心立方结构示意图

的中心都各有一个原子，其晶格常数为 a，如图 2-13 所示。不同金属的面心立方晶格的晶格常数也不相同。属于这类晶格的金属有铝（Al）、金（Au）、银（Ag）、铜（Cu）、铅（Pb）、镍（Ni）、γ-Fe 等。

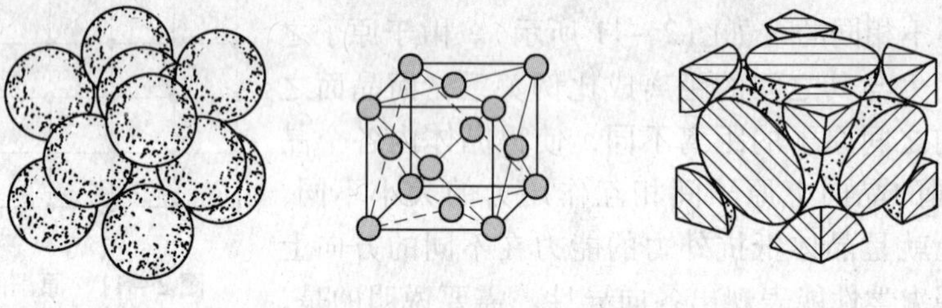

图 2-13 面心立方结构示意图

C 密排六方

密排六方结构的晶胞是一个正六棱柱，基本特征为在棱柱的各个棱角和上下两个六方底面的中心各有一个原子，此外在柱体中间还有三个原子，其晶格常数为 a 和 c，如图 2-14 所示。同样，不同金属的密排六方晶格的晶格常数也不相同。属于这类晶格的金属有镁（Mg）、锌（Zn）、铍（Be）、镉（Cd）等。

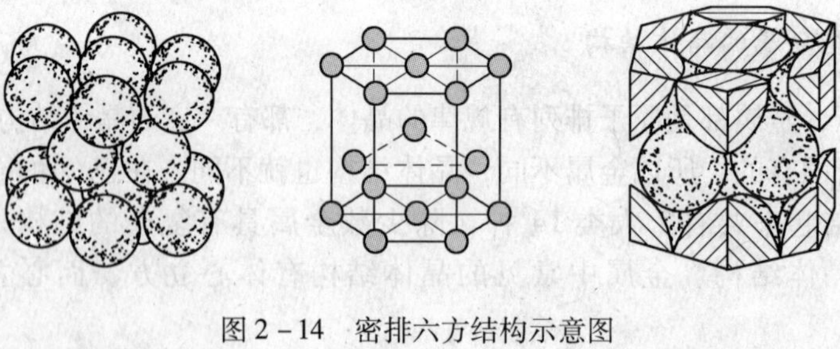

图 2-14 密排六方结构示意图

D 致密度

一个晶胞内所包含的原子数目称为晶胞原子数，晶体学中将晶胞内原子所占的体积与晶胞体积的比称为致密度。致密度的大小表明了晶胞内剩余空间的多少，这决定了其他原子可能溶入该晶格的数量。经计算，具有体心立方结构的晶体其致密度为 0.68，面心立方结构的晶体致密度为 0.74，密排六方结构的晶体致密度也为 0.74。通常晶体的致密度越大，晶格中的原子排列越紧密。

2.1.2.4　金属晶体的实际结构及缺陷

A　多晶体结构

金属的实际晶体结构不像理想状态下单晶体的结构那样规则和完整，而是由许多外形不规则的小晶体构成的多晶体结构。多晶体的每个小晶体内部的晶格位向大致相同，但各个小晶体间的位向却不同，存在位相差，我们将这些外形不规则的小晶体称为晶粒，将晶粒与晶粒之间自然形成的分界面称为晶界。事实上，实际金属晶体的每一个晶粒的内部，其晶格位向也并不完全一致，而是存在许多尺寸更小、位向差异也很小的小晶块，它们相互镶嵌成一颗晶粒，这些小晶块称为亚结构，小晶块之间的分界面称为亚晶界。

多晶体中晶界和晶粒间存在位向差异，使得金属在外力的作用下，每一个晶粒的变形都会受到晶界和不同位向晶粒的相互影响和阻碍，使得金属在各个方向的抵抗能力趋于一致，导致其力学性能总体上表现为各向同性，或称“伪无向性”。

B　实际金属晶体的缺陷

实际应用的金属，其内部结构的原子排列并非完全完整无缺的，而是在晶体的某些部位，由于冶金或成型加工等一系列原因使原子排列受到破坏，从而存在着各种各样的缺陷。晶体学中将晶体内原子排列不规则的区域称为晶体缺陷。常见的晶体缺陷有点缺陷、线缺陷、面缺陷三种类型。

a　点缺陷

点缺陷是晶体中呈点状的缺陷，即在空间三维空间各个方向上的尺寸都很小的晶体缺陷。常见的点缺陷有空位和间隙原子两种形式，如图2－15所示。

在实际晶体中，并非晶格的每一个位置都有原子占据，有些位置是空的，称为空位。当金属中含有杂质，而这些杂质又相当小时，这些杂质原子往往存在于金属晶格的间隙中，称为间隙原子。由于空位和间隙原子的存在，在间隙原子和空位附近的原子，其相互间作用力的平衡状态被破坏，而离开原来的平衡位置，这种晶格中原子偏离平衡位置的现象称为晶格畸变。金属内部晶格畸变的存在将影响金属的力学性能，通常使金属强度提高，但会使塑性和韧性降低，而且金属的晶格畸变越严重，金属的强度就越高，塑性和韧性则越低。

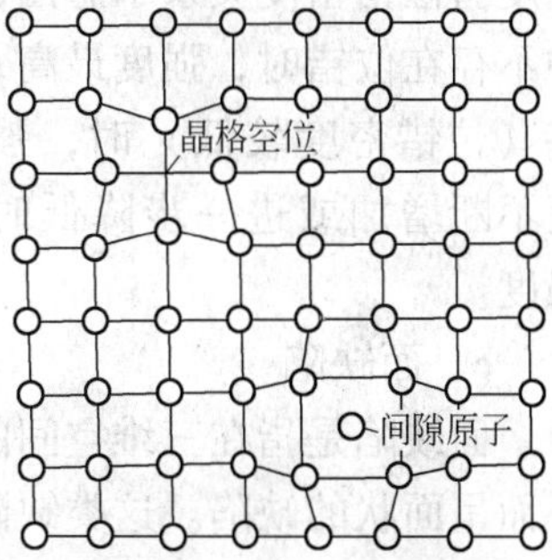

图2－15　空位和间隙原子示意图

空位和间隙原子不是固定不变的，当空位周围的某个原子获得足够的振动能量时，它就会脱离原来的位置进入空位，而在原来的位置上形成新的空位，这就是空位运动。同理，间隙原子也可以从这一间隙跑到另一间隙。这种空位或间隙原子的运动，是化学热处理时原子扩散的重要方式。

b　线缺陷

线缺陷是指在三维空间的两个方向上尺寸很小的晶体缺陷，基本形式有位错和孪生两种。位错是金属晶体线缺陷的主要形式，它是晶体中某处有一列或若干列原子发生有规律性的错排现象，是晶体滑移部分与未滑移部分的交界线，也就是位错线，简称位错。根据位错线的形态，通常将位错分为刃型位错和螺型位错两种形式。

刃型位错如图 2－16 所示，它是金属晶体上半部分的原子面产生错排，其排列数多于下半部分，好像是沿着某一晶面插入了一个原子平面，但没有插到底。在刃型位错附近的区域将产生晶格畸变，形成一个应力场，离位错线越近，晶格畸变越严重。

螺型位错如图 2－17 所示，它是金属晶体上下两部分的原子排列面在某些区域相互吻合的次序发生错动，使不吻合的过渡区域的原子排列呈螺旋形，因此称螺型位错。在螺型位错附近区域的晶格也会产生严重的晶格畸变，并形成一个相应的应力场。

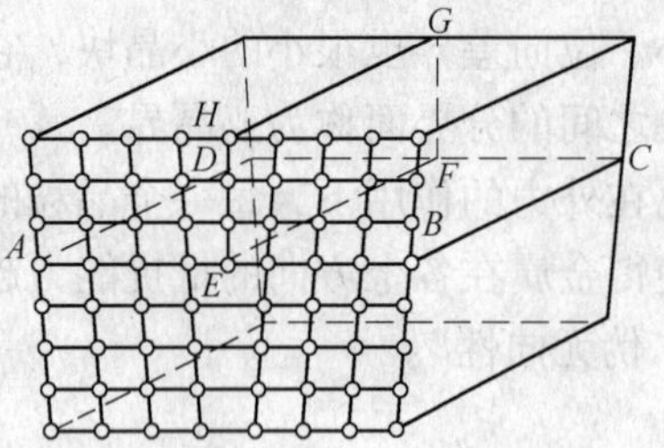

图 2－16　刃型位错示意图

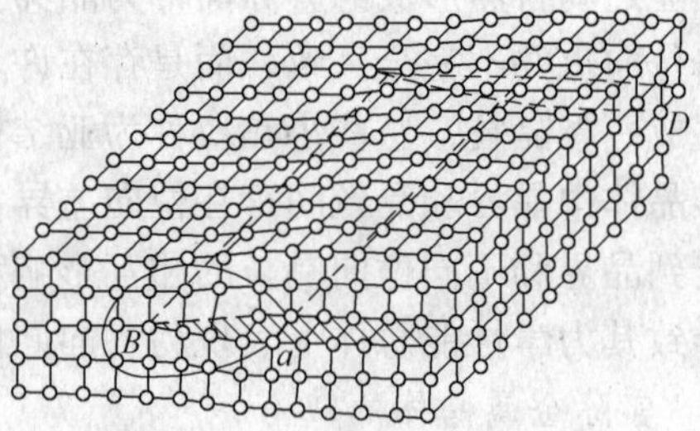

图 2－17　螺型位错示意图

晶体中位错的相对量用位错密度来衡量，通常采用单位体积中位错线的总长度或晶体中单位面积上位错线的根数来度量。铸造金属的位错密度约为 $10^4 \sim 10^6/cm^2$，冷变形金属的位错密度可达 $10^{12}/cm^2$。

晶体中位错密度的变化，以及位错在晶体内的运动，对金属的塑性变形、强度、原子扩散、相变、疲劳腐蚀等力学性能和物理化学性能都会产生重要的影响。图 2－18 是金属强度与位错密度关系示意图，由图可见，当晶体中不存在位错时，强度最高；当金属处于退火状态（位错密度较低）时，强度最低；当位错密度不断增加或进一步降低时，都能提高金属的强度。

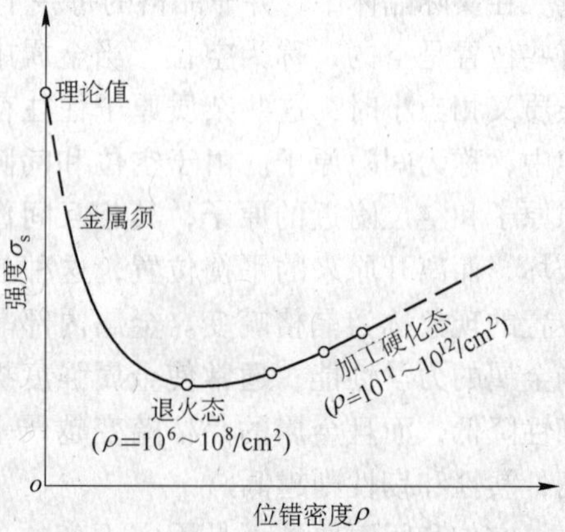

图 2－18　金属强度与位错密度关系示意图

c　面缺陷

面缺陷是指在三维空间的一个方向上尺寸很小而呈面状的缺陷。这类缺陷主要是指晶界和亚晶界。

晶界实际上是晶粒间原子形成的过渡“地带”而不是一个界线，这是因为在两个晶粒的交界处，由于两个晶粒间位向不同，必须从一种位向逐步过渡到另一种位向。这样晶界就可以被看成是两个邻近晶粒间具有一定宽度的过渡地带，其原子排列相对于两侧晶粒的原子排列是不规则的，处于相邻两晶粒取向的折中位置上，如图 2－19 所示。在多晶体中，相邻晶粒之间的位向差可达 20°～40°，通常将相邻晶粒间的位向差大于 15°的称为大角度晶界，将相邻晶粒间的位向差小于 15°的称为小角度晶界。

晶界上的晶格畸变很大，处于一种不稳定状态，比晶粒内部具有更高的能量，原子间的空隙也较大，并常有杂质存在，故它与晶粒内部相比有着一系列不同的特性。例如，晶界在常温下的强度和硬度较高，在高温下则较低，容易被腐蚀，原子扩散速度快等。

在电子显微镜下观察晶粒，可以看出晶粒是由一些小晶块组成的，通常称这些小晶块为亚结构，两相邻亚结构间的边界称为亚晶界，位向差一般只有几十分~2°。亚晶界实际上可看作由一系列刃型位错堆砌在一起所形成的小角度晶界，如图2-20所示。由于亚晶界处原子排列同样要产生晶格畸变，因而亚晶界对金属力学性能的影响与晶界的作用十分相似。在晶粒大小一定时，亚结构越细，金属的屈服强度就越高。因此细化亚结构，也可以显著提高金属的强度和硬度。

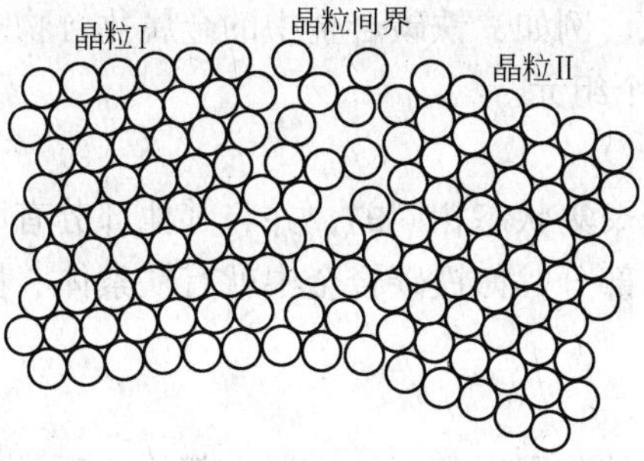

图2-19 晶界的过渡结构示意图

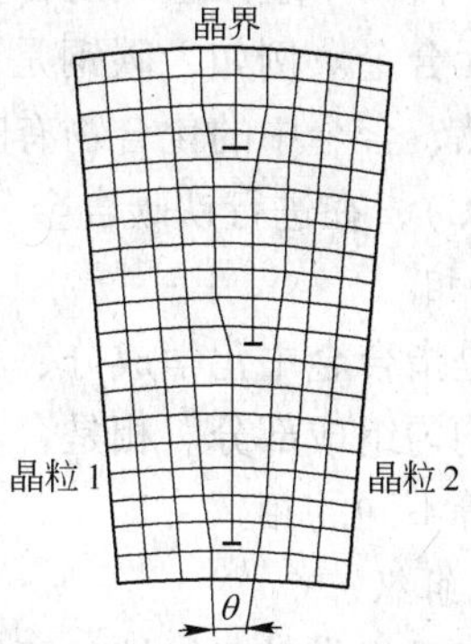

图2-20 亚晶界结构示意图

总之，晶体中各种缺陷的存在对金属材料的力学性能有着重要的影响。例如，生产中常用的压力加工工艺，就是通过金属材料的塑性变形使晶体产生缺陷，从而达到强化金属的目的。

2.1.3 金属的力学性能

前面我们已经学到，理想状态下的金属晶体是单晶体，其力学性能具有各向异性，而实际金属晶体却体现为各向同性，且强度远低于理想金属晶体。实际金属晶体与理想金属晶体在力学性能上之所以有如此大的差异，是因为实际金属晶体是由位向任意分布的许多晶粒组成的多晶体。组成多晶体的每个晶粒的力学性能具有各向异性，导致在受力过程中各个方向的作用相互补充、抵消，从而显示出整体的各向同性。同时，在晶体中存在着一系列的晶体缺陷，由于各种缺陷处的晶格呈畸变状态，将会阻碍晶体内部塑性变形的产生，导致材料在塑性变形时抗力增大，从而使金属材料在常温下的强度、硬度得到提高。

2.1.4 合金的晶体结构

纯金属虽然具有许多优良的性能，但强度和硬度都比较低，而且种类有限，冶炼提纯困难，价格高，所以在应用上受到限制。目前，在各行各业中广泛使用的金属材料主要是合金材料。这是因为在生产上可以通过合金化，改变金属材料的化学成分，进而通过改变金属材料的组织结构来进一步改善其力学性能，并获得某些特殊的物理、化学性能，以满足各种工程结构、机械零件和工具对材料的要求。

2.1.4.1　合金的基本概念

A　合金

所谓合金是指由两种或两种以上的金属或由金属与非金属组成的具有金属特性的固态物质。例如，钢是铁碳合金，黄铜是铜锌合金。

B　组元

组元是指组成合金所必需的并能独立存在的基本单元。一般将组成合金的化学元素当作组元。由两个组元组成的合金称为“二元合金”；由三个或多个组元组成的合金称为三元或多元合金。例如，碳钢是铁与碳组成的二元合金；硬铝是铝、铜、镁组成的三元合金。当然，合金中的化合物有时也可作为组元，例如，铁碳合金中的金属化合物——渗碳体（Fe_3C），在进行铁碳合金分析时就作为一个组元。

C　相

相是指合金中化学成分、晶体结构及原子聚集状态相同的，并与其他部分有明显界面分开的均匀组成部分。相是合金中客观存在的部分，如铁碳合金中就有铁素体、奥氏体和渗碳体等不同的相。

D　组织

组织是指借助显微镜从不同的视角、不同的范围观察到的金属内部的微观景象，它包括组成物的大小、形状、种类以及不同组成物之间的相对数量和相对分布。合金的组织可以是单相，也可以是两相，甚至是多相共存，要比纯金属的组织复杂得多。

E　机械混合物

机械混合物是指通过共晶或共析反应形成的多相混合组织。在机械混合物中，各组成相仍保持着它原有的晶格类型和力学性能，而机械混合物的力学性能则介于各组成相之间，并受其组成相的形状、大小、数量及分布的影响。

F　相图

相图是指用图示的方法反映合金的相与成分和温度之间变化关系的曲线。合金中相的形成和变化，与合金的成分及结晶过程的条件（温度、冷却速度等）有着密切的联系，合金相图则是研究这种关系的重要工具。由于相图又是表示合金在平衡冷却（非常缓慢的冷却）条件下，不同成分的合金在不同的温度下各相之间关系的图解，所以又称状态图或平衡图。

2.1.4.2　合金的晶体结构

合金的晶体结构指的是合金的相结构，也就是合金中相的晶体结构。合金的相结构主要有固溶体和金属化合物两大类。由于合金的组成元素在形成两类相结构时，固溶体相的相对量占较大比例，金属化合物相对较少，因此，通常将合金中的固溶体称为基本相（或称为基体），将金属化合物称为强化相。

A　固溶体

在固态下，合金的一个组元晶格内溶入其他元素的原子，而形成的具有该组元晶格特征的晶体相称为固溶体。合金中保留了晶格特征的组元称为溶剂，被溶解的其他组元称为溶质，溶剂组元的含量相对较多，溶质组元的含量相对较少。因此，固溶体相的晶体结构与溶剂组元的晶体结构相同。在固溶体中为了反映溶质原子溶入的数量，我们将溶质原子溶入溶剂组元的相对量称为溶解度，通常情况下，固溶体溶解度的大小取决于溶质原子与溶剂原子半径的大小和温度的高低。

根据溶质原子与溶剂原子半径大小的不同，及溶质原子在溶剂中所处的位置不同，又可将固溶体分为置换固溶体和间隙固溶体。

(1) 间隙固溶体。无论是哪种晶格，原子之间总有间隙，而且原子尺寸越大，所形成的绝对空隙也越大。在常见的晶体结构中，排列最紧密的面心立方晶格，但其致密度只有0.74，也就是说在晶胞中还有0.26的空隙。当溶质原子在溶剂晶格中不占据溶剂原子的结点位置，而是嵌入到溶剂晶格的空隙内时，就形成了称之为间隙固溶体的相结构，如图2－21所示。由于间隙固溶体溶剂组元的晶格存在致密度，因此间隙固溶体的溶解度是有限的，通常溶入的数量较少，也即溶解度较低。一般来说，过渡族元素（溶剂）与尺寸较小的元素（如碳（C）、氮（N）、硼（B）等元素）容易形成间隙固溶体。

(2) 置换固溶体。当溶质原子不溶入晶格的空隙中而是代替一部分溶剂原子占据溶剂晶格中一些结点的位置时，所形成的固溶体称为置换固溶体，如图2－22所示。由于形成置换固溶体的组元原子半径相同或相近，因此置换固溶体的溶解度根据置换原子数量的不同有较大的范围。通常情况下，溶质原子与溶剂原子的半径越接近，溶解度越高，两类原子半径相同时，可以无限互溶，即可以任何比例形成置换固溶体。所以，根据溶质原子置换溶剂原子数量的不同又可将置换固溶体分为有限固溶体和无限固溶体。例如，铜和镍、铁和铬能形成无限固溶体；而铜和锌、铜和锡则形成有限固溶体。

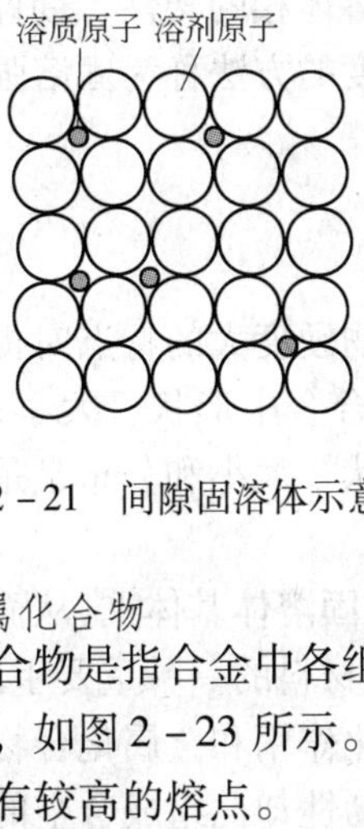

图2－21　间隙固溶体示意图

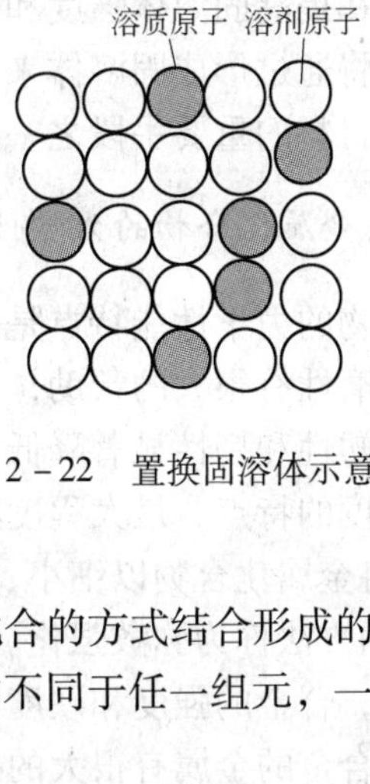

图2－22　置换固溶体示意图

B　金属化合物

金属化合物是指合金中各组元原子按一定比例以化合的方式结合形成的具有新晶格类型的晶体相，如图2－23所示。金属化合物的晶体结构不同于任一组元，一般具有复杂的晶体结构，有较高的熔点。

2.1.5　合金的力学性能

由于合金是由两种以上的元素组成的固态物质，因此，合金的力学性能必然受到组成元素自身力学性能的影响，也必然受到组成元素之间相互作用的影响，同时也受到合金相类型的影响。

2.1.5.1　固溶体的力学性能特点

由于形成固溶体的溶质原子与溶剂原子的半径有一定的差异，故当溶质原子溶入溶剂组元的晶体结构时，无论是从间隙的方式还是置换的方式，都必然会打破溶剂组元晶体结

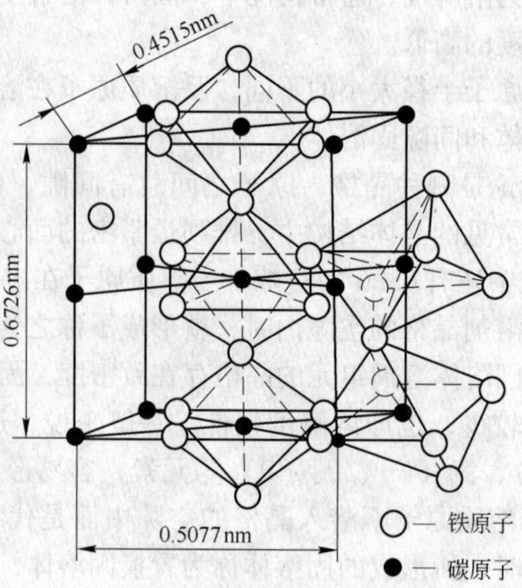

图 2－23　金属化合物结构示意图

构原有的平衡状态，使得溶剂组元的晶格发生畸变，而且溶质原子溶入的数量越多，溶剂组元的晶格畸变越严重。晶格畸变会增大位错运动的阻力，使固溶体的塑性变形变得更加困难，从而提高固溶体抵抗变形的能力，表现在力学性能上就是强度和硬度的提高。当然，晶格畸变在提高固溶体强度和硬度的同时，也会使固溶体相的塑性、韧性下降。

工程上，将通过形成固溶体来提高合金材料强度和硬度的方法称为固溶强化，固溶强化是强化合金材料的重要手段之一。

2.1.5.2　金属化合物的力学性能特点

金属化合物的力学性能特点是硬而脆。通常金属化合物硬度大的特点对提高合金的强度、硬度及耐磨性有很大的帮助，但因其很脆，如果其在合金中形状、大小、分布不良，又可使合金的塑性和韧性显著降低。因此，确定合理的形状、大小和分布，是充分发挥金属化合物高硬度的特点，最大程度限制其脆性特点的关键。

工程上，将金属化合物以细小、均匀、弥散的方式分布在固溶体基体上，从而提高合金材料强度、硬度的方法称为弥散强化。弥散强化也是强化合金材料的一种重要手段之一。

综上所述，合金的强度和硬度会因为固溶体的固溶强化作用和金属化合物的弥散强化作用而较组成合金的金属有很大的提高，但合金的塑性和韧性却比组成合金的金属低，而且强化效果越好，塑性韧性下降越显著。另外，合金的力学性能还与固溶体和金属化合物形成晶粒时的大小和形状有关。

2.2　金属及合金的结晶过程

2.2.1　金属的结晶

2.2.1.1　基本概念

A　结晶

结晶是指金属或合金由液态原子不规则排列转变为固态有规则排列的过程。金属结晶时形成的组织与各种性能有着密切的关系。

B 晶粒

晶粒是指液态金属在结晶的过程中，由许多晶核形成的外形不规则的小晶体。多晶核形成并长大为许多晶粒是实际状态下金属具有多晶体结构的根本原因。

C 过冷度

从理论上讲，金属冷却结晶时存在一个平衡结晶温度，即理论结晶温度，用 T_0 表示。高于这个温度，金属处于液态；低于这个温度，金属处于固态；在 T_0 温度时，金属处于液固平衡状态。而实际上，液态金属只有冷却到低于 T_0 温度时才开始结晶，金属结晶时的这种现象称为过冷现象。我们将理论结晶温度（T_0）与实际结晶温度（T_n）之差称为过冷度（ΔT）。即：$\Delta T = T_0 - T_n$。

D 冷却曲线

纯金属的结晶是在一定温度下进行的，这个温度称为结晶温度（T_n）。结晶温度通常用热分析法测定，其测定过程是先将金属熔化，并使温度均匀，然后以极缓慢的速度冷却，在冷却的过程中每隔一定时间，记录其温度，并以温度为纵坐标，时间为横坐标，做出温度随时间变化的关系曲线，称之为冷却曲线，如图 2－24 所示。

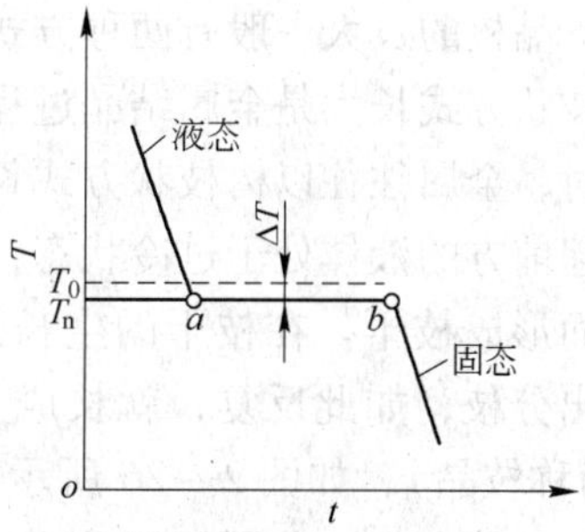

图 2－24 纯金属结晶时的冷却曲线

液态金属从高温开始冷却时，由于周围环境吸热，温度均匀下降，状态保持液态不变。当温度下降到 T_n 后金属开始结晶，并放出结晶潜热，结晶过程释放的潜热与金属向四周散出的热量相当，导致纯金属的结晶过程在恒温下进行，从而在冷却曲线上呈现为水平线。持续一段时间后，液态金属结晶完毕，成为固态。随后，温度继续均匀下降，金属保持固态不变，直到室温。冷却曲线上水平线所对应的温度就是纯金属的实际结晶温度，而水平线对应的时间就是纯金属结晶过程所需的时间。

2.2.1.2 金属的结晶过程

纯金属的结晶过程是在冷却曲线中水平线所对应的这段时间内发生的，它是不断地形成晶核和晶核不断地长大过程，直到各晶体彼此接触，液体完全消失，结晶过程结束，如图 2－25 所示。

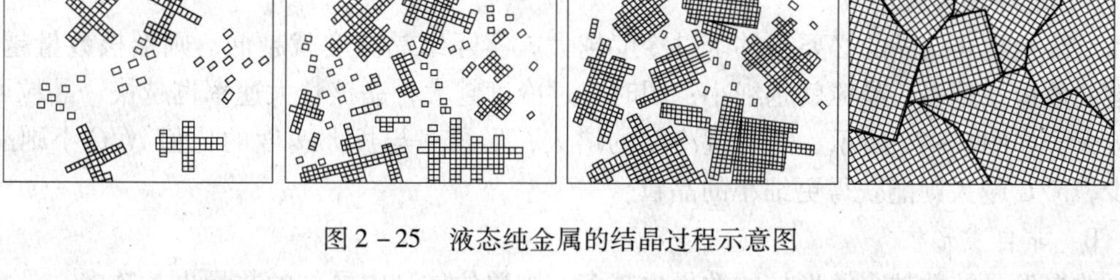

图 2－25 液态纯金属的结晶过程示意图

A　晶核的形成

实验证明，液态金属中总是存在着许多有规律排列的类似于晶体中原子的“小集团”。当温度处在理论结晶温度以上时，这些“小集团”是不稳定的，时聚时散，此起彼伏。当温度低于理论结晶温度时，这些“小集团”中的一部分就成为稳定的结晶核心，我们称这些细小的晶体为晶核。

晶核的形成方式有自发形核和非自发形核两种。在结晶过程中，如果晶核完全是由液态金属本身的原子有规则排列而形成晶核，称为自发形核，又称均匀形核。如果是依靠液体中存在的固体杂质或容器壁形核，则称为非自发形核，又称非均匀形核。在实际结晶过程中，自发形核和非自发形核是同时存在的，但以非自发形核方式发生结晶的更为普遍。

B　晶核的长大

在晶核形成后，液态金属原子会不断迁移聚集到晶核的固体表面，并向液体推移，这一过程就是晶核的长大过程，实质上也是晶体与液体交界面的移动过程。在已形成的晶核逐渐长大的同时，液体中不断会有新的晶核形成并长大，直到每个晶粒长大到相互接触，液体消失为止。

晶核的长大一般有两种方式，一种是以树枝状方式长大，一种是以平面状方式长大，树枝状方式长大是金属结晶过程中晶核长大的主要方式。当过冷度比较大，特别是存在杂质时，金属往往以树枝状方式长大，如果晶核的平面上的某处偶然出现一个凸起，由于此凸起前方的液体处于过冷状态，即处于负的温度梯度，那么此凸起将继续向液体中不断伸展而形成枝干。在枝干的生长过程中，其上又生出分枝，如此反复，就长成一个树枝状晶体（简称枝晶），如图 2-26 所示。而在过冷度比较小的情况下，如果纯金属晶核界面的前方液体处于正的温度梯度，则晶体主要以其表面向前平行推移的方式长大，即以平面方式生长。

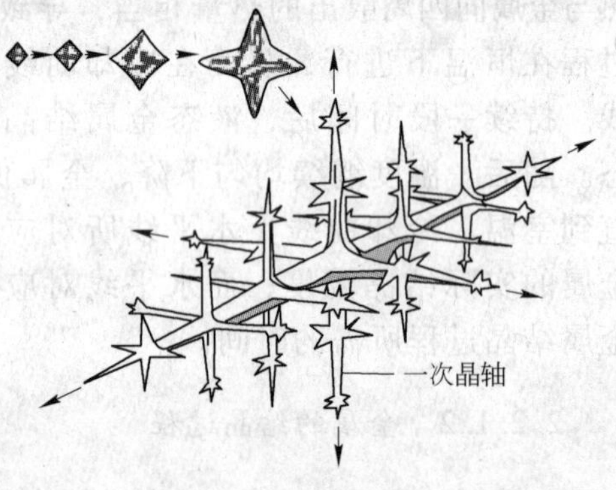

图 2-26　枝晶示意图

2.2.1.3　影响形核和长大的因素

金属结晶时，每个晶核长大后便形成一个晶粒，因而晶粒的大小既取决于在单位时间、单位体积内形成晶核的数目（即形核率（N）），也取决于晶核在单位时间内生长的尺寸（即长大速度（G））。可见，分析影响形核和长大的主要因素应从形核率和长大速率这两个指标着手。

A　过冷度的大小

过冷是金属结晶的必要条件。过冷度越大，实际结晶温度就越低，则形核数量越多，晶粒的数量就越多，晶粒就越细小；同时，过冷度越大，晶核长大速率也越快，晶粒可能就较大。如图 2-27 所示，随着过冷度的增大，形核率与长大速度的比值 N/G 小则晶粒较少，N/G 越大则能获得更细小的晶粒。

B　非自发形核

非自发晶核数越多，形核的数量也越多，则单位体积内晶粒的数量也就越多，晶粒也就越细小。

2.2.1.4　晶粒大小对力学性能的影响

生产中，常用晶粒度来衡量金属结晶后晶粒的大小，所谓晶粒度是指单位体积（或面积）内晶粒的数量。实验表明，晶粒的大小对金属的力学性能、物理性能和化学性能均有很大的影响。

常温下，晶粒越细小，参与塑性变形的晶粒就越多，塑性变形越均匀；另外，晶粒越细小，相应的晶界越多，面积越大，晶格畸变的区域也就越多，因而金属的强度、硬度越高，同时塑性、韧性越好。

高温下，晶界呈黏滞状态，在外力作用下易产生滑动和迁移，因而细晶粒无益；但晶粒太粗，易产生应力集中。因而高温下晶粒过粗、过细都不好。

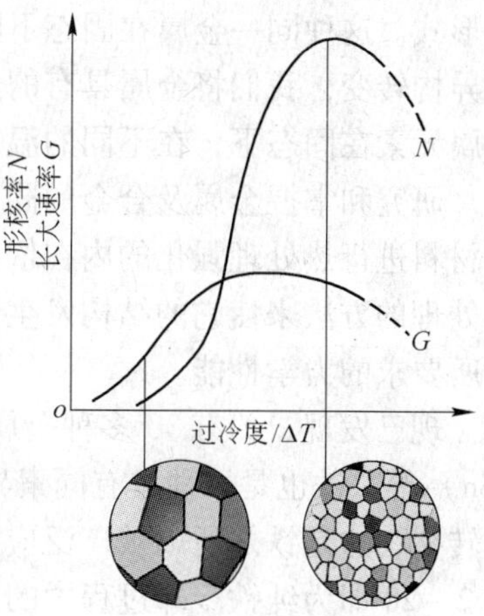

图 2－27　过冷度对形核率与长大速率的影响示意图

工程上，将通过细化晶粒全面提高金属材料综合力学性能（强度、硬度、塑性和韧性）的方法叫做细晶强化。

2.2.1.5　控制晶粒尺寸的方法

A　增大过冷度

实验证明，增加过冷度，能同时增加晶核形成与长大的速率，但由于形核的速率比长大的速率大得多，因此，增大过冷度就易于获得细小晶粒。例如，在铸造生产中，将砂型铸造改为金属型铸造，就是利用增大过冷度的方法来细化铸件晶粒。

B　变质处理

在实际生产中，为了提高产品的力学性能，常有目的地在金属液中加入某些高熔点的物质，使它们在金属液中形成大量的固体质点，起到非自发形核的作用，用来细化铸件的晶粒，这种处理方法称为变质处理。

通常有两类方法，一是加入一些高熔点的难溶形核剂，增加非自发形核率，细化晶粒。二是加入某种低熔点的可溶物质，其吸附在晶核表面，可降低晶核长大速度，也会起到细化晶粒的作用。

C　机械振动

金属结晶时，如对液态金属施加机械振动、超声波振动、电磁振动，使液态金属发生相对运动，而使结晶初期形成的枝晶受到冲击而破坏，破碎的枝晶形成新的晶核，从而获得细晶组织。

2.2.2　纯铁的同素异构性

我们已经知道某种金属的晶格是该金属所固有的，也就是说，金属不同，晶格也就不同，但这并不是说每种金属仅能有一种晶格形式。实际上有很多固态金属，在恒压的条件下，当它们处在不同的温度范围时，会具有不同的晶体结构，即对于同一种金属元素而言，由于它们所处的温度范围不同，其内部原子的排列会发生变化而呈现出多种不同的晶格形式。这种同一金属在固态下随着温度的变化由一种晶格转变另一种晶格的现象称为同素异构转变，我们将金属具有的这种转变特性称为同素异构性，即同素异构性是指同一种金属元素在固态下，在不同的温度时段具有不同晶体结构的特性。

研究和掌握金属及合金的同素异构转变，对于金属材料的应用是十分重要的，它是金属材料进行热处理强化的内在依据之一。因为只有具有同素异构转变的金属材料才能通过热处理的方法来使它的结构发生变化，从而获得技术上所需要的组织来达到金属零件设计时所要求的力学性能。

现已发现，约有 30 多种金属具有同素异构性，如锰（Mn）、钴（Co）、钛（Ti）、锡（Sn）等。铁也是一种具有同素异构转变特性的元素，而且以它为基的固溶体也具有类似的转变，这是铁之所以被广泛应用，成为金属材料中最重要的金属元素的主要因素之一。图 2－28 即为纯铁冷却过程中的同素异构转变曲线。

液态纯铁在 1538℃时开始结晶出具有体心立方晶格结构的晶体，用 δ－Fe 表示；当温度降至 1394℃时，δ－Fe 开始转变为具有面心立方晶格结构的晶体，用 γ－Fe 表示；再冷却到 912℃时，γ－Fe 又转变为具有体心立方晶格结构的晶体，因其晶格常数不同于δ－Fe，故用 α－Fe 表示；继续冷却到室温时，铁的结构不再发生变化。但冷却到 770℃时，纯铁将发生磁性转变。在 770℃以下，纯铁具有铁磁性，在 770℃以上，则失去铁磁性。因此，在工程应用中，具有面心立方结构的铁合金无磁性，而具有体心立方结构的铁合金具有磁性。

2.2.3　金属的铸锭

2.2.3.1　铸锭的形成和组织特征

金属铸件凝固时，由于表面和中心的结晶条件不同，铸件的组织中晶粒大小、形状、取向，杂质分布以及铸锭中的缺陷等由表到里是不相同的。图 2－29 是钢锭结晶组织示意图，从图中可以看出，钢锭结晶组织由 3 个不同形状的晶粒区组成。

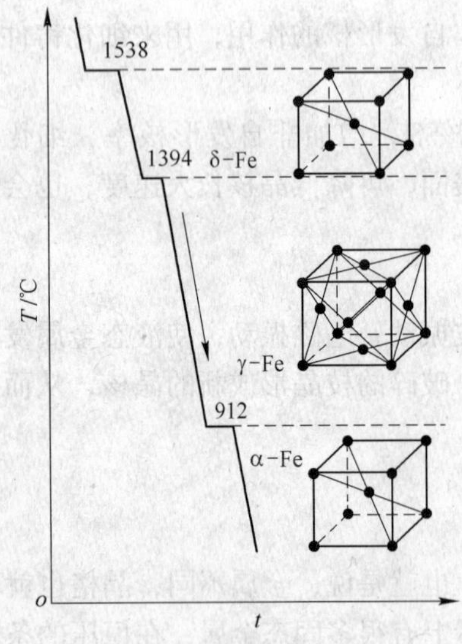

图 2－28　纯铁的冷却曲线

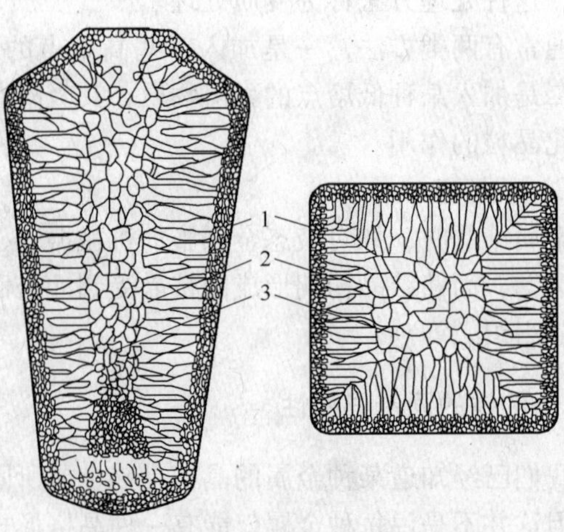

图 2－29　钢锭结晶组织示意图

1—细晶区；2—柱状晶区；3—等轴晶区

A 细晶区

表层的细晶区由细小的晶粒组成，过冷度较大是细晶区形成的主要原因。液态金属刚浇入锭模时，由于模壁温度很低，传热快，使锭模内表面层的金属液受到剧烈冷却，因而在较大的过冷度下结晶，而且锭模壁上有很多固体质点，起非自发形核作用，使表面形核数增多，从而形成一层厚度较薄的细晶粒区。

B 柱状晶区

内部的柱状晶区由柱状晶粒组成，铸锭垂直于模壁向外散热是柱状晶粒区形成的主要原因。细晶粒层形成后，随着模壁温度的升高，金属向外传热速度减慢，铸锭的冷却速度便有所降低，过冷度变小，晶核的形核率小于其长大速率，各晶粒可以较快成长。而此时凡晶轴垂直于模壁的晶粒，因其不仅沿着晶轴向模壁传热比较有利，而且它们的成长也不至因相互抵触而受限制，所以只有这些晶粒可能优先成长，从而形成柱状晶粒。

如果在铸锭结晶过程中，液体金属始终维持较大的内外温差，则柱状晶可以长大到铸锭中心，直到相对长大的两排柱状晶粒相遇为止，这种情况称为穿晶。

C 等轴晶区

心部的等轴晶区由较粗大的等轴状晶粒组成，等轴晶区的出现是过冷度较小，散热均匀造成的。柱状晶粒发展到一定程度，通过已结晶的柱状晶层和模壁向外散热的速度越来越慢，这时散热方向已不明显，而且锭模中心部分的液态金属的温度逐渐降低而趋于均匀。同时由于种种原因，如一些未熔杂质被推至铸锭中心或柱状晶的枝晶分枝被冲断，漂移到铸锭中心，它们都可成为剩余液体的晶核，由于这些晶核在不同方向上的长大速度相同，加之这时过冷度较小，因而形成粗大的等轴晶粒区。

2.2.3.2 铸锭组织的性能

铸锭的细晶区，组织较致密，力学性能较好。但由于细晶区总是比较薄的，故对整个铸锭的性能影响不大。

铸锭的柱状晶是按从外到里的顺序结晶的，在柱状晶粒层，两排柱状晶粒相遇的接合面上存在着脆弱区，此区域常有低熔点杂质及非金属夹杂物积聚，锻、轧时容易沿接合面开裂，所以生产上经常采用振动浇注或变质处理来抑制柱状晶粒的扩展。但对熔点低、不含易熔杂质、塑性良好的有色金属及合金而言，反而希望获得柱状晶组织，因为这种组织致密，对提高力学性能有利，而在压力加工时由于这些金属本身具有良好的塑性，不至于发生开裂。此外，柱状晶的力学性能具有明显的方向性，沿柱状晶晶轴方向的强度较高，对于那些主要受单向载荷的机器零件，例如汽轮机叶片等，具有柱状晶组织是非常理想的。

铸锭的等轴晶区由于在结晶时没有择优取向，故不存在上述那些脆弱的交界面；而且方向不同的晶粒彼此交错咬合，各方向上的力学性能均较好。但等轴晶区的组织比较疏松，存在缩松（微小的孔洞）等缺陷，容易造成铸锭受力开裂。形成缩松的原因是各个等轴晶粒在生长过程中相互交叉造成许多封闭的小区间，使得这些小区间中残留的液体相互隔绝，当这些液体结晶收缩时，由于得不到外界液体的补充，自然会形成很多微小的缩孔。

2.2.4 二元合金

工业上使用的绝大多数金属材料都是合金，而合金和纯金属的结晶过程都遵循同样的基本规律。纯金属的结晶过程是在恒定温度下进行的，是不断地形成晶核和晶核长大的过程；而合金的结晶过程与纯金属结晶过程的不同之处在于它不是在恒定温度下进行的，而是在一定的温度范围内进行，但合金的结晶过程也是不断地形核和晶核长大的过程。

我们已经知道，由两个组元组成的合金称为“二元合金”，合金的基本相有固溶体和金属化合物。而固溶体（间隙式和置换式）、金属化合物和单质组元可以有两种以上的组合形式，因此，形成反映合金的相与成分和温度之间变化关系的相图就会有很多种。二元匀晶相图、二元共晶相图是两种最基本的二元合金相图。

2.2.4.1 二元合金相图的建立

目前所使用的二元合金相图大多都是用实验法建立起来的，现以铜－镍（Cu－Ni）合金为例，说明相图建立的过程。首先配制一系列不同成分的合金，用热分析法分别作出每种成分合金的冷却曲线，如图2－30所示。测定这些合金的相变临界点，然后以横坐标表示合金的成分，纵坐标表示温度，将测定的这些合金的相变临界点分别标在坐标图上相应的合金成分线上，将意义相同的点连成光滑的曲线，再根据热分析结果，在各相区标注所存在相的名称，就得到了二元合金相图。

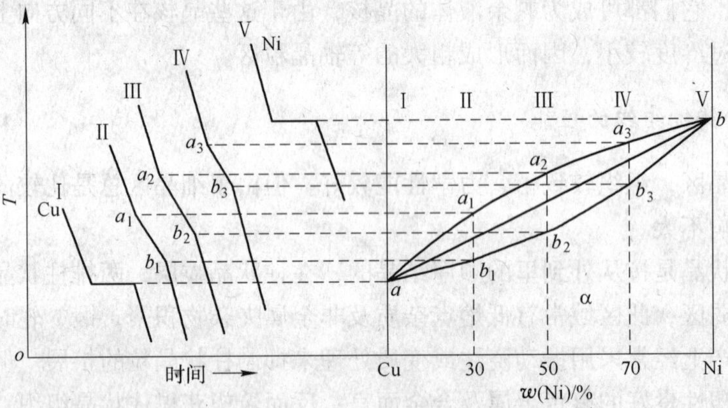

图2－30 热分析法测定二元合金相图示意图

2.2.4.2 二元匀晶相图

在二元合金系中，两组元不但在液态时无限互溶，而且在固态下也无限互溶的二元合金称为二元匀晶合金，该类合金结晶所形成的相图，称为二元匀晶相图。具有这类相图的二元合金系主要有Cu－Ni、Ag－Au、Cr－Mo、Fe－Ni等。这类合金在结晶时都是从液相结晶出固溶体，固态下呈单相固溶体，这种结晶过程称匀晶转变。

A 二元匀晶相图分析

在图2－31所示的Cu－Ni合金相图中，纯铜的熔点为1083℃，纯镍的熔点为1455℃，图中的两条曲线，上面的一条是液相线，表明任何成分的Cu－Ni合金，在此线对应的温度以上均为液相（用 L 表示）；下面的一条是固相线，表明任何成分的 Cu－Ni 合金，在此线对应的温度以下均为固溶体相（用 α 表示）；而两条线之间则是固液两相混合区，表示为 L＋α。

B 二元匀晶合金的平衡冷却结晶过程

平衡冷却结晶是指合金在极其缓慢的冷却条件下进行结晶的过程，在此条件下得到的组织称为平衡组织。平衡冷却结晶时原子的扩散可以充分地进行，最后得到成分均匀的固态组织。

如图 2－31 中所示的特定成分（w(Ni) 约为 20%）的合金，当温度高于 T_1 时，合金为液相。当温度降到 T_1 以下时，开始从液相中结晶出 α 固溶体晶核，并逐渐长大。随着温度的继续下降，液相会不断结晶新的 α 固溶体晶核并长大，直至 T_3 温度时液相转变完成。因此，在 T_1 ~ T_3 温度区间，合金为（L＋α）两相共存。由于 α 固溶体是逐渐结晶并长大的，不同温度条件下结晶的 α 固溶体中两组元的相对量不同，剩余液相中两组元的相对量也就会发生变化。基本变化规律是：剩余液相的成分沿液相线变化，生成的固相成分沿固相线变化。当温度下降到 T_3 时，液相完全消失，结晶完毕，最后得到与合金成分相同的 α 固溶体。

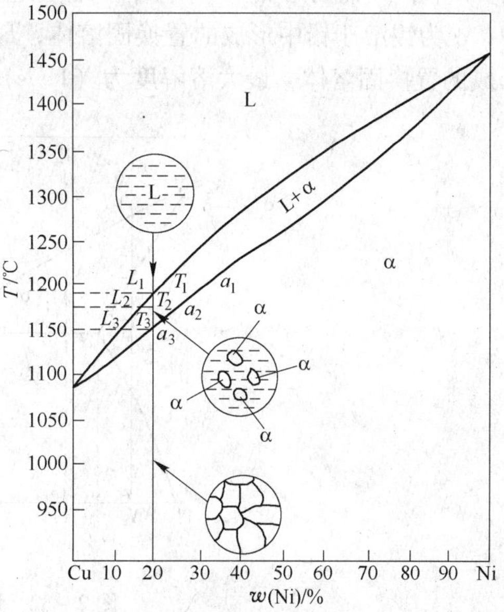

图 2－31 Cu－Ni 合金匀晶相图

在实际的结晶过程中，很难达到理想的缓慢冷却的平衡状态，冷却速度往往是比较快的。由于原子不能充分进行扩散，原子的扩散过程将落后于结晶过程，因此在结晶结束时合金成分的均匀化来不及进行。根据上述冷却过程中液固两相成分相对量的变化规律可以看出，先结晶的 α 固溶体中 B 组元（Ni）的相对含量要多于后结晶的 α 固溶体中 B 组元的相对含量。这样，在结晶结束后，整个 α 固溶体的成分是不均匀的，我们将这种成分不均匀的现象称为偏析。产生偏析的固溶体，整体的性能是不均匀的，不利于它的应用，必须采取有效方法加以消除。

2.2.4.3 二元共晶相图

在二元合金系中，两组元在液态下能完全互溶，固态下只能有限互溶，形成两种成分与结构完全不同的固相，并发生共晶转变的二元合金称为二元共晶合金，该类合金结晶时所对应的相图，称为二元共晶相图。具有这类相图的二元合金系主要有 Pb－Sn、Pb－Sb、Pb－Bi、Cu－Ag、Al－Si、Zn－Sn 等。

A 共晶反应

二元共晶合金在由液态向固态结晶转变时有一个共同的特征，就是要发生共晶反应。所谓共晶反应是指特定成分的液相同时结晶出具有特定成分的两个固相的反应。若 d 点为共晶成分点，c 点和 e 点分别为共同结晶的 α 相和 β 相的成分点，则表示为 $L_d = \alpha_c + \beta_e$。发生共晶反应时 L_d、α_c、β_e 三相平衡共存，反应在恒温下进行。由于两个固相在形成后既保持着各自的结构特征，在显微观察中又相互混合在一起，因此我们称共晶反应后的两相混合物为共晶组织或共晶体，也就是说共晶反应的产物为两个固相的机械混合物。实验表明，成分在 $c \sim e$ 之间的合金在平衡结晶时都会发生共晶反应。

B　二元共晶相图分析

图 2－32 所示为铅－锡（Pb－Sn）合金相图。相图中的主要特性点有：纯铅的熔点为 328℃，纯锡的熔点为 232℃，共晶反应成分点为 d 点，共晶反应温度为 183℃。相图中，α 为锡溶于铅中形成的置换固溶体，最大溶解度为 c' 对应的锡含量；β 为铅溶于锡中形成的置换固溶体，最大溶解度为（$1-e$）点成分。

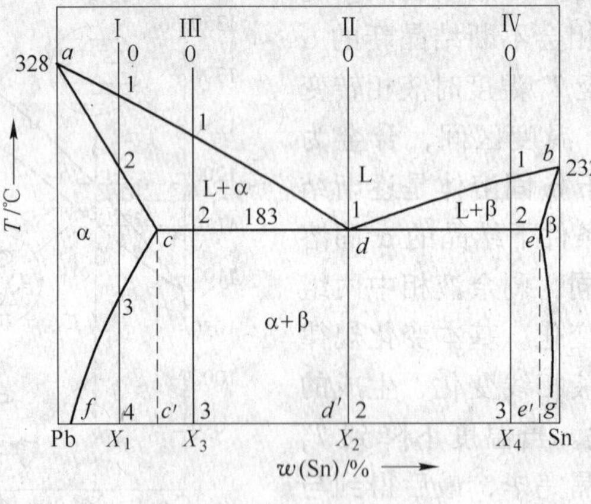

图 2－32　Pb－Sn 合金相图

相图中的主要特性线有：adb 为液相线，在此温度线以上的任何成分的合金均为液相；$acdeb$ 为固相线，在此温度线以下的任何成分的合金均为固相；cde 为共晶反应温度线，成分在 $c \sim e$ 之间的合金，冷却至此温度线时均发生共晶反应。

cf 为锡在 α 固溶体中的溶解度线，温度降低，α 固溶体中锡的溶解度下降，当锡含量在 $f \sim d$ 之间的合金从高温冷却到室温时，锡将从 α 相中析出，以 β 相的方式存在。我们将从固态 α 相中析出形成的 β 相称为二次 β 固溶体，用 β_{II} 表示。

eg 为铅在 β 固溶体中的溶解度线，温度降低，β 固溶体中铅的溶解度下降，当铅的含量在 $d \sim g$ 成分之间的合金从高温冷却到室温时，冷却过程中同样发生二次相的析出，此时析出二次 α 固溶体，用 α_{II} 表示。

相图中共有三种相，即铅与锡形成的液相 L，锡溶于铅中的有限固溶体 α 相和铅溶于锡中的有限固溶体 β 相。相图中有两类相区，即 L、α、β 三个单相区及（L＋α）、（L＋β）、（α＋β）三个双相区。

C　二元共晶合金的平衡冷却结晶过程

不同成分的二元共晶合金在冷却结晶过程中会发生不同的转变，转变后的组织类型也不同，为了解不同成分的二元共晶合金在结晶过程中组织转变的基本特点，我们选取几类典型成分的合金进行分析，以便初步认识合金在转变过程中组织转变的基本规律，为今后研究并掌握铁碳合金的组织转变打下基础。

图2-32中所示的Ⅰ、Ⅱ、Ⅲ、Ⅳ合金，它们的特点分别为：合金Ⅰ的固溶体溶解度随着温度的变化而发生变化；合金Ⅱ为共晶合金，发生共晶反应；合金Ⅲ发生共晶反应但成分小于共晶点成分，为亚共晶合金；合金Ⅵ发生共晶反应但成分大于共晶点成分，为过共晶合金。在进行结晶过程分析时，假设温度下降十分缓慢，为平衡冷却结晶过程。

a 合金Ⅰ的平衡冷却过程

合金Ⅰ的平衡结晶过程如图2-33所示，结晶过程表示为：

$$L_{Ⅰ}\xrightarrow{1}\alpha+L\xrightarrow{2}\alpha\xrightarrow{2\sim3}\alpha\xrightarrow{3}\alpha+\beta_{Ⅱ}\xrightarrow{\text{室温}}\alpha+\beta_{Ⅱ}。$$

合金从液态冷却到1点温度后按匀晶转变结晶出α固溶体，至2点温度时，合金完全结晶成α固溶体；在2~3点温度之间冷却，α相结构不变，因高温扩散效果较好，此时偏析现象减弱；冷却至3点温度时，锡在α相中的溶解度达到饱和，温度继续下降，其饱和溶解度将沿 *cf* 线降低，此时将从α相中析出$\beta_{Ⅱ}$，到室温时α相中锡含量变为 *f* 点对应的成分，合金的室温组织最终为（$\alpha+\beta_{Ⅱ}$）。

b 合金Ⅱ的平衡冷却过程

合金Ⅱ的平衡结晶过程如图2-34所示，结晶过程表示为：

$$L_{Ⅱ}\xrightarrow{1}L_d\xrightarrow{1\sim1'}(\alpha_c+\beta_e)\xrightarrow{\text{室温}}(\alpha+\beta)。$$

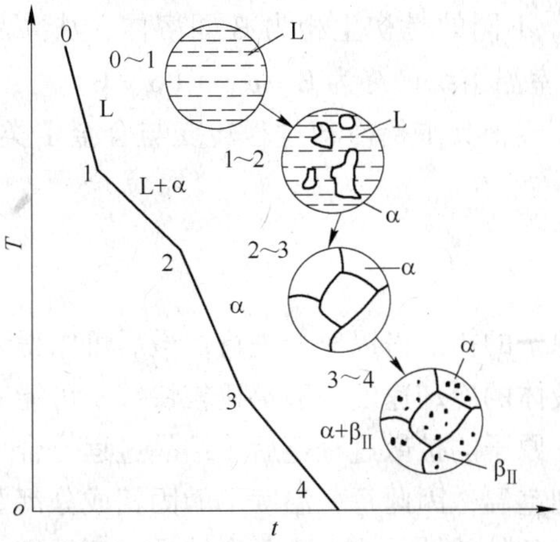

图2-33 合金Ⅰ的结晶过程示意图

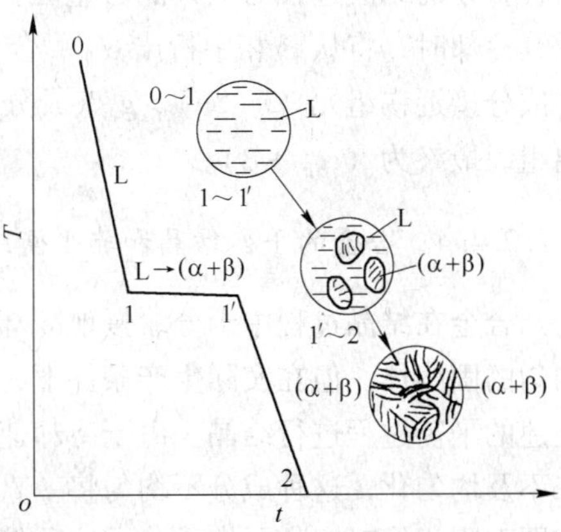

图2-34 合金Ⅱ的结晶过程示意图

合金从液态冷却到1点温度时，将发生共晶反应，经一定时间到1′点时反应结束，液态合金全部转变为共晶体（$\alpha_c+\beta_e$）。随后在冷却至室温的过程中，因为α相和β相饱和溶解度的变化，将从α相中析出$\beta_{Ⅱ}$，从β相中析出$\alpha_{Ⅱ}$。由于析出的$\alpha_{Ⅱ}$和$\beta_{Ⅱ}$与共晶的α和β相混合在一起，在显微镜中分辨不出来，通常看成组织没有变化，合金Ⅱ的室温组织最终为共晶体（α+β）。

c 合金Ⅲ的平衡冷却过程

合金Ⅲ的平衡结晶过程如图2-35所示，结晶过程表示为：

$$L_{Ⅲ}\xrightarrow{1}\alpha+L\xrightarrow{2}\alpha_c+L_d\xrightarrow{2-2'}\alpha_c+(\alpha_c+\beta_e)\xrightarrow{3}\alpha+\beta_{Ⅱ}+(\alpha+\beta)\xrightarrow{\text{室温}}\alpha+\beta_{Ⅱ}+(\alpha+\beta)。$$

液态合金冷却到 1 点温度时，因匀晶反应从液相生成初生 α 相。在 1～2 点温度之间时，组织为 α + L，随着温度的降低，α 相不断增加，液相不断减少，通过不断结晶增加的 α 相的成分沿 *ac* 线变化，剩余液相的成分沿 *ad* 线变化；当温度降到 2 点温度时，α 相的成分和液相的成分分别达到 *c* 点和 *d* 点对应的成分。此时，*d* 点成分的剩余液相开始发生共晶反应，经一定时间到 2′点时共晶反应结束，合金组织为 α_c + （α_c + β_e）。继续冷却，因初生的 α 相饱和溶解度的变化将从中不断析出 $\beta_{Ⅱ}$，成分由 *c* 点降至 *f* 点。合金的室温组织最终为 α + $\beta_{Ⅱ}$ + （α + β）。

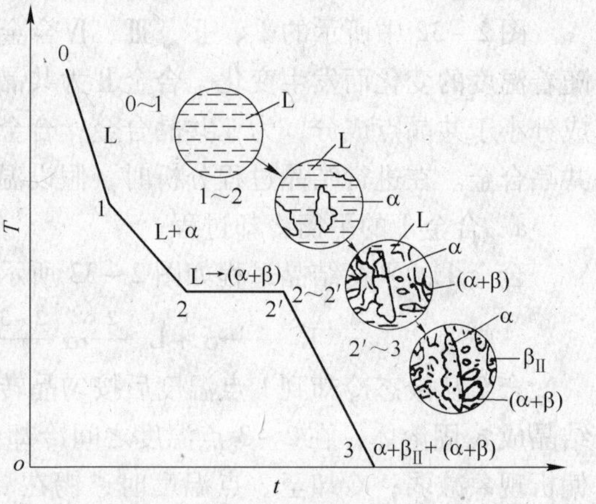

图 2－35 合金Ⅲ的结晶过程示意图

d 合金Ⅳ的平衡冷却过程

合金Ⅳ的结晶过程表示为：

$$L_{Ⅳ}\xrightarrow{1}\beta_e+L_d\xrightarrow{2\quad 2-2'}\beta_e+(\alpha_c+\beta_e)\xrightarrow{3}\beta+\alpha_{Ⅱ}+(\alpha+\beta)\xrightarrow{\text{室温}}\beta+\alpha_{Ⅱ}+(\alpha+\beta)。$$

合金Ⅳ的结晶过程与亚共晶合金Ⅲ的类似，不同的是初生相为 β 固溶体，从共晶温度继续冷却时，将从 β 相中析出 $\alpha_{Ⅱ}$。合金Ⅳ的室温组织最终为 β + $\alpha_{Ⅱ}$ + (α + β)。

成分接近锡组元（*w*(Sn) > *g* 点成分）的合金，其平衡冷却过程转变与合金Ⅰ类似，室温组织最终为（$\alpha_{Ⅱ}$ + β）。

2.2.4.4 合金的平衡结晶和非平衡结晶

当合金在结晶过程中十分缓慢地冷却时，原子的扩散得以充分进行，最后可以得到成分均匀的固溶体。但在实际生产条件下，合金液体的冷却速度一般都比较快，不可能完全按上述的平衡过程进行结晶。由于冷却速度快，原子的扩散过程落后于结晶过程，合金成分来不及均匀化，这种成分不均匀将一直持续到室温，因此每一温度下的固相成分都要偏离相图上固相线对应的平衡成分。这种偏离平衡条件的结晶称为不平衡结晶，不平衡结晶得到的组织称为不平衡组织。

不平衡结晶过程使晶粒内部的成分不均匀，先结晶晶粒的成分与后结晶晶粒的成分不同，产生偏析现象。而固溶体结晶通常是以树枝状方式长大的，在快冷的条件下，先结晶的树枝晶主轴含高熔点组元较多，后结晶的树枝晶枝干含较多的低熔点组元，最后结晶的树枝间则含有大量的低熔点组元，这种树枝晶体中的成分不均匀现象称为枝晶偏析。

固溶体的偏析大小，取决于相图的形状、原子的扩散能力及冷却条件。相图中液相线与固相线之间的水平距离与垂直距离越大，则偏析越严重；偏析原子的扩散能力越强，则偏析程度越小；在其他条件不变时，冷却速度越大，实际的结晶温度越低，则偏析程度越大。

枝晶偏析的产生是偏离平衡条件结晶的结果，在生产中经常出现，枝晶偏析会使晶粒内部的性能不一致，常常给材料的力学性能、抗腐蚀性能、工艺性能等带来不利影响。因此，生产上常采用扩散退火（或均匀化退火）来消除或改善枝晶偏析。

2.2.5　合金相图与合金性能的关系

合金的成分决定了合金的组织，而合金的组织又决定了合金的性能，因而合金的性能与相图具有一定的关系。

2.2.5.1　合金力学性能与相图的关系

图 2－36 所示为两种类型的相图与合金力学性能之间的关系。当合金形成为两相机械混合物的组织时，合金的强度大约是两种组织强度的平均值，即力学性能与成分成直线关系，如图 2－36（左图）所示；当合金形成单相固溶体时，由于溶质原子使基体晶格发生畸变，故提高了合金的强度和硬度，其关系如图 2－36（右图）所示。此外，力学性能还与组织的细密程度有关，组织越细密，其强度、硬度就越高。

2.2.5.2　合金铸造性能与相图的关系

铸造性能主要表现在流动性、收缩性（如缩孔）、偏析等方面，主要取决于液相线与固相线之间的温度间隔，图 2－37 表示合金的铸造性能与相图的关系。

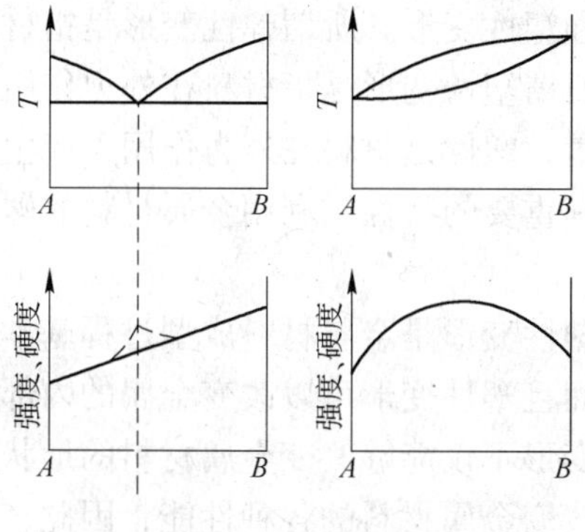

图 2－36　力学性能与相图的关系

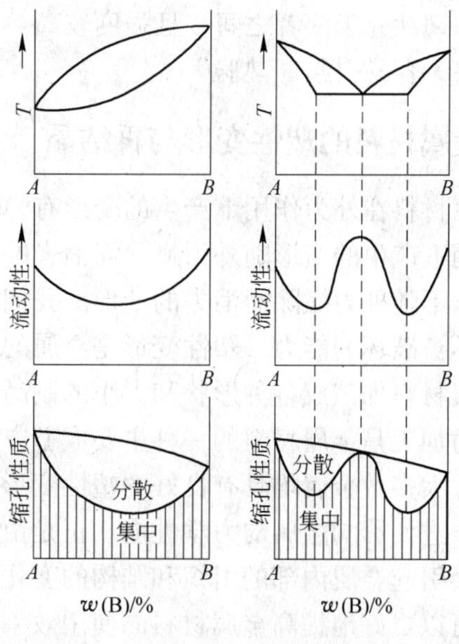

图 2－37　合金的铸造性能与相图的关系

从固溶体合金的成分与流动性关系的图（图 2－37）中可以看出，固相线与液相线之间的垂直距离越大，在结晶过程中析出的树枝状晶体就越发达，从而越能阻碍液体流动，因此流动性越低。此外，合金的流动性还取决于合金的熔点，若熔点低，而浇注温度高，则过热就大，流动性就好。在恒温下结晶的合金（共晶成分）具有最好的流动性；共晶成分两侧的合金，由于树枝状晶体发达，流动性逐渐降低，结晶温度间隔越大，流动性越差。因此，铸造合金的成分越接近共晶成分，越容易铸成致密件。另外，结晶范围大的固溶体合金，结晶时析出的固相与液相的浓度差也大，在快冷时，由于不能进行充分扩散，偏析也比较严重。

从固溶体合金的成分与缩孔的关系图中（图 2 – 37 下图）可以看出，结晶温度范围大时，枝状晶体发达，容易形成较多的分散缩孔；结晶范围小时，枝晶不发达，金属液易补缩，容易形成集中缩孔；而共晶成分的合金因同时结晶，易形成集中缩孔。

2.2.5.3　合金压力加工性能与相图的关系

合金的压力加工性能主要表现为塑性及变形抗力，合金的塑性越好，变形抗力越小，则压力加工性能就越好。因此，由于单相固溶体合金具有良好的塑性，且变形抗力小，变形较均匀，因而压力加工性能好，可以进行锻造、轧制、拉拔、挤压、冲压等各种压力加工。

两相混合物合金的塑性不如单相固溶体合金好，其压力加工性能也不如单相固溶体合金。这主要是因为两相混合物中各相的变形能力不同，造成一相阻碍另一相的变形，使变形抗力增加，因此共晶体的压力加工性能最差。另外，形成两相混合物的合金，一相在另一相基体上的分布状况会显著影响混合物的塑性。当硬而脆的第二相以颗粒状均匀地分散在基体金属上时，合金的塑性和韧性主要取决于基体金属；当硬而脆的第二相在第一相的晶界上呈网状分布时，合金脆性很大；当硬而脆的第二相以针状或片状分布在基体上时，其塑性和韧性介于两者之间，且强度较高。当合金中含有低熔点共晶体时，其热压力加工性能更差，容易引起“热脆”。

2.3　金属材料的塑性变形与再结晶

金属材料在外力作用下产生的变形有弹性变形和塑性变形。所谓弹性变形是指材料在外力作用下产生的变形随外力撤除而消失的变形；所谓塑性变形是指材料在外力作用下产生的变形不随外力撤除而消失的变形。我们已经知道，塑性是材料在外力作用下产生塑性变形而不被破坏的能力，塑性变形是金属的一个极其重要的特性，利用金属材料的塑性可以把金属材料加工成各种形状和大小的制品。

压力加工是金属材料的一种主要成型方法，而塑性变形是金属材料成型过程基本形式的体现。大多数金属均具有良好的塑性变形能力，而且塑性变形可以改变金属的内部组织和结构，进而影响金属的力学性能。正是由于塑性变形不仅能够改变金属材料的形状和大小，还会引起金属内部的组织和结构的变化，从而改变金属材料的各种性能，因此，控制得好则可以更好地提高金属材料的使用效果；控制得不好，将会给金属材料的使用带来不利的影响。所以，研究金属材料的塑性变形及冷热加工变形后的组织和结构的变化规律，对深入了解金属材料各种力学性能指标的本质，充分发挥材料强度的潜力，正确制定和改进金属压力加工工艺，提高产品质量及合理使用金属材料等都具有重要意义。

2.3.1　金属的塑性变形

我们知道，实际状态下的金属都是多晶体，多晶体的变形不同于单晶体，但与每一个晶粒的变形行为有很强的关联性。为了便于研究，有必要先通过讨论单晶体的塑性变形来掌握金属塑性变形的基本规律。

2.3.1.1　金属的变形与断裂

在外力作用下，金属的变形可以分为连续的3个阶段：弹性变形阶段、弹塑性变形阶段、断裂阶段。当外力作用在金属上时（如所受外力为拉力），金属内的原子间距变大，如果这种变化处于弹性范围内，当外力去除后，原子还能恢复到原来的状态；如果外力较大，当外力去除之后，有一部分变形不能恢复，金属就发生了塑性变形。当外力大到一定程度，原子间的结合力被打破，金属就被拉断。

工程力学的知识告诉我们，无论金属受的外力是何种形式，反映在金属内部各点的内应力都可以在晶面上分解成正应力 σ_N 和切应力 τ_N，如图2-38所示。金属在外力作用下产生的塑性变形是其中一种类型的应力造成的，还是共同的因素造成的呢？下面通过分别研究单晶体在正应力和切应力作用下产生变形的情况来说明这个问题。

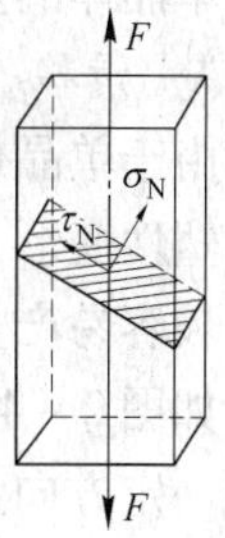

图2-38　单晶体受力示意图

A　单晶体在正应力作用下的变形

图2-39a、2-39b为单晶体在正应力作用下的变形情况。可以看出，正应力使晶格沿受力方向伸长，导致其原子离开平衡位置，原子间的结合力与正应力对应的内力平衡，当外力撤除后，伸长的晶格恢复原状，变形消失；当正应力对应的内力大于原子间的结合力时，晶体被拉断。因此，正应力只能使晶格产生弹性变形，并在其对应的内力超过原子间结合力时将晶体拉断，这种断裂为脆性断裂，而不能使晶体产生塑性变形。

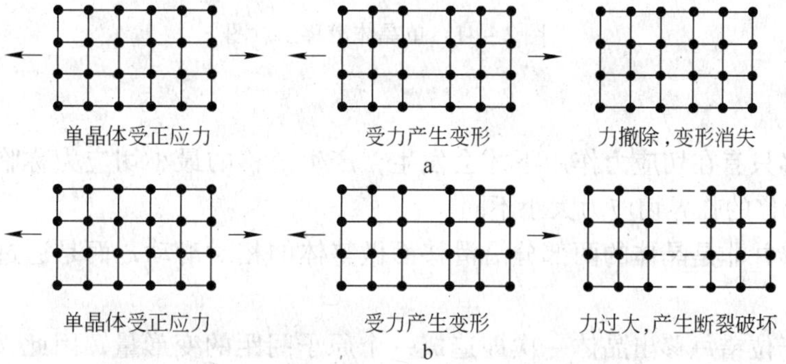

图2-39　单晶体受正应力作用产生弹性变形（a）和断裂破坏（b）示意图

B　单晶体在切应力作用下的变形

在切应力作用下，单晶体的变形如图2-40所示。当切应力比较小时，晶体发生弹性

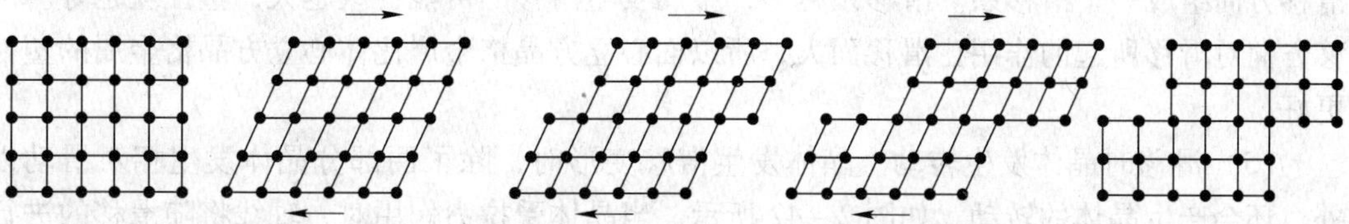

图2-40　单晶体受切应力产生变形示意图

变形，而当切应力增大到一定值时，晶体的一部分相对另一部分沿着滑移面发生滑移，这时撤除外力，晶体中的原子不能完全回复到原来的位置，发生了弹塑性变形。切应力继续增大，在产生一定塑性变形后，晶体被切断破坏，这种断裂为塑性断裂。

结论 1：单晶体的塑性变形是在切应力作用下产生的。

2.3.1.2　单晶体的塑性变形

单晶体的塑性变形是通过滑移和孪生两种方式实现的，其中滑移是最重要的方式。

A　滑移

由于单晶体内不同的晶面和晶向上原子排列的疏密程度不同，因此在切应力作用下，晶体塑性变形总是在原子间距最大（或次大）的晶面上，沿原子间距最大（或次大）的晶向较容易产生相对移动，我们称这种移动为滑移。

如图 2－41 所示，晶体在切应力的作用下，晶体的一部分沿一定的晶面（滑移面）上的一定方向（滑移方向）相对于另一部分发生滑动。

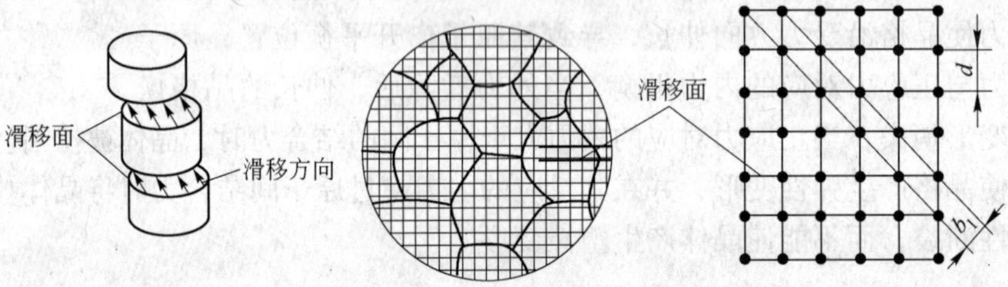

图 2－41　单晶体滑移示意图

滑移的特点：

（1）滑移只有在切应力作用下才会发生，产生滑移的最小切应力称临界切应力。不同金属产生滑移的临界切应力大小不同。

（2）滑移并非是晶体的两部分沿滑移面做整体的相对滑动，而是通过位错的运动来实现的。

（3）由于位错每移出晶体一次即造成一个原子间距的变形量，因此，晶体发生的总变形量一定是这个方向上的原子间距的整数倍。

（4）滑移总是沿着晶体中原子密度最大的晶面（密排面）和其上密度最大的晶向（密排方向）进行。这是由于密排面之间、密排方向之间的间距最大，结合力最弱。因此，滑移面为该晶体的密排面，滑移方向为该面上的密排方向。一个滑移面与其上的一个滑移方向组成一个滑移系。滑移系越多，金属发生滑移的可能性就越大，塑性就越好。滑移方向对滑移所起的作用比滑移面大，所以面心立方晶格金属比体心立方晶格金属的塑性更好。

（5）滑移时晶体发生转动。晶体发生滑移变形时，除了两部分晶体发生相对滑动以外，还会产生晶体的转动，如图 2－42 所示。当晶体受拉力作用时，轴线将随滑移的进行而逐渐偏离原来位置。为了保持拉力不偏移，晶体中的晶面就必须作相应的转动。晶面转动的结果是使滑移面和滑移方向趋向于与拉力相平行。

B　孪生

孪生是金属晶体进行塑性变形的另一种基本方式，是在切应力的作用下晶体的一部分相对于另一部分沿一定晶面（孪生面）和晶向（孪生方向）发生切变的变形过程。

在变形过程中，产生孪生变形部分的晶体位向将发生改变，它以孪生面为对称面，与未变形部分相互对称，这种对称的两部分晶体称为孪晶或双晶。发生变形的那部分晶体称为孪晶带或双晶带，如图2-43所示。

孪生所需的临界切应力比滑移大得多，因此孪生只在滑移很难进行的情况下才发生。体心立方晶格的金属在室温或受冲击时才发生孪生，而滑移系较少的密排六方晶格的金属，如镁（Mg）、锌（Zn）、镉（Cd）等，则比较容易发生孪生。

结论2：单晶体的塑性变形主要是以滑移的方式进行的。

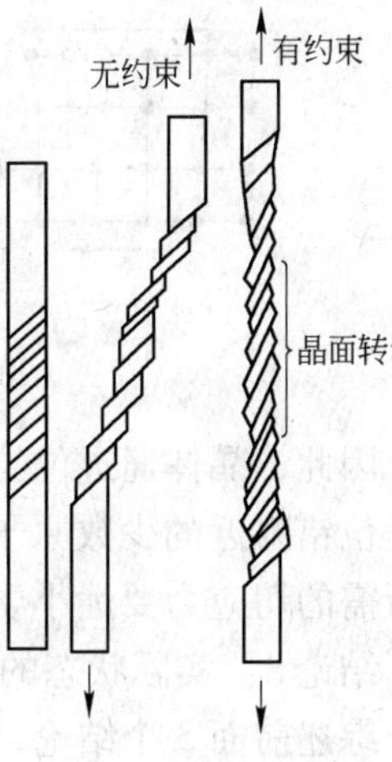

图2-42　滑移时晶面的转动示意图

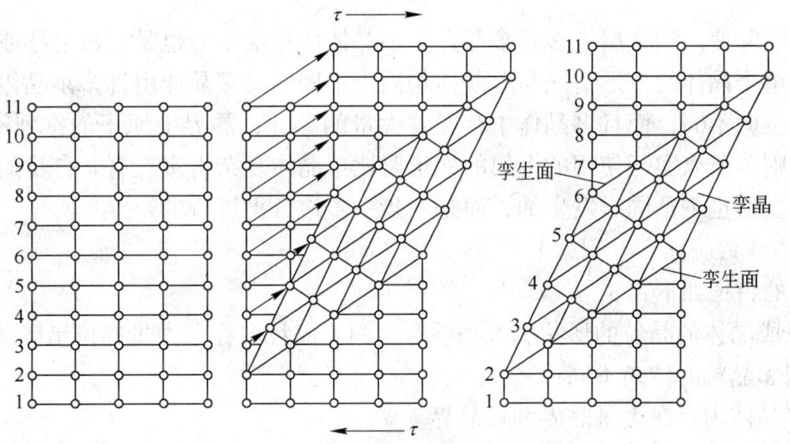

图2-43　孪晶的晶格位向变化示意图

2.3.1.3　实际状态的单晶体塑性变形

以往滑移被认为是一部分晶体相对于另一部分的整体滑动，按此设想，滑移时临界切应力必须达到同时破坏滑移面上每一对原子的结合的程度，才能产生滑移。但实验测定，晶体在产生塑性变形滑移时的临界切应力值要远远小于理论计算值。由此可见，把滑移看成是晶面的刚性移动是不符合实际规律的。

近代理论认为，实际状态的晶体中总是存在位错这种缺陷，由于位错附近的原子间距较小，因此，在塑性变形过程中，晶面的相对移动总是通过位错的移动来实现的。

如图2-44所示，由于实际晶体中存在位错，在切应力作用下，位错中心上面的原子向左做微量位移；位错中心下面的原子向右做微量位移，位错中心便会向左移动一个原子间距的距离，在切应力作用下，当位错线继续向左移动到晶体表面时，就形成了一个原子间距的滑移量，结果晶体就产生了塑性变形。

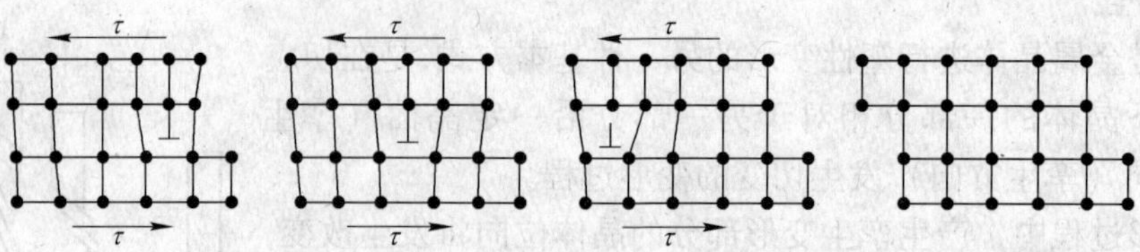

图 2-44　塑性变形过程中位错移动示意图

因此，晶体通过位错移动产生滑移时，并不是整个滑移面上的全部原子的整体移动，而是位错附近的少数原子做微量的移动，移动的距离远小于一个原子间距，所以位错移动时所需的切应力要远小于理论计算值，与实测值基本相同。

结论 3：实际状态的单晶体的塑性变形是借助于位错的移动来实现的。

综述前面 3 个结论，我们可以得出金属塑性变形的基本规律为：单晶体的塑性变形是在切应力的作用下，主要以滑移的方式，借助于位错的移动来实现的。

2.3.1.4　多晶体的塑性变形

工业中实际使用的金属大多是多晶体。多晶体的塑性变形也是通过滑移或孪生方式进行的，其中单个晶体的变形情况与单晶体相同。不同的是多晶体由许多小晶体组成，各个晶体之间的位向不同，而且多晶体中存在着大量的晶界，晶界上原子的排列不同于晶内，排列很不规则。所以实际使用的金属的变形要比单晶体复杂得多，有其自身的特点，且多晶体的塑性变形也不是同时发生的，而是一步一步地分批进行的。

A　多晶体的特征

多晶体的特征如下：

(1) 组成晶体的晶粒的形状和大小不等，而且晶粒内存在大量的位错等缺陷；

(2) 相邻晶粒的位向不同；

(3) 多晶体内存在大量晶界和亚晶界。

B　多晶体塑性变形方式

如图 2-45 所示，在多晶体中，由于各个晶粒的晶格位向不同，其滑移面和滑移方向的分布也不同，在外力的作用下，每个晶粒中不同滑移面和滑移方向上受到的切向分应力不同。对于拉压的金属，切向分应力在与外力成 45°的方向上最大，而在与外力平行或垂直的方向上最小。因此，在多晶体金属中，凡滑移面和滑移方向位于或接近于与外力成 45°方位（通常称软位向）的晶粒（如图中 A 晶粒），将首先发生滑移变形；而滑移面和滑移方向位于（如图中 C 晶粒）或接近于（如图中 B 晶粒）与外力平行或垂直的晶粒（处于硬位向）受到的切应力最小，最难发生滑移。所以，多晶体金属的塑性变形是分批发生的。当处于软位向的晶粒首批发生滑移时，由于受到晶界及周围硬位向的晶粒还不能发生滑移的影响，而只能以弹性变形的方式相适应，从而会在首批晶界附近造成位错的堆积。当外力增大到一定程度后，变形才会越过晶界，其他

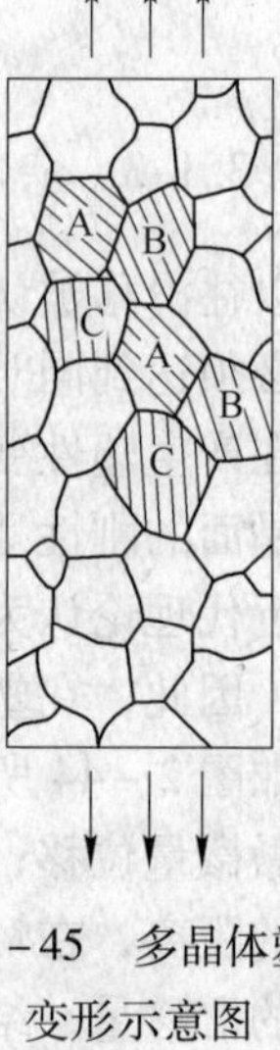

图 2-45　多晶体塑性变形示意图

晶粒开始滑移。此外，随着滑移的发生，首批滑移晶粒的位向同时也发生转动，这也会使这些晶粒从软位向逐步转到硬位向，不再继续发生滑移，从而使另一批晶粒开始出现滑移变形。随着外力的持续作用，金属的单晶体晶粒就分批地、逐步地发生滑移变形，先是软位向晶粒，后是较硬位向的晶粒，最后是硬位向的晶粒。参加滑移的晶粒越来越多，由少数晶粒到多数晶粒，最后到全部晶粒，使金属发生较大的塑性变形。所以多晶体的塑性变形总是分批逐步发生的。变形分散在金属材料的各处，各个晶粒内部滑移和孪生的总和构成整体的塑性变形。

2.3.1.5　细晶强化机理

我们知道，通过细化晶粒全面提高金属材料的强度、硬度、塑性、韧性的方法叫做细晶强化。细化晶粒在提高金属材料强度的同时，也使材料的塑性、韧性得到了改善，这是其他强化方法所不能比拟的。因此，细晶强化是金属材料很重要的一种强韧化手段。

A　细化晶粒对强度、硬度的影响

在塑性变形过程中，由于晶界附近原子排列混乱，晶格畸变程度大，而且晶界上常常富集杂质原子，对滑移变形时位错的移动起阻碍作用，因此，晶界抵抗塑性变形的能力要比晶粒本身大的多，而且晶界越多，晶界原子排列越混乱，滑移抗力就越大；与此同时，晶粒间位向不同也会阻碍位错的运动，位错之间也会相互纠缠阻碍位错运动。

在塑性变形过程中，若位错不容易运动，表现出的特性就是变形抵抗力增大，也即金属本身的强度得到提高。如果晶粒数量越多，越细小，则晶界和位错也越多、位向不同的晶粒也越多，在塑性变形过程中，会导致位错运动越困难，使得金属的变形抗力变大，则金属的强度就越高。

由于强度是反映金属材料整体抵抗变形的能力，而硬度是反映金属材料表面抵抗局部变形的能力，强度的提高，必然表现出硬度也提高。

B　细化晶粒对塑性的影响

在塑性变形过程中，晶粒越细小，可能发生滑移的晶粒越多，变形可以分散在更多的晶粒内进行，减小了应力集中，推迟了裂纹的形成和发展，金属在断裂前可发生较大的塑性变形，使金属塑性提高。由于塑性变形总量是各晶粒滑移效果的总和，晶粒越细可能发生滑移的晶粒就越多，总的塑性变形量也就越大，表现出金属的塑性得到提高。

C　细化晶粒对韧性的影响

韧性是金属材料在破坏前消耗能量的度量，是由强度和塑性来综合衡量的。由于晶粒越细小，金属的强度、塑性也越好，所以断裂前需要消耗较大的功，因而韧性也就较好。另外，韧性还受到晶体内微裂纹的影响，晶粒越细小，晶界就越多越曲折，在外力的作用下裂纹扩展的倾向就越小越不容易，导致晶体在断裂前的能量消耗变多，也使晶体的韧性得到提高。

综上所述，通过细化金属晶体的晶粒，可以全面提高金属材料的强度、硬度、塑性和韧性，也即全面提高金属材料的综合力学性能。

2.3.2　冷塑性变形对金属组织和性能的影响

工业生产上，有许多工程结构和机械零件需要通过塑性变形的方式进行成型加工。由于金属材料的塑性变形不仅可以改变金属材料的形状与尺寸，而且还将引起金属组织与性能的变化，因此，必须了解金属材料在塑性变形过程中组织和性能的变化规律及其影响因素，才能在应用中充分发挥塑性变形的优势，减少塑性变形对工程结构和机械零件使用的不利影响。

金属材料的塑性随着自身温度的提高会越来越好。因此，单从金属材料易于成型加工的角度来说，提高塑性加工时的温度，有利于金属材料的成型。然而，成型加工温度的提高也会对金属材料组织和性能产生很大的影响。因此，生产中按照工艺、组织和性能的不同要求，往往金属材料的塑性变形加工分别采用冷塑性变形加工和热塑性变形加工两类方式。下面就对这两类加工过程中产生的组织和性能的变化及其规律进行分析。

2.3.2.1　冷塑性变形对金属组织的影响

A　产生纤维组织

当金属发生单向塑性变形时，随着外形的变化，其内部晶粒形状由原来的等轴晶粒逐渐变为沿变形方向被拉长或压扁的晶粒，如图 2－46 所示。当变形量很大时，晶粒被显著地拉成纤维状，金属中的夹杂物也被拉长，形成纤维组织。

B　位错密度增加及亚结构细化

当金属发生多向变形时，随着变形量的增加，原来晶粒被破碎，形成许多位向略有不同的小晶块，而在晶粒内产生亚晶粒。在亚晶粒边界上集聚着较多的位错，随着塑性变形程度的增大，亚结构将进一步细化并产生位错增殖，从而出现严重的晶格畸变，如图 2－47所示。

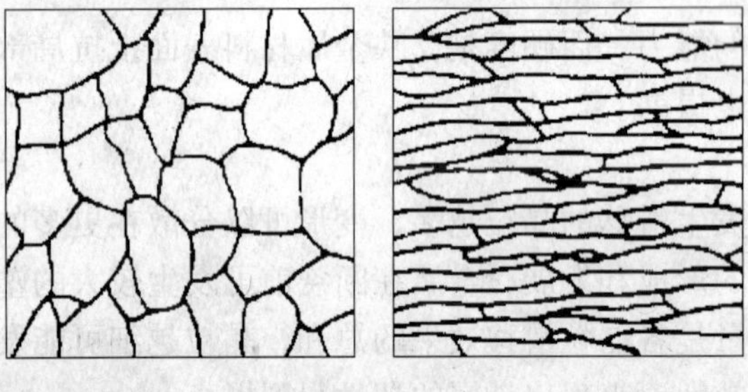

图 2－46　变形前后晶粒形状变化示意图

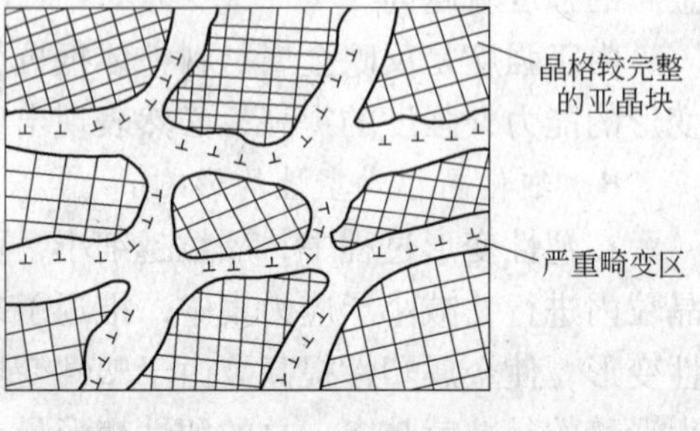

图 2－47　变形亚结构示意图

C　产生形变织构

金属塑性变形到很大程度时，由于晶粒发生转动，各晶粒的位向趋近于一致，即各个晶粒的某一晶向都不同程度地转到与外力相近的方向，形成特殊的择优取向，这种有序化的结构叫做形变织构。形变织构一般分两种：

（1）丝织构：各晶粒的一定晶向平行于拉拔方向。例如低碳钢经高度冷拔后的丝织构如图 2－48a 所示。

（2）板织构：各晶粒的一定晶面和晶向平行于轧制平面和轧制方向。如低碳钢高度冷轧后的板织构如图 2－48b 所示。

D　产生内应力

在塑性变形金属中，由于金属各部分变形不均匀，位错、空位等晶体缺陷增多，内部

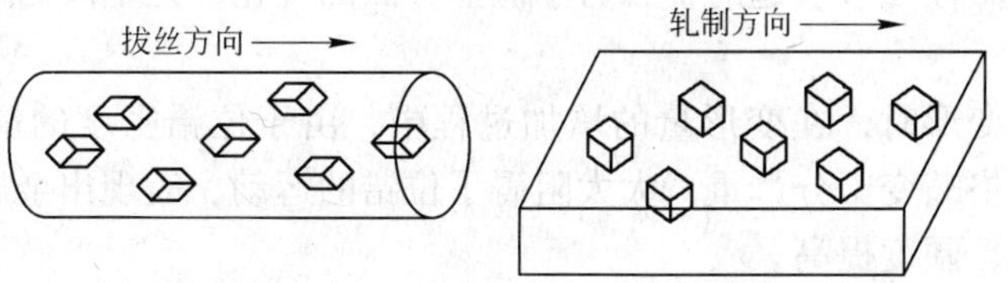

a b

图2-48 金属形变织构示意图
a—丝织构；b—板织构

会产生变形内应力，又称残余内应力。内应力可分为宏观残余内应力、微观残余内应力、晶格畸变内应力三大类。

（1）宏观残余内应力。由于金属材料的各部分变形不均匀而造成的在宏观范围内的残余内应力，称为宏观残余内应力，又称第一类内应力。

（2）微观残余内应力（晶间内应力）。由于晶粒或亚晶粒之间变形不均匀，在晶粒或亚晶粒之间形成的内应力，称为微观残余内应力，又称第二类内应力。

（3）晶格畸变内应力。金属在塑性变形时，内部产生了大量的位错，使晶格发生畸变而形成的内应力，称为晶格畸变内应力，又称第三类内应力。

金属塑性变形时所产生的内应力主要表现为第三类内应力。变形内应力有时是有害的，它导致工件变形、开裂、抗蚀能力降低，使工件抗负荷能力降低。但在某些情况下，残余内应力也会产生有利作用。例如钢板、弹簧经喷丸处理后，在表面层造成压应力，提高了疲劳强度。第三类应力所造成的晶格畸变，增加了位错移动的阻力，提高了金属抵抗塑性变形的能力。

2.3.2.2 冷塑性变形对金属力学性能的影响

A 性能的有向性

金属在冷塑性变形时随着晶粒被拉长或压扁，特别是产生纤维组织和形变织构后，金属的性能产生各向异性，其纵向（如沿纤维的方向）力学性能高于横向（垂直纤维方向）的性能。

大多数情况下形变织构是有害的，这是因为材料的力学性能不一致将造成塑性变形分布不均匀，如用有织构的板材冲制筒形零件时，因在不同方向上塑性差别很大，使板材产生不均匀塑性变形，零件的边缘出现“制耳”现象，如图2-49所示。但在某些情况下，织构组织的各向异性也是可以利用的，如制造变压器铁芯的硅钢片时，因沿〈100〉方向最易磁化，故可使其晶向平行磁场方向，则其磁导率显著增大，从而使铁损大大减小，变压器的效率大大提高。

图2-49 冷冲压“制耳”现象示意图

B 加工硬化

a 加工硬化的含义

随着冷塑性变形程度的增大，金属材料的强度和硬度逐渐提高，塑性和韧性逐渐降低的现象称为加工硬化。加工硬化是冷塑性变形引起的金属力学性能方面的变化，是金属内部组织结构发生变化的宏观体现。

金属发生塑性变形时，在变形量的增加过程中，由于位错密度的增加和亚结构的细化，金属晶体内晶格畸变十分严重，大大阻碍了位错的运动，表现出金属材料的变形抵抗力逐渐增加，强度、硬度提高。

b　加工硬化的作用

加工硬化的作用具体如下：

(1) 加工硬化在生产上作为强化金属的一种重要手段，可用来提高金属的强度，特别是对于一些不能通过热处理方法强化的合金而言尤其重要；

(2) 即使经过热处理后的某些金属也可以通过加工硬化来进一步提高强度，充分发挥材料的潜力；

(3) 加工硬化在保证金属已变形部位得到强化（不再变形）的同时，未变形部位可以继续变形，从而可以获得经变形后截面均匀的产品；

(4) 加工硬化还可保证金属和构件的工作安全性。因为金属具有较好的形变强化能力，当短时超载造成较大变形时，因加工硬化提高了抵抗力，故能防止因过大变形引起的突然断裂。

c　加工硬化的弊端

加工硬化的弊端具体如下：

(1) 在冷变形加工过程中随着加工硬化现象的产生要不断增加机械功率，对设备和工具的强度提出了较高要求；

(2) 通过加工硬化使金属强化是以牺牲金属的塑性、韧性为代价的，加工硬化会使金属的塑性、韧性明显降低，这给金属的进一步变形带来困难。为了使金属材料能继续变形，必须通过特定的热处理工艺来消除加工硬化以恢复塑性，这就延长了生产周期，增加了成本。

C　形变强化

在工程技术应用中，将金属材料通过进行冷塑性变形产生加工硬化的方式来提高强度、硬度的方法叫做形变强化。形变强化也是一种常用的金属材料强化方法，特别是对不能通过热处理强化的许多有色金属材料尤为重要。

2.3.3　冷塑性变形的回复与再结晶

经过冷塑性变形的金属，不仅组织结构和性能发生了变化，而且产生了残余应力。因此，在生产中必须根据实际需要，消除残余应力，甚至将组织结构和性能恢复到原始状态，以达到生产的要求。

金属材料经过冷塑性变形后，由于晶粒被拉长（压扁）或出现破碎、亚结构细化、位错密度增加、晶格严重畸变等现象，晶体处在不稳定的状态，一段时间后它可以自发地恢复到原来稳定的状态。但在室温下，由于金属原子活动能力较小（不易扩散），这种不稳定状态可以维持相当长的时间而不发生明显变化。为了加速这一进程，最有效的方法就是加热，通过加热提高晶体内原子的活动能力，使金属迅速发生一系列组织和性能的变化。

2.3.3.1　冷塑性变形金属在加热时组织和性能的变化

经冷塑性变形后的金属在加热过程中，组织和性能会发生不同的变化，主要经历回复—再结晶—晶粒长大（二次再结晶）三个过程，如图 2－50 所示。

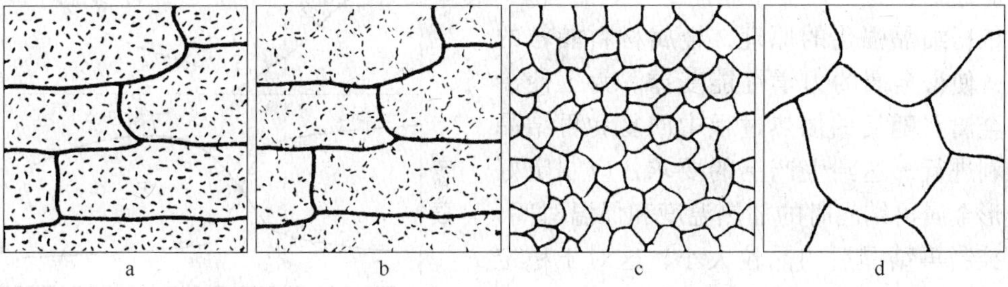

图 2－50　冷变形金属在加热过程中组织变化示意图
a—冷变形态；b—回复；c—再结晶；d—晶粒长大

A　回复

回复是指冷塑性变形金属在加热温度较低时，金属中的一些点缺陷和位错发生迁移，使晶格畸变程度逐渐降低，内应力逐渐减小的过程。因回复阶段温度不高，原子扩散能力低，只能使晶格的弹性畸变大为减小，内应力和电阻明显下降，但不能改变金属晶粒的大小和形状，金属的显微组织无明显变化，所以其强度、硬度和塑性基本上没有变化，而韧性得到了改善。

工业上常常利用回复现象对冷塑性变形后的金属进行加热后冷却（去应力退火），以降低内应力或提高某些物理性能和工艺性能。例如用冷拉钢丝绕制弹簧，绕成后应在 280～300℃进行消除应力退火使其定型。

B　再结晶

再结晶是指冷塑性变形金属在加热温度较高时，由于原子扩散能力增强，金属的显微组织发生明显的变化，由破碎的或被拉长、压扁的晶粒变为均匀细小的等轴晶粒的过程。这一过程也是新晶体形核及长大的过程，如同再进行一次结晶过程，所以称为再结晶。

再结晶新晶核一般在变形晶粒的晶界或滑移带、孪晶带等晶格畸变严重的地方形成，这些部位的原子处在最不稳定状态，最容易向有规则排列的状态转变。经再结晶后，晶粒内部晶格畸变消失，位错密度下降，内应力和加工硬化完全消除。金属的强度、硬度较加工硬化时显著降低，而塑性、韧性明显升高，所有力学和物理性能全部恢复到冷变形以前的状态。

C　二次再结晶

再结晶过程完成后，如果再继续升高加热温度或延长保温时间，金属的晶粒就会继续长大而粗化。这是因为粗晶粒的能量比细晶粒的低，晶粒长大可以降低表面能，是一个能量降低的自发过程，故细晶粒有变成粗晶粒的自发趋势。只要温度足够高，原子具有足够的活动能力，晶粒便迅速长大。这种长大过程类似于再结晶的形核和晶核长大的过程，所以称为第二次再结晶。晶粒长大实际上是晶界迁移的过程，即通过一个晶粒边界向另一个晶粒迁移，使另一晶粒中的晶格位向逐渐与长大晶粒的位向相同，也就是合成为一个大晶粒的过程。

金属冷加工后，晶粒大小越不均匀，再结晶退火时就越容易出现粗晶粒组织。图2－51为这3个阶段中组织与性能变化的示意图。

依据细晶强化的原理，金属材料晶粒的长大，使得金属的力学性能变差。为了使冷变形金属在随后的加热过程中回复和再结晶能顺利进行，达到生产上的要求，应制定好冷变形金属再结晶时的加热温度和保温时间，从而控制再结晶后的晶粒大小，这对于稳定金属材料的力学性能显得十分重要。

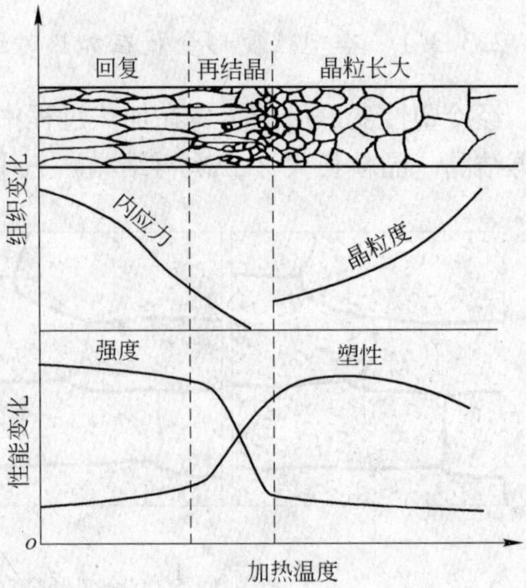

图2－51　加热温度对冷加工后金属组织和性能影响示意图

2.3.3.2　再结晶温度和影响再结晶晶粒大小的因素

A　再结晶温度

再结晶温度是指冷变形金属在加热过程中开始出现再结晶时的温度，用 $T_{再}$ 表示。各种纯金属的再结晶温度与其熔点温度 $T_{熔}$ 有如下近似关系：

$$T_{再} \approx 0.4T_{熔}$$

式中　T——热力学温度，K。

金属的再结晶是冷变形金属在随后加热到一定温度时发生的一种组织变化过程，没有经过冷塑性变形的金属是不会发生再结晶的。再结晶不是一个恒温过程，而是在一定温度范围内进行的。生产上规定，经过大的冷塑性变形（变形在90%以上）的金属，在1h保温时间内能完成再结晶过程的最低温度，称为再结晶温度。

冷变形程度、金属的纯度、加热速度和保温时间对金属的再结晶温度都有影响。通常情况下，金属的冷塑性变形程度越大，金属晶粒的破碎程度就越大，金属的晶体缺陷就越多，组织越不稳定，因而会较早的开始再结晶，再结晶温度也就越低；金属中的杂质或合金元素，特别是高熔点元素，常会阻碍原子扩散或晶界迁移，可显著提高再结晶温度；再结晶是一个扩散过程，需要一定时间才能完成，提高加热速度会使再结晶在较高温度下发生；加热保温时间越长，原子的扩散移动越能充分进行，可使再结晶过程在较低的温度下完成。

B　影响再结晶晶粒长大的因素

由于晶粒的大小会影响金属的强度、塑性和韧性，因此生产上非常重视控制再结晶后的晶粒度。影响再结晶退火后晶粒大小的主要因素有加热温度和冷变形量。

a　加热温度

加热温度越高，原子扩散能力越强，则晶界越易迁移，晶粒长大也越快，因此再结晶温度越高，退火后得到的晶粒就越大。当加热温度一定时，加热时间过长也会使晶粒长大，但其影响不如温度的影响大。

b　冷变形量的影响

冷变形量的影响主要与金属变形的均匀程度有关，预先的冷变形越不均匀，结晶后的晶粒就越粗大。而冷变形量越大，变形一般就越均匀，再结晶退火后的晶粒也就越细小。图2-52表明再结晶后的晶粒大小与冷变形程度的关系。

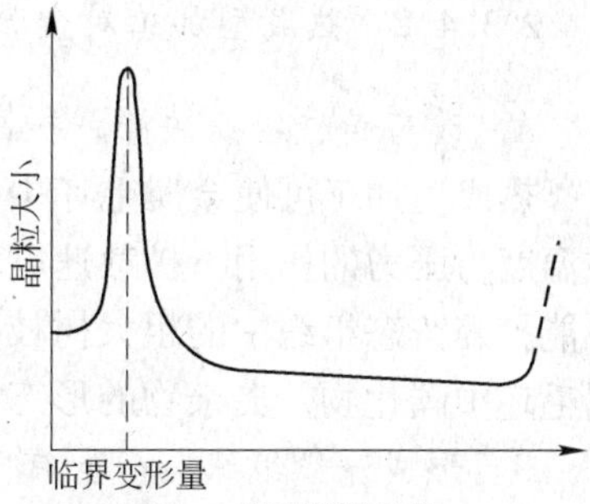

图2-52　冷变形程度对再结晶后晶粒大小的影响示意图

冷变形量影响晶粒大小的一般规律是：当变形量很小时，金属晶粒没有多大变化，晶格畸变很小，不足以引起再结晶，因而晶粒保持原来大小。当金属变形量在2%～10%时，再结晶后的晶粒会异常粗大。这是由于预冷变形量不大，变形很不均匀，金属中只有部分晶粒产生较大变形，故虽然具备了产生再结晶形核的条件，但由于金属中的形核数目少，所以再结晶后易形成粗大晶粒。工程中通常把再结晶时使晶粒异常粗大的冷变形量称为临界变形量，当变形量超过临界量后，随着变形量的增加，再结晶的晶粒逐渐变细。这是由于随着变形量的增加，晶格畸变增加，再结晶核心数目增多，同时各晶粒变形越趋于均匀，再结晶时形核速率便越大，因而再结晶后的晶粒反而越细越均匀。但当变形量过大（约不小于90%）时，在某些金属（如铁）中，又可能再次出现再结晶后晶粒粗大的现象，一般认为它是由形变织构造成的。

由此可见，为了获得优良的组织和性能，在制定压力加工工艺时，必须避免在临界变形量附近进行变形，如工业上冷轧金属一般都采用30%～60%的变形量。

2.3.4　金属的热加工

2.3.4.1　冷热成型加工的区别

金属的压力加工分为热成型加工和冷成型加工两类，但冷、热加工不是根据变形加工时是否加热来区分的。我们知道金属材料经塑性变形后，组织结构和性能都要发生变化，这些变化会随着加热温度的提高而逐渐发生回复和再结晶直至消失。如果金属材料塑性变形时的温度低于自身的再结晶温度，产生的组织和性能的变化不会消失，表现为塑性变形加工结束后产生了加工硬化等现象；如果金属材料塑性变形时的温度高于自身的再结晶温度，则产生的组织和性能的变化将随即因回复和再结晶而消失，加工结束后，金属材料仍保持原有的基本性能。因此，冷热加工的本质区别是金属材料在塑性加工结束后是否产生加工硬化现象。表象上反映在金属材料的塑性加工温度是否高于自身的再结晶温度。

工程中，将金属材料在再结晶温度以上进行的塑性变形加工称为热成型加工，在再结晶温度以下进行的塑性变形加工称为冷成型加工。

虽然在热成型加工结束后，金属材料不会产生组织和性能的变化，但是我们应该清楚地认识到，在热成型加工过程中，金属材料的组织结构还是会发生相应的变化，其力学性能也会产生不同的变化，只是这些组织和性能变化的大部分形式会因为成型加工温度高于再结晶温度，而在成型过程中迅速发生回复和再结晶后消失。因此，热成型加工同样会对组织和性能产生影响。

2.3.4.2　热成型加工对金属材料组织和性能的影响

A　改善铸造组织缺陷，提高力学性能

热成型加工可使金属毛坯中的气孔焊合，压实分散缩孔，使材料的致密度增加；由于在温度与压力的作用下扩散速度增加，因而偏析可部分消除，使成分比较均匀。热成型加工能打碎铸态组织中的粗大树枝晶和柱状晶，并通过再结晶获得等轴细晶粒，从而改善金属毛坯中碳化物及夹杂物的形态、大小与分布，结果使金属材料的力学性能提高。

B　形成流线组织，产生有向性

金属内部存在着一些高熔点的夹杂物，这些夹杂物在高温下具有一定的塑性，在单向热变形过程中各种夹杂物要沿变形方向伸长，变成条状、线状或片层状，试样宏观上表现为沿变形方向呈现出一条条热变形的金属流线。由于这些夹杂物的再结晶温度高于金属的成型加工温度，在形成后并不能进行回复、再结晶，而是保留在金属中，我们称这种组织为热变形纤维组织。为了区别于冷成型加工中晶粒形成的纤维组织，又称其为流线组织。

流线组织的出现，使金属的力学性能呈现有向性。沿着流线的方向具有较高的力学性能，而在垂直于流线方向的力学性能则较低。在设计重要的零件时，应考虑它的流线分布，使流线方向与承受较大应力的方向一致。如图 2 – 53 所示的锻造曲轴（a 图）的流线分布要比切削加工曲轴的（b 图）流线分布更合理，具有更高的力学性能。

C　形成“带状组织”，产生有向性

在热成型加工温度较低或在铸态下存在严重的夹杂物偏析时，热成型加工的钢中易沿变形方向出现带状或层状的组织，称带状组织，如图 2 – 54 所示。带状组织使钢的力学性能呈现各向异性，导致纵向与横向力学性能不同，并降低钢的塑性和韧性，在热处理时钢易产生变形，且使钢的组织、硬度不均匀。

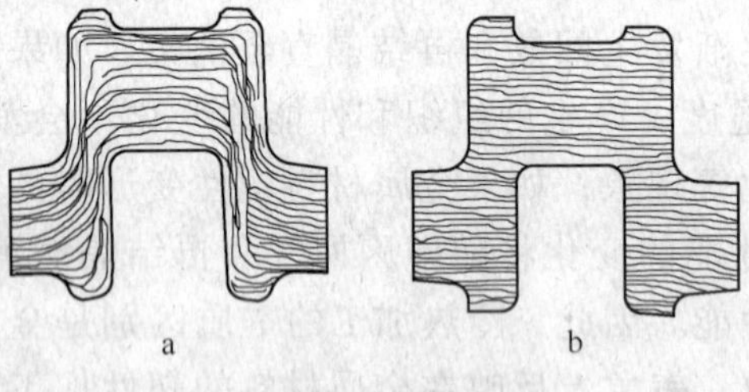

图 2 – 53　热加工流线组织示意图

a—铸造曲轴；b—切削加工曲轴

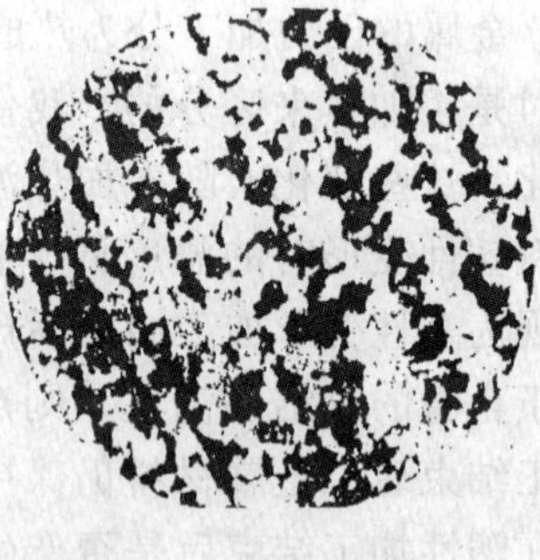

图 2 – 54　钢中带状组织示意图

D　晶粒粗大导致力学性能降低

热成型加工的金属材料经过塑性变形与再结晶后，一般可使晶粒细化，力学性能提高。而热成型加工金属的晶粒大小与变形程度和终止加工温度有关，若变形程度小，终止加工温度过高，再结晶晶粒长大得过快，则加工后得到粗大的晶粒；反之，若变形程度大，终止加工温度低，再结晶晶粒长大得慢，则加工后得到细小的晶粒，但终止加工温度不能过低，否则加工硬化现象无法消失，容易造成形变强化及残余应力。因此，制定正确的热加工工艺规程，对改善金属材料的力学性能有重要的意义。

在实际应用过程中，为了获得良好的塑性和加快再结晶过程的进行，常使金属材料的热成型加工温度远高于再结晶温度。这主要是因为高温下金属材料的塑性好，变形抗力小，利于成型；此外，热变形还可以消除铸造金属材料中的某些缺陷，如使气孔焊合、粗大晶粒破碎，改变夹杂物的分配等。但是，在高温下变形，金属表面氧化严重，表面粗糙而且精度差。所以，一般情况下，热成型加工可用于制造大件或截面尺寸大、变形量较大、材料在室温下硬脆性较高的毛坯；而冷成型加工则一般用于制造截面尺寸小、材料塑性好、加工精度较高与表面粗糙度要求较小的金属制品。

综上所述，为了充分发挥金属材料强度的潜能，正确合理地制定和改进金属压力加工工艺，提高产品质量及合理使用金属材料，我们必须掌握金属塑性变形的特点及冷、热变形对金属材料组织和性能的影响。

小　结

通过本章的学习，需要掌握有关金属学的基础理论，金属与合金的结构与性能特点，金属与合金的结晶过程，金属的塑性变形与再结晶，冷、热塑性变形对金属组织和性能的影响，几种强化金属材料的方法——固溶强化、弥散强化、细晶强化和形变强化。此外，本章的学习使我们对材料的成分、组织结构、性能之间的变化规律有一定的认识，为后面章节的学习打下坚实的基础。

下面对合金的成分、组织结构、力学性能三者之间的关系及变化规律做个小结。

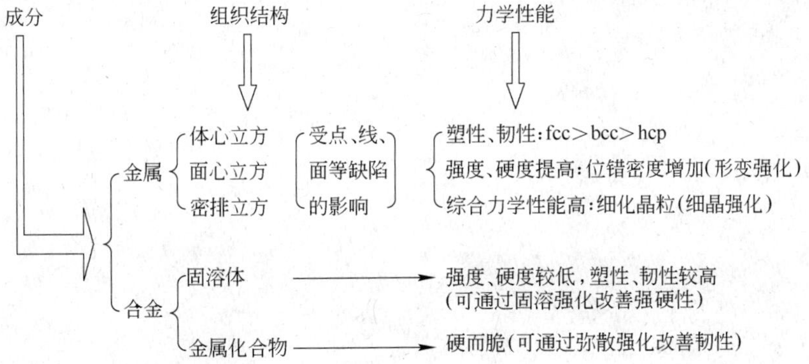

习　题

2－1　试说明塑性和韧性的区别。

2－2　为什么理想单晶体具有各向异性而实际晶体不显示各向异性？

2－3　简述实际金属晶体和理想金属晶体在结构与性能上的主要差异。

2－4　晶体有哪些缺陷，其对金属材料的力学性能有什么影响？

2－5　比较固溶体和金属化合物的晶格特征和性能特点。

2－6　在置换固溶体中，被置换的原子去哪儿了？

2－7　什么是固溶体？解释固溶强化。

2－8　什么是金属化合物？解释弥散强化。

2－9　合金的结构与纯金属的结构有什么不同？合金的强度、硬度为什么优于组成合金的纯金属？

2－10　一般情况下，铸锭组织有几种形式，它们的力学性能有何不同？

2－11　简述细晶强化的含义。为什么细晶粒金属不但强度高，而且塑性和韧性也好？

2－12　金属在外力作用下产生塑性变形需要哪些基本条件？

2－13　什么叫加工硬化，它在生产中有何利弊，如何消除加工硬化？

2－14　强化金属材料的基本途径有哪些，强化方法与金属的晶体结构、显微组织有什么联系？

2－15　用一根使用冷加工法制成的钢丝绳吊装一个大型工件到加热炉中，并随工件一起加热到1000℃，加热完毕，再次吊装该工件时，钢丝绳发生断裂，试分析其原因。

2－16　冷、热加工的本质区别何在，可否通过显微组织区别金属的塑性加工状态？

2－17　钨在1100℃加工，铜和锡在室温下变形，它们各为何种加工类型（钨的熔点3410℃，铜的熔点1083℃，锡的熔点232℃）？

2－18　制造某承受重载及冲击载荷的传动齿轮，应采用哪种工艺方法？请说明原因。

（1）由圆钢切下圆饼后再加工成齿轮；

（2）由厚钢板切下圆饼后再加工成齿轮；

（3）用圆钢坯料经锻造成圆饼后，再加工成齿轮。

3 钢铁材料基础

钢铁材料又称铁碳合金，是现代工业中应用最广的金属材料。所谓铁碳合金是指由铁和碳为主组成的具有金属特征的固态物质。钢铁材料的力学性能良好，产量大，冶炼方法相对简单，因此获得了最广泛的应用，据不完全统计，大约有80%以上的机械零件是用钢铁材料制造的。例如，制造一辆载重汽车，需要采用三千多种不同规格的钢材；建造一艘万吨货轮，需用近六千吨的钢材，由此看出钢铁材料在国民经济中占有极为重要的地位。

在现代装备制造业中大量使用的钢铁材料，并不是直接使用钢铁企业出厂的各种规格的型材加工成机械零件。所有工具及重要的机械零件在成型过程中和使用之前大多需要进行改性处理，才能够达到或符合不同条件下的使用要求。因此，钢的热处理是保证钢铁材料能够被充分合理使用的一个重要的工艺，是许多金属材料尤其是钢铁材料应用前的最重要的工艺之一。本章就钢铁材料的成分、组织、性能三者之间的关系规律以及钢铁材料的改性原理和方法等基础知识进行专门介绍。

3.1 铁碳合金及性能

3.1.1 铁碳合金的基本相、组织及性能

铁是具有同素异构性的元素，在固态下有δ-Fe、γ-Fe、α-Fe这3种结构形式。因此，当铁与碳形成合金时，铁碳合金就有3种固溶体相和1种化合物相。由于δ-Fe是在1394℃以上存在的结构，由它形成的高温固溶体几乎不会作为铁碳合金的组织被应用，因而铁碳合金常用的基本相结构有3种，由基本相形成的基本组织结构有6种。

3.1.1.1 铁碳合金的基本相及性能

A 铁素体

铁素体是指碳溶于α-Fe所形成的具有体心立方结构的间隙固溶体，用符号F或α表示。如图3-1所示，碳多存在于体心立方α-Fe结构的八面体空隙，溶碳量随温度的变化而变化，但溶入量非常少，在温度达到727℃时其最大值也仅为0.0218%。因此，铁素体的力学性能与纯铁相近，其强度（$\sigma_b = 230$MPa）、硬度（80HBS）很低，塑性($\delta \approx 50\%$)、韧性（$a_K \approx 200$J/cm^2）很好，且在770℃以上具有顺磁性，在770℃以下具有铁磁性。

B 奥氏体

奥氏体是指碳溶于γ-Fe所形成的具有面心立方结构的间隙固溶体，用符号A或γ表示。如图3-2所示，碳多存在于面心立方γ-Fe结构的八面体空隙，溶入量相对较多，溶碳量达到0.77%后随温度的变化而变化，在温度为1148℃时达到最大，溶碳量为2.11%。铁碳合金中的奥氏体一般只存在于727℃以上的高温，室温下的组织中无奥氏

体。只有当铁碳合金中含有某些合金元素时，才可在室温下部分或全部变为奥氏体组织。奥氏体的硬度（170～220HBS）较低，塑性（$\delta \approx 50\%$）很好，且只具有顺磁性，因而钢材的热加工都在奥氏体相区进行。

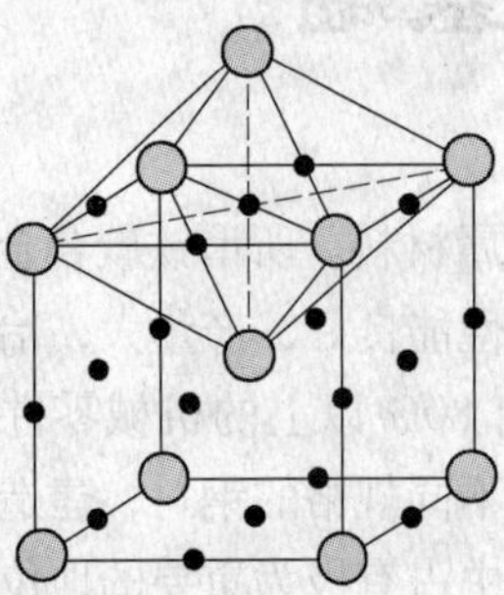

图 3－1　铁素体结构示意图

○—Fe；•—C

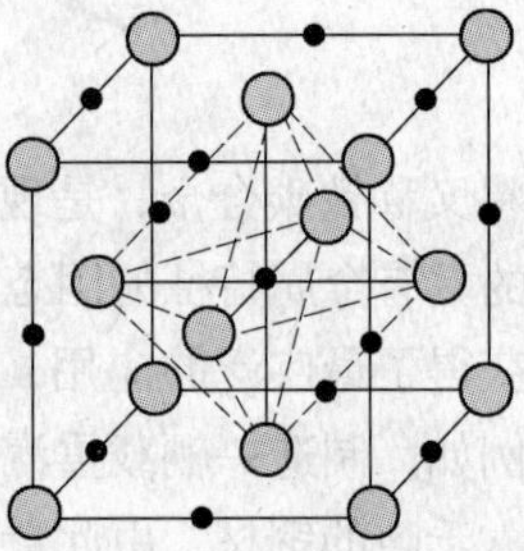

图 3－2　奥氏体结构示意图

○—Fe；•—C

奥氏体和铁素体作为间隙固溶体，由于都是在纯铁的晶体结构中溶入了一定量的碳原子，必然会形成固溶强化，表现为有一定的强硬性和塑韧性，只是奥氏体中的溶碳量较多且又处于高温状态，而铁素体的溶碳量很少且处于低温状态，故两者相比，奥氏体的强度、硬度比铁素体高，塑性、韧性较铁素体更好。

C　渗碳体

渗碳体是指碳与铁形成的具有复杂晶体结构的间隙化合物（如图 3－3 所示），用其分子式 Fe_3C 表示。渗碳体的熔点为 1227℃，含碳量为 6.69%，不发生同素异晶转变；有磁性转变，它在 230℃ 以下具有弱铁磁性，而在 230℃ 以上则失去铁磁性；性能硬而脆（HBS≈800、$\delta \approx 0$）。由于在室温平衡状态下，渗碳体是铁碳合金中碳的主要存在方式，因此是铁碳合金重要的强化相。但在应用时，要注意其存在的方式，若以大片状和网状的形式存在于铁碳合金中，将大大增加铁碳合金的脆性，只有通过弥散强化的方法，才能充分发挥渗碳体的作用。

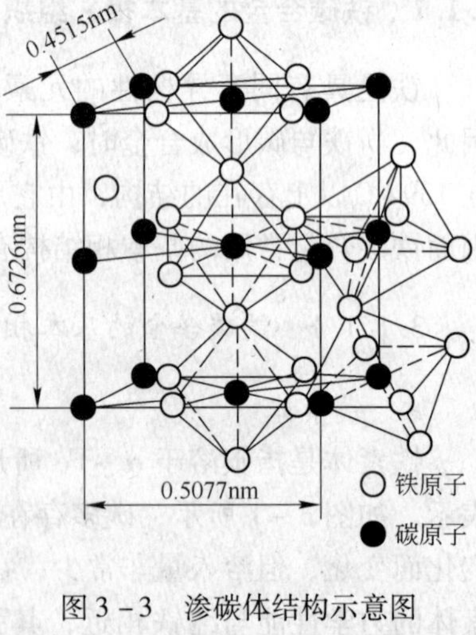

图 3－3　渗碳体结构示意图

渗碳体是亚稳相，在一定的条件下，它将发生分解：$Fe_3C \rightleftharpoons 3Fe + C$，所分解出的单质碳称为石墨，该分解反应对铸铁有着重要意义。由于碳在 α－Fe 中的溶解度很低，所以常温下碳在铁碳合金中主要以渗碳体或石墨的形式存在。

3.1.1.2　铁碳合金的组织及性能

组织是合金中影响力学性能的重要结构，铁碳合金也存在着有别于相结构的组织结构。铁素体、奥氏体、渗碳体在显微观察下有自己相对独立的形态，分别是独立的组织，有其各自的性能。除此以外，铁碳合金中还有一类两相组织，称为机械混合物。因此，铁碳合金的基本组织除了有铁素体、奥氏体和渗碳体这 3 种外，还有如下 3 种类型。

A 珠光体

珠光体是由铁素体（F）与渗碳体（Fe_3C）组成的两相组织，用符号 P 表示。珠光体的含碳量为 0.77%，基本形态为铁素体与渗碳体片层相间，其力学性能介于铁素体和渗碳体之间，即强度（$\sigma_b = 750MPa$）、硬度（180HBS）高于铁素体而低于渗碳体；塑性（$\delta \approx 20\% \sim 25\%$）、韧性（$a_K = 30 \sim 40J/cm^2$）低于铁素体而高于渗碳体，有着较好的综合力学性能。珠光体是钢铁材料应用过程中常用的一种组织形式。当然，由铁素体和渗碳体组成的机械混合物的组成形态、大小不同，还会形成其他组织形式，表现出来的力学性能也有较大的区别，我们将在本章钢的热处理原理部分介绍。

B 莱氏体

莱氏体是由奥氏体（A）与渗碳体（Fe_3C）组成的两相组织，用符号 Ld 表示。莱氏体的含碳量为 4.3%，是一个存在于 727 ~ 1148℃之间的高温组织。其力学性能介于奥氏体和渗碳体之间，更接近于渗碳体，硬度相当于 700HBS，是一种硬而脆的组织。

C 低温莱氏体

低温莱氏体是由珠光体（P）与渗碳体（Fe_3C）组成的两相组织，用符号 Ld′表示。低温莱氏体是奥氏体转变为珠光体后的一种变态的莱氏体，存在于 727℃以下，力学性能类似于莱氏体。由于莱氏体的高脆性，故在工程应用中它是需要避免的组织类型。

3.1.2 Fe－Fe_3C 相图分析

铁碳合金状态图是指在平衡冷却条件下，反映铁碳合金的成分、温度与相（或组织）之间一种关系的图形。铁碳合金状态图是研究钢铁材料的基础，也是选择材料，制定热加工工艺和有关热处理工艺的重要依据。由于含碳量高于 6.69% 以上的铁碳合金脆性极大，在工业上无使用价值，所以，实际研究的铁碳合金状态图主要是铁和渗碳体两组元形成的状态图部分，其含碳量在 0 ~ 6.69% 之间，因此又称为 Fe－Fe_3C 状态图。

3.1.2.1 Fe－Fe_3C 相图及特性点和特性线

A Fe－Fe_3C 相图

在 Fe－Fe_3C 状态图中，反映成分、温度和组成相之间关系的图形称为相图。如图 3－4所示相图，反映了不同温度区间、不同成分区域内铁碳合金基本相——铁素体、奥氏体和渗碳体的组成情况。需要说明的是，图中左上角 δ－Fe 转变部分，由于实际意义不大，为便于研究已省略。

B 主要特性点的含义

主要特性点的含义具体如下：

A——纯铁的熔点，$T_0 = 1538℃$；

D——渗碳体的熔点，$T_{Fe_3C} = 1227℃$；

G——纯铁的同素异构转变点，$T_G = 912℃$；

P——碳在 α－Fe 中最大溶解度点，$T = 727℃$时最大，溶解度为 0.0218%；

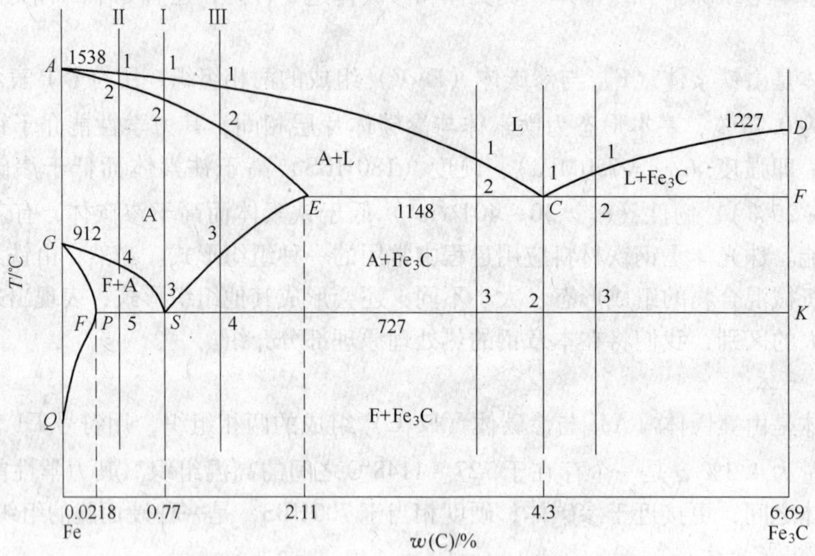

图 3－4　铁－渗碳体相图示意图

E——碳在 γ－Fe 中最大溶解度点，$T = 1148℃$时最大，溶解度为 2.11%；

C——铁碳合金共晶反应点，$T_{共晶} = 1148℃$，含碳量为 4.3%。此温度下，含碳量为 4.3% 的液态铁碳合金发生共晶反应，同时生成含碳量为 2.11% 的奥氏体和含碳量为 6.69% 的渗碳体。其表达式为：

$$L_{4.3} \xrightleftharpoons{1148℃} A_{2.11} + Fe_3C$$

S——铁碳合金共析反应点，$T_{共析} = 727℃$，含碳量为 0.77%。此温度下，含碳量为 0.77% 的奥氏体发生共析反应，同时生成含碳量为 0.0218% 的铁素体和含碳量为 6.69% 的渗碳体。其表达式为：

$$A_{0.77} \xrightleftharpoons{727℃} F_{0.0218} + Fe_3C$$

C　主要特性线的含义

ECF——共晶反应温度线，$T_{共晶} = 1148℃$。凡成分在 *ECF*（2.11% ~6.69%）范围内的铁碳合金，从高温液态冷却至 1148℃时，都会发生共晶反应；

PSK——共析反应温度线，$T_{共析} = 727℃$。凡成分在 *PSK*（0.0218% ~6.69%）范围内的铁碳合金，从高温固态冷却至 727℃时，都会发生共析反应。

ES——碳在奥氏体中溶解度曲线，成分范围为 0.77% ~2.11%；

PQ——碳在铁素体中溶解度曲线，成分范围为 0 ~0.0218%；

GS——奥氏体开始析出铁素体温度线，成分范围为 0 ~0.77%。

3.1.2.2　碳钢的组织转变过程

铁碳合金根据含碳量可分以下 3 种类型：

工业纯铁：$w(C) \leqslant 0.0218\%$；

碳　　钢：$w(C) = 0.0218\% \sim 2.11\%$；

白口铸铁：$w(C)\geqslant 2.11\% \sim 6.69\%$。

A 碳钢的组织转变分析

为分析铁碳合金的碳钢部分在缓慢冷却（称之为平衡冷却）条件下的结晶过程和组织转变情况，我们选取碳钢的3种典型成分类型进行分析，分别是含碳量为0.77%（合金Ⅰ）和含碳量小于0.77%（合金Ⅱ）及含碳量大于0.77%（合金Ⅲ）的合金（基本位置如图3-4所示）。

a 合金Ⅰ结晶过程

合金Ⅰ结晶过程组织转变示意为：

$$L_{0.77}\xrightarrow{1}A+L\xrightarrow{2}A_{0.77}\xrightarrow{3}A_{0.77}\xrightarrow{3'}(F_{0.0218}+Fe_3C)\xrightarrow{室温}(F+Fe_3C)P(珠光体)$$

结晶过程分析如下：

当含碳量为0.77%的液态合金冷却至液相线（*AC*）“1”点的温度时开始结晶出奥氏体（A），形成两相组织——奥氏体和液相。继续冷却，奥氏体数量逐渐增多，剩余液相逐渐减少；在冷却至固相线（*AE*）“2”点的温度时，液相全部转变成奥氏体固相，此时，奥氏体的含碳量为0.77%；进一步冷却到*PSK*温度（727℃）“3”点的过程中奥氏体均匀化，成分无变化；在727℃时发生共析转变，即：

$$A_{0.77}\xrightleftharpoons{727℃}F_{0.0218}+Fe_3C$$

$(F_{0.0218}+Fe_3C)$ 是含碳量为0.77%的奥氏体在727℃时发生共析转变，同时生成形态为铁素体相和渗碳体相（称之为共析渗碳体，用 $Fe_3C_{共析}$ 表示）并以片层相间组成的组织，在显微观察下呈整体形态，是一个机械混合物组织，我们称其为珠光体；随后在冷却至室温过程中，铁素体中将析出少量的渗碳体（称之为三次渗碳体，用 $Fe_3C_{Ⅲ}$ 表示）而不再发生组织转变，由于三次渗碳体与共析渗碳体连在一起，不易分辨且数量极少，通常可忽略不计，因此，室温组织为单一的珠光体组织。合金Ⅰ结晶过程的组织变化及室温组织如图3-5所示，图中白色的基底为铁素体，黑色的层片为渗碳体，室温下珠光体中两相的质量分数为铁素体约占88.5%，渗碳体约占11.5%。

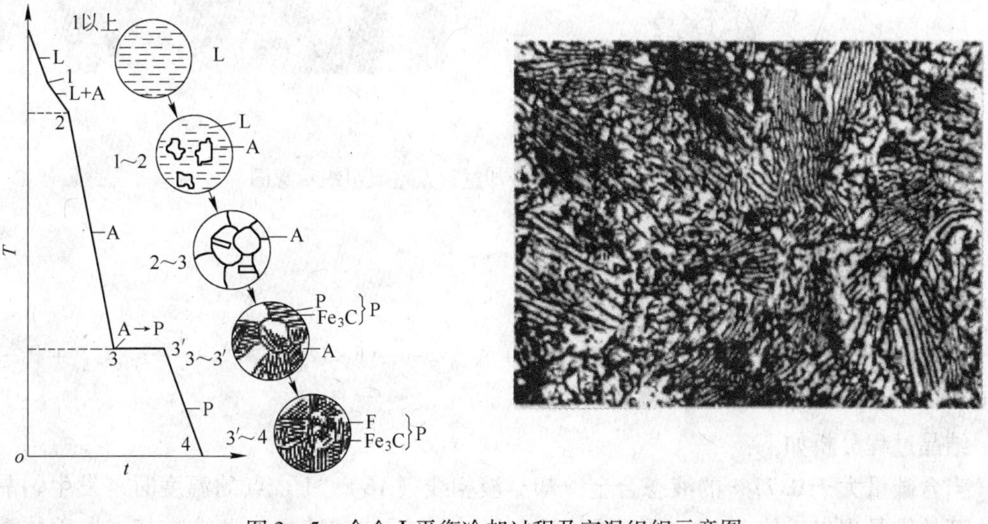

图3-5 合金Ⅰ平衡冷却过程及室温组织示意图

b　合金Ⅱ结晶过程

合金Ⅱ结晶过程组织转变示意为：

$$L_{<0.77}\xrightarrow{1}L+A\xrightarrow{2}A_{<0.77}\xrightarrow{4}F+A_{<0.77}\xrightarrow{5}F+A_{0.77}\xrightarrow{5'}F_{0.77}+P\xrightarrow{\text{室温}}F+P$$

结晶过程分析如下：

当含碳量小于0.77%的液态合金冷却至液相线（*AC*）“1”点的温度时，发生匀晶反应，开始结晶出奥氏体（A），形成两相组织——奥氏体和液相。继续冷却，奥氏体数量逐渐增多，剩余液相逐渐减少；在冷却至固相线（*AE*）“2”点的温度时，液相全部转变成奥氏体固相，此时，奥氏体的含碳量为合金Ⅱ中的含碳量；进一步冷却到铁素体转变开始线（*GS*）“4”点对应的温度时，奥氏体将开始向铁素体转变，形成两个固相组织——铁素体和奥氏体。随后，随着铁素体数量逐渐增多，因铁素体的溶碳量远小于合金Ⅱ的含碳量，剩余奥氏体中的含碳量将逐渐增多，直到冷却接近 *PSK* 线 727℃温度（“5”点）时达到0.77%；在727℃时，含碳量为0.77%的剩余奥氏体将发生共析转变形成珠光体（P），铁素体则没有变化；随后冷却至室温过程中，铁素体中依然会析出少量可忽略不计的三次渗碳体而不再发生组织转变，室温组织最终为铁素体和珠光体组成的两相组织。合金Ⅱ结晶过程的组织变化及室温组织如图3-6所示，图中的白色组织为先共析铁素体，黑色组织为珠光体。

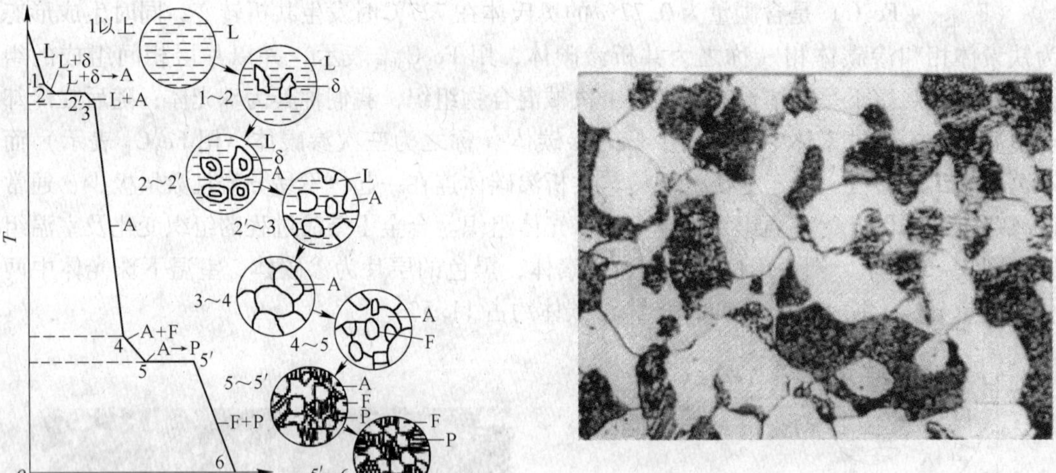

图3-6　合金Ⅱ平衡冷却过程及室温组织示意图

c　合金Ⅲ结晶过程

合金Ⅲ结晶过程组织转变示意为：

$$L_{>0.77}\xrightarrow{1}L+A\xrightarrow{2}A_{>0.77}\xrightarrow{3}Fe_3C_{Ⅱ}+A_{>0.77}\xrightarrow{4}Fe_3C_{Ⅱ}+A_{0.77}\xrightarrow{4'}Fe_3C_{Ⅱ}+P\xrightarrow{\text{室温}}Fe_3C_{Ⅱ}+P$$

结晶过程分析如下：

当含碳量大于0.77%的液态合金冷却至液相线（*AC*）“1”点的温度时，发生匀晶反应，开始结晶出奥氏体（A），形成两相组织——奥氏体和液相。继续冷却，奥氏体数量逐渐增多，剩余液相逐渐减少；在冷却至固相线（*AE*）“2”点的温度时，液相全部转变成奥氏体固相，此时，奥氏体的含碳量大于0.77%；进一步冷却到奥氏体溶解度曲线（*ES*）“3”点的温度时，奥氏体的溶碳量达到饱和，将析出渗碳体（称之为二次渗碳体，用 Fe_3C_{II} 表示）。随着温度进一步下降，奥氏体的饱和溶碳量逐渐下降，二次渗碳体的数量逐渐增多，当接近 *PSK* 线727℃（“4”点）时二次渗碳体析出停止，奥氏体成分沿 *ES* 线变化到 *S* 点，也即剩余奥氏体的溶碳量为0.77%；在727℃时，含碳量为0.77%的剩余奥氏体将发生共析转变；随后冷却至室温，二次渗碳体不变，珠光体的变化同共析钢，室温组织为珠光体和二次渗碳体组成的两相组织。合金Ⅲ结晶过程的组织变化及室温组织如图3－7所示，图中的白色网状组织是二次渗碳体，黑色组织为珠光体。

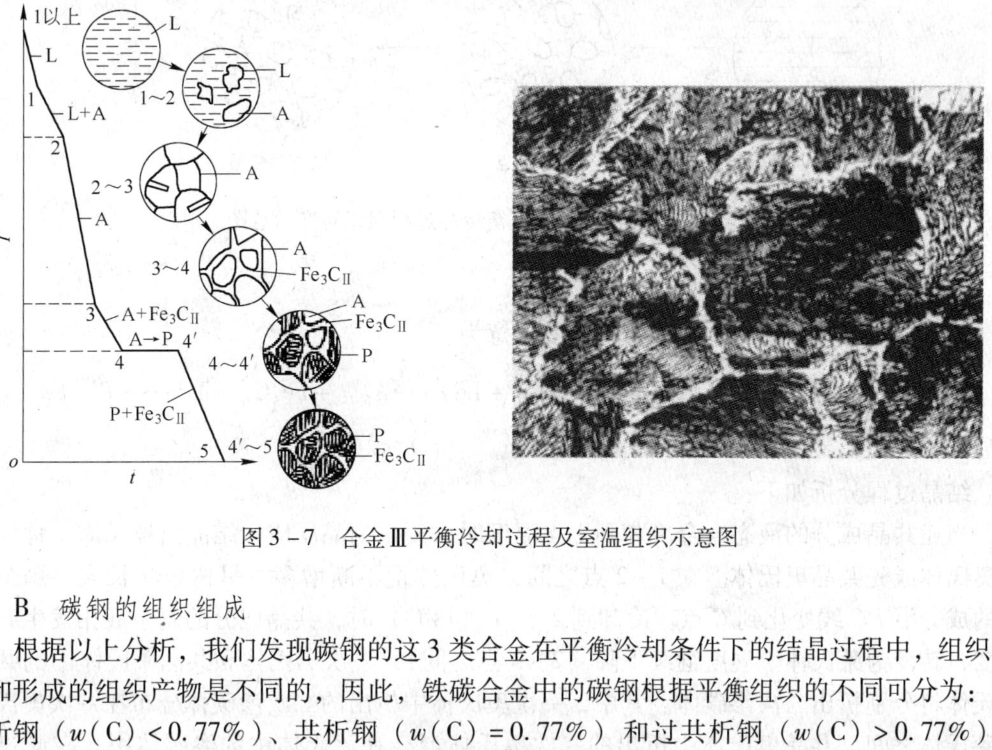

图3－7 合金Ⅲ平衡冷却过程及室温组织示意图

B 碳钢的组织组成

根据以上分析，我们发现碳钢的这3类合金在平衡冷却条件下的结晶过程中，组织转变和形成的组织产物是不同的，因此，铁碳合金中的碳钢根据平衡组织的不同可分为：亚共析钢（$w(C)<0.77\%$）、共析钢（$w(C)=0.77\%$）和过共析钢（$w(C)>0.77\%$）3类，它们在室温下的平衡组织分别为铁素体＋珠光体（F＋P）、珠光体（P）、渗碳体＋珠光体（Fe_3C+P）。

3.1.2.3 白口铸铁

依据组织的不同，可将白口铸铁分为共晶白口铸铁（$w(C)=4.3\%$）、亚共晶白口铸铁（$w(C)<4.3\%$）和过共晶白口铸铁（$w(C)>4.3\%$）3类。现按照碳钢组织转变过程分析的思路，对白口铸铁结晶过程的组织转变情况进行分析（有关转变成分点如图3－4所示）。

A 共晶白口铸铁结晶过程分析

共晶白口铸铁平衡冷却时组织转变示意为：

$$L_{4.3}\xrightarrow{1}(A+Fe_3C_{共晶})Ld\xrightarrow{1\sim2}A_{0.77}+Fe_3C\xrightarrow{2}(P+Fe_3C)Ld'\xrightarrow{2\sim室温}(P+Fe_3C)Ld'$$

结晶过程分析如下：

当共晶成分的液态合金冷却到1点（1148℃）时，发生共晶反应［$L_{4.3} \rightarrow (A_{2.11} + Fe_3C)$ Ld］后全部转变为莱氏体。温度继续下降，共晶奥氏体的含碳量沿 *ES* 线变化，同时析出二次渗碳体，由于二次渗碳体与共晶渗碳体结合在一起而不易分辨，因而莱氏体仍作为一个组织看待。温度降到2点（727℃）时，奥氏体中的含碳量达到0.77%，并发生共析反应，转变为珠光体。这种由珠光体与共晶渗碳体组成的组织即为低温莱氏体。温度继续下降，莱氏体中珠光体的变化与共析钢的相同，珠光体与渗碳体的相对质量不再发生变化，室温组织为 Ld′（$P + Fe_3C$）。共晶白口铸铁平衡冷却过程中的组织转变如图3－8所示。

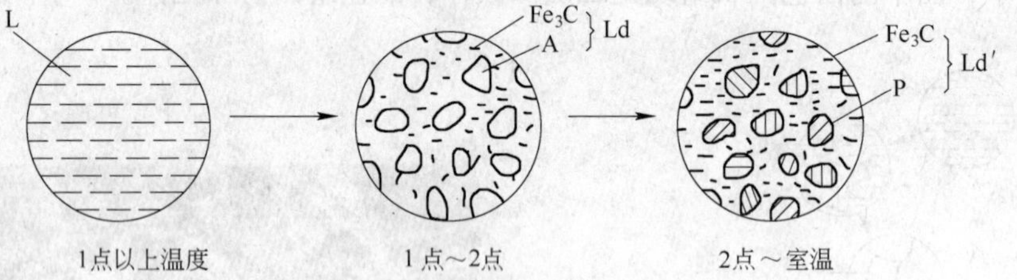

图3－8　共晶白口铸铁平衡冷却过程组织转变示意图

B　亚共晶白口铸铁结晶过程分析

亚共晶白口铸铁平衡冷却时组织转变示意为：

$$L_{<4.3} \xrightarrow{1} A + L \xrightarrow{1\sim2} A_{2.11} + L_{4.3} \xrightarrow{2} A_{2.11} + Ld \xrightarrow{2\sim3} A_{0.77} + Fe_3C_{II} + Ld \xrightarrow{3} P + Fe_3C_{II} + Ld' \xrightarrow{室温} P + Fe_3C + Ld'$$

结晶过程分析如下：

当亚共晶成分的液态合金冷却到1点温度时，发生匀晶反应，结晶出奥氏体，称为一次奥氏体或先共晶奥氏体。在1～2点之间，奥氏体量不断增多并呈树枝状长大，剩余液相的成分沿 *BC* 线变化到 *C* 点。冷却到2点（1148℃）时，共晶成分的剩余液相发生共晶转变，转变为莱氏体。温度继续下降（2～3点之间），一次奥氏体和共晶莱氏体中的共晶奥氏体将分别析出二次渗碳体。其中，一次奥氏体中析出的二次渗碳体分布在一次奥氏体和莱氏体之间，共晶奥氏体中析出的二次奥氏体混杂在莱氏体中的渗碳体中；在此过程中，剩余奥氏体的成分沿 *ES* 线减少到 *S* 点成分。温度降到3点（727℃）时，*S* 点成分的一次奥氏体发生共析反应，转变为珠光体，此时莱氏体转变为低温莱氏体。继续冷至室温后其组织为 $P + Fe_3C_{II} + Ld'$。亚共晶白口铸铁平衡冷却过程中的组织转变如图3－9所示。

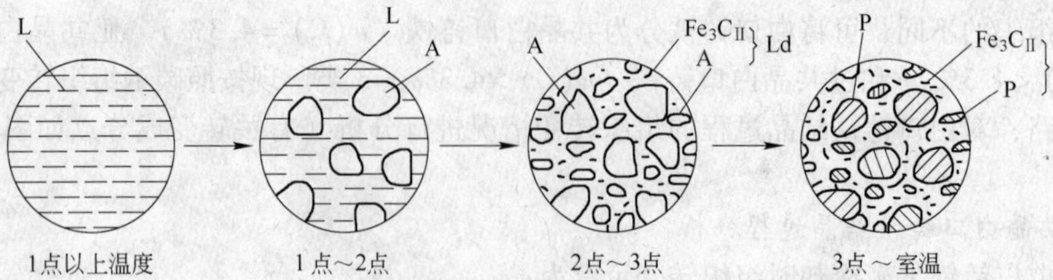

图3－9　亚共晶白口铸铁平衡过程组织转变示意图

C 过共晶白口铸铁结晶过程分析

过共晶白口铸铁平衡冷却时组织转变示意为：

$$L_{>4.3} \xrightarrow{1} Fe_3C_{I} + L \xrightarrow{1\sim2} Fe_3C_{I} + L_{4.3} \xrightarrow{2} Fe_3C_{I} + Ld \xrightarrow{3} Fe_3C_{I} + Ld' \xrightarrow{室温} Fe_3C + Ld'$$

结晶过程分析如下：

当过共晶成分的液态合金冷却到1点温度时，发生匀晶反应，结晶出呈粗条片状的渗碳体，称为一次渗碳体（Fe_3C_{I}）。在1～2点（1148℃）之间，一次渗碳体逐渐增多，液相不断减少，冷却到2点时，剩余液相的成分沿 *DC* 线变化到 *C* 点，并发生共晶反应，转变为莱氏体。继续冷却至3点（727℃），一次渗碳体的成分及质量不再发生变化，而此时莱氏体则转变为低温莱氏体。继续冷至室温后其组织为 $Fe_3C_{I} + Ld'$。过共晶白口铸铁平衡冷却过程中的组织转变如图3－10所示。

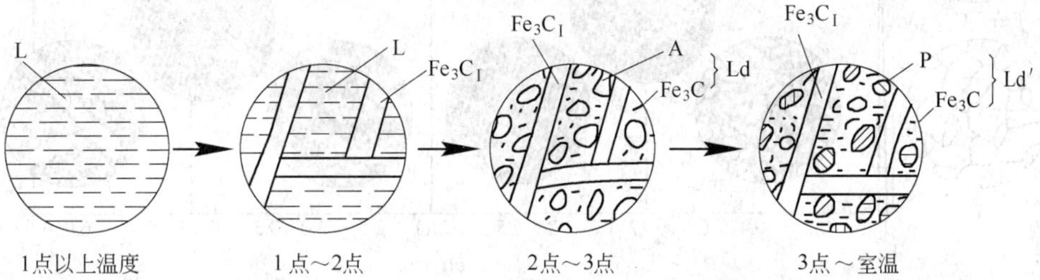

图3－10 过共晶白口铸铁平衡冷却过程组织转变示意图

因此，根据对白口铸铁平衡冷却过程中组织转变的分析可知，亚共晶白口铸铁的室温组织为低温莱氏体＋珠光体＋渗碳体（$Ld' + P + Fe_3C_{II}$）；共晶白口铸铁的室温组织为低温莱氏体（Ld'）；过共晶白口铸铁的室温组织为低温莱氏体＋渗碳体（$Ld' + Fe_3C$）。

综合上述碳钢和白口铸铁在平衡冷却条件下的组织转变过程，可得 $Fe - Fe_3C$ 合金的组织图（如图3－11所示）。

3.1.3 含碳量对碳钢组织和力学性能的影响

3.1.3.1 含碳量对碳钢组织的影响

碳钢在平衡冷却条件下的室温组织由铁素体、渗碳体和珠光体组成，而不同成分的碳钢中这三类组织的相对量是不同的。随着含碳量的增加，碳钢中三类组织相对量的变化有如下基本规律：$w(C)\uparrow \xrightarrow{w(C)<0.77\%} F\downarrow、P\uparrow \xrightarrow{w(C)=0.77\%} P \xrightarrow{w(C)>0.77\%} P\downarrow、Fe_3C\uparrow$。

上述规律的基本含义是：由铁素体和珠光体组成的含碳量小于0.77%的亚共析钢，随着钢中含碳量的增加，其组织中铁素体的数量将逐渐减少，珠光体的数量逐渐增多，含碳量增至0.77%的共析钢时，组织全部为珠光体；由珠光体和渗碳体组成的含碳量大于0.77%的过共析钢，随着钢中含碳量的增加，其组织中珠光体的数量将逐渐减少，渗碳体的数量逐渐增多。图3－12为含碳量与铁碳合金的相和组织之间关系规律示意图。

3.1.3.2 含碳量对碳钢力学性能的影响

含碳量对碳钢力学性能影响的基本规律如图3－13所示，即随着含碳量的增加，碳钢

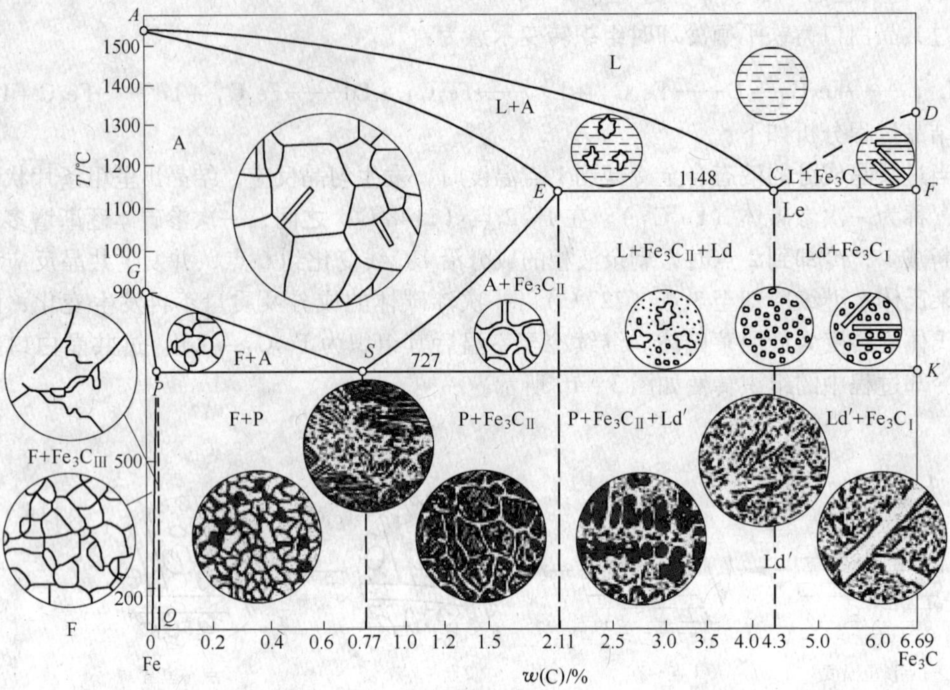

图 3－11　铁碳合金平衡冷却结晶过程组织转变示意图

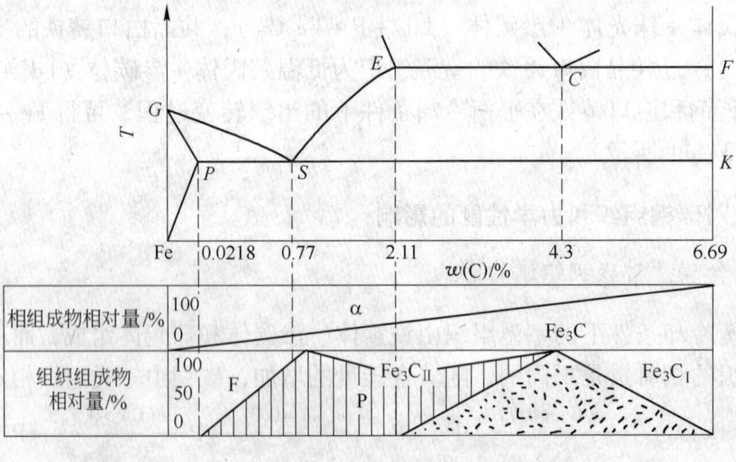

图 3－12　含碳量对碳钢组织影响示意图

的塑性、韧性逐渐下降，硬度逐渐增大，强度逐渐升高，含碳量为 0.9% 时达到最大值，之后因过共析钢中渗碳体数量的不断增加且在珠光体晶界上呈网状分布而导致强度下降。

由于碳钢的 3 类组织中，铁素体（F）的强度和硬度极低，塑性、韧性很好；渗碳体（Fe_3C）硬而脆；而珠光体（P）的力学性能受铁素体（F）和渗碳体（Fe_3C）性能的影响，介于两者之间，所以含碳量对钢力学性能的影响最终是由钢中各组织相对量的变化来决定的。

随着含碳量的增加，亚共析钢的塑性、韧性会随铁素体数量的减少和珠光体数量的增加而不断下降，这是因为铁素体的塑性、韧性较好，而珠光体的相对较差；其强度、硬度会随珠光体数量的增加和铁素体数量的减少而逐渐提高，这是因为珠光体的强度、硬度较高，而铁素体的强度、硬度很低。在含碳量超过0.77%后，随着含碳量的进一步增加，过共析钢的塑性、韧性会随渗碳体数量的增加和珠光体数量的减少而进一步下降；其硬度会随渗碳体数量的增加和珠光体数量的减少而继续提高，但是，过共析钢的强度随渗碳体数量的增加和珠光体数量的减少而继续增加到一定程度（在含碳量超过0.9%）后，由于受到数量较多、脆性很大的渗碳体分布在珠光体晶界上的影响，过共析钢的强度呈现下降的趋势。

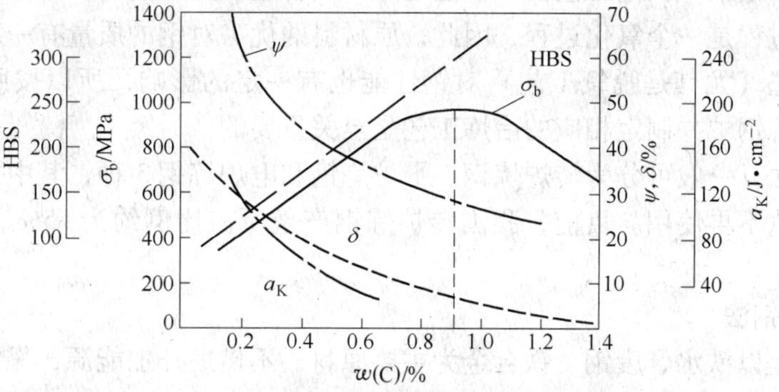

图3-13　含碳量对碳钢力学性能影响示意图

3.2　铁碳合金的应用

3.2.1　钢铁生产过程简介

3.2.1.1　钢铁的冶炼过程

钢铁的生产通常分炼铁和炼钢两个环节，炼铁过程是将伴存在自然界的氧化矿或硫化矿中的铁通过还原反应，置换出含有一定量碳元素和少量杂质元素的铁碳合金，通常称之为生铁或白口铸铁。炼钢过程是将白口铸铁放在炼钢炉中，通过氧化反应进一步减少其含碳量和杂质元素的含量，以获得所需碳成分的铁碳合金，通常称之为钢。

A　生铁的生产过程

自然界中的铁主要以铁矿石形式存在，通过铁矿勘探—矿石开采—矿石破碎—选矿—精矿粉烧结和球团化—高炉炼铁等过程生产出铁水。高炉（图3-14）炼铁的主要原料是铁矿石（精矿粉球团）、焦炭、石灰石和空气。炼铁时，将铁矿石（精矿粉球团）、焦炭和石灰石按一定配比从高炉炉顶

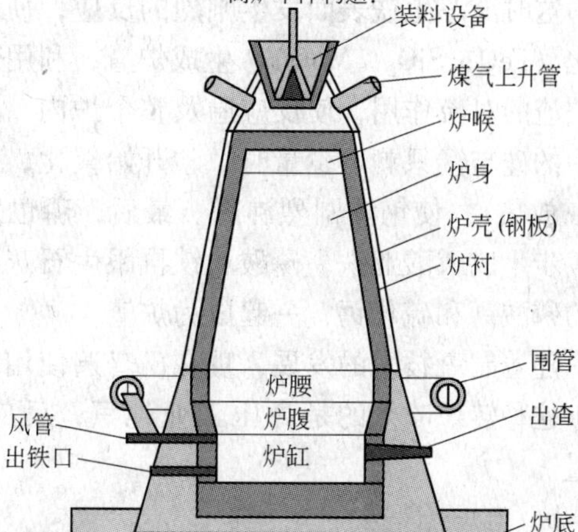

图3-14　高炉示意图

加入炉内，同时把预热过的空气从炉腹底部的进风口鼓入炉内。因为炉料由上向下落，热气体由下向上升，它们在炉内能够充分接触，使反应得以顺利进行。铁矿石中的铁被还原出来，少量来自矿石和燃料中的杂质元素在高温下熔于铁中，成为生铁。高炉生铁可分为两类：一类为铸造生铁，主要用于铸铁生产，硅的含量较高，断口呈暗灰色；另一类为炼钢生铁，主要用作炼钢原料，硅的含量较低，断口呈白色。

B　钢的生产过程

炼钢生产是在高温条件下，用氧气或铁的氧化物把生铁中所含的过量碳和其他杂质转为气体或炉渣而除去，从而得到含碳量和杂质含量较低的铁碳合金的过程。炼钢的基本原料是炼钢生铁和废钢，根据工艺要求，还需加入铁合金或其他金属，以及各种造渣剂和辅助材料。炼钢过程是一个氧化过程，因此，原材料的优劣对钢的质量有一定的影响，炼钢设备和冶炼工艺（尤其是脱氧工艺）对钢性能也有一定的影响，所以按照钢种和质量的要求正确选择炼钢炉并制定相应的冶炼工艺是至关重要的。

炼钢的方法，一般可分为转炉炼钢、平炉炼钢和电炉炼钢3种，其中平炉炼钢法也叫马丁法，已淘汰不再使用。目前，我国转炉炼钢产量所占比例约为85%，电炉炼钢所占比例约为15%。

a　转炉炼钢法

转炉炼钢是以铁水、废钢、铁合金为主要原料，不借助外加能源，靠铁液本身的物理热和铁液组分间化学反应产生的热量而在转炉中完成炼钢过程。这种炼钢法是把空气鼓入熔融的生铁里，使杂质硅、锰等氧化，在氧化的过程中放出大量的热量，可使炉内达到足够高的温度。因此，转炉炼钢不需要另外使用燃料。

转炉炼钢是在转炉里进行的（如图3－15所示）。转炉的外形像个梨，内壁有耐火砖，炉侧有许多小孔（风口），压缩空气从这些小孔里吹入炉内，所以又叫做侧吹转炉（此外还有顶吹和底吹）。开始时，转炉处于水平状态，在向炉内注入1300℃的液态生铁并加入一定量的生石灰后，再鼓入空气并转动转炉使它直立起来。这时液态生铁表面发生剧烈的反应，使铁、硅、锰氧化（FeO，SiO_2，MnO），生成炉渣，利用熔化的钢铁和炉渣的对流作用，使反应遍及整个炉内。此后，当钢液中的硅与锰只剩下少量时，碳开始氧化，生成一氧化碳（放热），使钢液剧烈沸腾。最后，磷也发生氧化并进一步生成磷酸亚铁，磷酸亚铁再跟生石灰反应生成稳定的磷酸钙和硫化钙，一起成为炉渣。

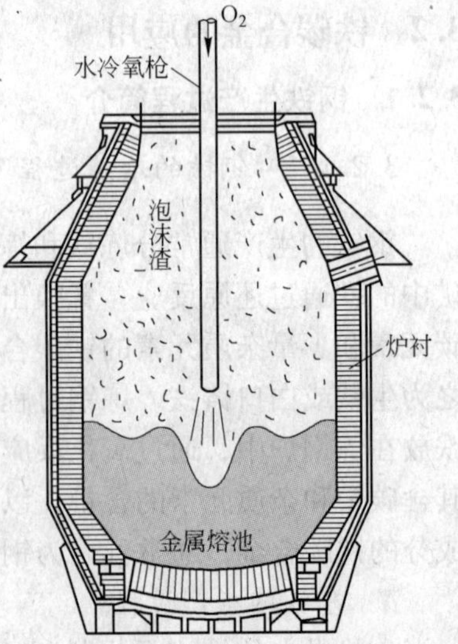

图3－15　转炉示意图

随着制氧技术的发展，现在已普遍使用氧气顶吹转炉，这种转炉吹入的是高压工业纯氧，反应更为剧烈，能进一步提高生产效率和钢的质量。

b　电炉炼钢法

电炉炼钢主要利用电弧热完成炼钢，在电弧作用区，炉内温度高达4000℃。冶炼过程一般分为熔化期、氧化期和还原期，在炉内不仅能造成氧化气氛，还能造成还原气氛，使钢的脱磷、脱硫效率很高。因此，电炉炼钢多用来生产优质钢材。

电炉炼钢主要以废钢为原料，对生铁的消耗较少，因此，也就不再需要大量的焦炭，有利于资源的节约和环境的保护。

3.2.1.2 钢中常存杂质的影响

钢中常存杂质元素主要是指硅、硫、锰、磷及氮、氧、氢等元素。这些杂质元素在冶炼时或者是由原料、燃料及耐火材料带入钢中，或者是由大气进入钢中，或者是脱氧时残留于钢中。它们的存在显然会对钢的性能产生影响。

A 硅（Si）

钢中的硅来自炼钢所用的生铁和脱氧剂硅铁，在碳钢中含硅量通常小于0.35%。硅能溶于铁素体中，使铁素体强化，从而使钢的强度、硬度、弹性提高，而塑性、韧性降低。当硅的含量不多，在碳钢中仅作为少量夹杂物存在时，它对钢的性能影响并不显著，是一个有益的元素。但当硅含量超过0.8%~1.0%时，钢的塑性和韧性显著下降。

B 硫（S）

钢中的硫来自于炼钢所用的生铁。硫不溶于铁，而以硫化铁（FeS）的形成存在，硫化铁会与铁形成低熔点的共晶体（FeS-Fe，熔点为989℃）并分布于奥氏体的晶界上。当含硫较高的钢坯在1000~1200℃左右的高温进行压力加工时，存在于晶界上的共晶体已经熔化，导致晶粒脱开，钢坯变得极脆，此时受力钢坯将产生脆性破坏，这种脆性破坏现象称为“热脆”，因此硫是钢中的有害元素。为了避免热脆，钢中含硫量必须严格控制，普通钢含硫量应不大于0.055%，优质钢含硫量应不大于0.040%，高级优质钢含硫量应不大于0.030%。

C 锰（Mn）

钢中的锰来自于炼钢所用的生铁及脱氧剂锰铁，在碳钢中含锰量通常小于0.80%，在含锰合金钢中，含锰量一般控制在1.0%~1.2%的范围内。锰大部分溶于铁素体中，形成置换固溶体，并使铁素体强化；另一部分锰溶于Fe_3C中，形成合金渗碳体，使钢的强度提高；锰还能与硫化合成硫化锰（MnS），减轻硫的有害作用。因此锰在钢中是一种有益的元素，当锰含量不多，在碳钢中仅作为少量杂质存在时，它对钢的性能影响并不明显。

D 磷（P）

钢中的磷也是来自于生铁。磷在钢中全部溶于铁素体中，虽可使铁素体的强度、硬度有所提高，但却使室温下钢的塑性、韧性急剧降低，并使钢的脆性转变温度有所升高，使钢变脆，这种现象称为“冷脆”。磷的存在还会使钢的焊接性能变坏，因此磷是钢中的有害元素，应严格控制。普通钢含磷量应不大于0.045%，优质钢含磷量应不大于0.040%，高级优质钢含磷量应不大于0.035%。

当然，在适当的情况下，硫、磷也有一些有益的作用。对硫而言，当钢中含硫较高（0.08%~0.3%）时，适当提高钢中含锰量（0.6%~1.55%），使硫与锰结合成硫化锰，切削时易于断屑，能改善钢的切削性能，故易切钢中含有较多的硫。对于磷而言，如与铜配合能提高钢抗大气腐蚀的能力，改善钢材的切削加工性能。

除上述4种杂质元素外，钢中还有一些气体元素对钢的性能也会产生影响。如当含氮（N）较高的钢自高温快速冷却，铁素体中的溶氮量达到过饱和时，若将此类钢冷变形后在室温放置或稍微加温，氮将以氮化物的形式沉淀析出，使低碳钢的强度、硬度上升而塑性、韧性下降；氢（H）溶入钢中使钢的塑性和韧性降低，引起所谓“氢脆”，如果当氢以原子态析出，还会产生内部裂纹性质的缺陷；氧（O）在钢中的溶解度很小，几乎全部以氧化物形式存在，并往往形成复合氧化物或硅酸盐，这些非金属夹杂物的存在，会使钢的力学性能下降。

3.2.2　碳钢的分类及用途

3.2.2.1　碳钢的分类

碳钢的分类方法有很多，比较常用的有3种，即按钢的含碳量、质量和用途分类。

A　按含碳量分类

低碳钢：$w(C) \leqslant 0.25\%$；

中碳钢：$0.25\% < w(C) \leqslant 0.55\%$；

高碳钢：$w(C) > 0.55\%$。

B　按质量分类

即按含有杂质元素S、P的多少分类，可分为：

普通钢：$w(S) \leqslant 0.055\%$；$w(P) \leqslant 0.045\%$；

优质钢：$w(S)$、$w(P) \leqslant 0.035\% \sim 0.040\%$；

高级优质钢：$w(S) \leqslant 0.02\% \sim 0.03\%$；$w(P) \leqslant 0.03\% \sim 0.035\%$。

C　按用途分类

碳素结构钢：用于制造各种工程构件，如桥梁、船舶、建筑构件等，以及机器零件，如齿轮、轴、连杆、螺钉、螺母等。

碳素工具钢：用于制造各种刃具、量具、模具等，一般为高碳钢，在质量上都是优质钢或高级优质钢。

3.2.2.2　碳钢的牌号和用途

A　普通碳素结构钢

普通碳素结构钢主要保证力学性能，平均含碳量在0.06%～0.38%范围内，主要用于一般工程结构和普通零件。它通常是轧制成钢板或各种型材（圆钢、方钢、工字钢、钢筋等）后空冷供货，应用量很大（约占钢总产量的70%以上），用户一般不需要再进行热处理而是直接使用。

为了方便用户的选用，普通碳素结构钢的牌号直接体现其力学性能，所以，这类钢的牌号主要以其力学性能中的屈服极限强度来命名。其牌号由代表屈服极限强度的字母（Q）、屈服极限强度的数值、质量等级符号（A、B、C、D）及脱氧方法符号（F、b、Z、TZ）等4个部分按顺序组成。Q是屈服极限强度“屈”的汉语拼音字头，等级符号是指这类钢所独用的质量等级符号，也按S、P杂质多少来分，以A、B、C、D 4个符号代表4个等级，其中：A级 $w(S) \leqslant 0.05\%$，$w(P) \leqslant 0.045\%$，B级 $w(S) \leqslant 0.045\%$，$w(P) \leqslant 0.045\%$，C级 $w(S) \leqslant 0.04\%$，$w(P) \leqslant 0.04\%$，D级 $w(S) \leqslant 0.035\%$，$w(P) \leqslant 0.035\%$。质量等级最高的是D级，达到了碳素结构钢的优质级。“F”表示沸腾钢，“b”为半镇静钢，不标“F”和“b”的为镇静钢。如Q235－AF表示屈服极限强度为235MPa的A级沸腾钢，Q235－C 表示屈服极限强度为235MPa 的 C 级镇静钢。镇静钢和特殊镇静钢的牌号中脱氧方法符号可省略。表3－1 列出了碳素结构钢的新旧牌号对照、力学性能及用途。

表3－1 碳素结构钢新旧牌号对照、力学性能及用途（摘自 GB 700—1988）

牌号		力学性能			应用举例
旧标	新标	σ_s/MPa	σ_b/MPa	δ_5/%	
A_1	Q195	195	315～390	≥33	用于载荷不大的结构件、铆钉、垫圈、地脚螺栓、开口销、拉杆、螺纹钢筋、冲压件和焊接件
A_2	Q215	215	335～410	≥31	
A_3	Q235	235	375～460	≥26	用于结构件、钢板、螺纹钢筋、型钢、螺栓、螺母、铆钉，拉杆、齿轮、轴、连杆。Q235C、Q235D 可用作重要焊接结构件
A_4	Q255	255	410～510	≥24	强度较高，用于承受中等载荷的零件，如键、链、拉杆、转轴、链轮、链环片、螺栓及螺纹钢筋等
C_4	Q275	275	490～610	≥20	

碳素结构钢共分5 个强度等级。一般以热轧空冷状态供应，适用于一般工程结构所需的热轧钢板、钢带、钢管、盘条、型钢、棒钢等，可供焊接、铆接、栓接等结构件使用。其中牌号为 Q195 与 Q275 的碳素结构钢是不分质量等级的，Q215、Q235、Q255 牌号的碳素结构钢，当质量等级为“A”、“B”时，在保证力学性能的前提下，化学成分可根据需方要求作适当调整。

Q195、Q215 钢含碳量很低，强度不高，但具有良好的塑性、韧性和焊接性能，常用作铁钉、铁丝、钢窗及各种薄板，如黑铁皮、白铁皮（镀锌薄钢板）、马口铁（镀锡薄钢板）等强度要求不高的工件。在某些场合可以代替08 号或10 号优质碳素结构钢，制造冲压、焊接结构件。

Q235A、Q255A 钢可用于农机具中不太重要的工件，如拉杆、小轴、链等。也常用于建筑钢筋、钢板、型钢等。

Q235B、Q255B 钢可作为建筑工程中质量要求较高的焊接结构件。在机械中可用作一般的转动轴、吊钩、自行车架等。

Q235C、Q235D 钢的质量较好，可用作一些重要的焊接结构件及机件；Q255、Q275 钢强度较高，其中 Q275 属于中碳钢，可用于制造摩擦离合器、刹车钢带等。在某些场合可以代替30 号钢、40 号钢，用于制造稍重要的某些零件（如齿轮、链轮等），以降低原材料成本。

B 优质碳素结构钢

优质碳素结构钢要求同时保证钢的化学成分和力学性能。其牌号采用两位数字表示，这两位数字表示钢中平均含碳量的10^4倍。如45 号钢表示钢中含碳量为0.45%；08 号钢表示钢中含碳量为0.08%。若钢中含锰量较高，需将锰元素标出，如 $w(C)=0.45\%$，$w(Mn)=0.70\%\sim1.00\%$ 的钢表示为45Mn。这类钢中有3 个钢号是沸腾钢，其钢号尾部标有 F，它们是08F、10F、15F。半镇静钢标“b”，镇静钢一般不标符号。

高级优质碳素结构钢在牌号后加符号“A”，特级碳素结构钢在牌号后加符号“E”。专用优质碳素结构钢还要在牌号的头部（或尾部）加上代表产品用途的符号，例如平均碳含量为2.0% 的锅炉用钢，其牌号表示为“20g”等。优质碳素结构钢按含锰量的不同，分为普通含锰量钢（$w(Mn)=0.25\% \sim 0.8\%$）和较高含锰量（$w(Mn)=0.7\% \sim 1.2\%$）钢两组。含锰量较高的一组在其数字的尾部加“Mn”，如15Mn、45Mn等。注意这类钢仍属于优质碳素结构钢，不能和普通低合金结构钢混淆。

优质碳素结构钢总共有31个钢号，包含低碳钢、中碳钢和高碳钢。其牌号、力学性能及用途如表3－2所示。

表3－2　优质碳素结构钢的牌号、力学性能和用途（摘自GB/T 699—1999）

牌号	力学性能					应用举例
	σ_b/MPa	σ_s/MPa	δ/%	ψ/%	A_{KU2}/J	
08F	295	175	35	60		属低碳钢，强度、硬度低，塑性、韧性好。其中08F、10F钢属沸腾钢，成本低、塑性好，用于制造冲压件和焊接件，如壳、盖、罩等。15F钢用于制造钣金件。08～25号钢常用来做冲压件，焊接件，锻件和渗碳钢，制作齿轮、销钉、小轴、螺钉、螺母等。其中20号钢用量最大
10F	315	185	33	55		
15F	355	205	29	55		
08	325	195	33	60		
10	335	205	31	55		
15	375	225	27	55		
20	410	245	25	55		
25	450	275	23	50	71	
30	490	295	21	50	63	属中碳钢，综合力学性能好。多在正火、调质状态下使用，主要用于制造齿轮、轴类零件，如曲轴、传动轴、连杆、拉杆、丝杆等。其中45号钢应用最广泛
35	530	315	20	45	55	
40	570	335	19	45	47	
45	600	355	16	40	39	
50	630	375	14	40	31	
55	645	380	13	35		
60	675	400	12	35		属高碳钢，具有较高的强度、硬度、耐磨性，多在淬火、中温回火状态下使用。主要用于制造弹簧、轧辊、凸轮等耐磨件与钢丝绳等。其中65号钢最常用
65	695	410	10	30		
70	715	420	9	30		
75	1080	880	7	30		
80	1080	930	6	30		
85	1130	980	6	30		
15Mn	410	245	26	55		应用范围基本同于相对应的普通含锰量碳钢。由于其淬透性、强度相应提高了，可用于截面尺寸较大或强度要求较高的零件。其中65Mn最常用
20Mn	450	275	24	50		
25Mn	490	295	22	50	71	
30Mn	540	315	20	45	63	
35Mn	560	335	18	45	55	
40Mn	590	355	17	45	47	
45Mn	620	375	15	40	39	
50Mn	645	390	13	40	31	
60Mn	695	410	11	35		
65Mn	735	430	9	30		
70Mn	785	450	8	30		

注：表中拉伸性能除75、80、85这3个牌号为820℃淬火加480℃中温回火处理值外，其余均为正火处理值，冲击性能为调质处理（回火温度为600℃）值，试样毛坯尺寸为25mm。

钢中碳的质量分数不同，优质碳素结构钢力学性能则不同，可用来制造各种不同类型的机械零件。

低碳钢中碳的质量分数低，塑性好，强度较低，焊接性能和冷冲压工艺性很好，可用来制造各种标准件、轴套、容器和各种冷变形加工成型件等。也可以通过适当的热处理制成表面硬度高、心部有较高强度和韧性要求的耐磨损、耐冲击的零件，如齿轮、凸轮、销轴、摩擦片、水泥钉等。

优质碳素结构钢中的15号、20号钢用作渗碳钢时，价格便宜，但淬透性低，故其渗碳淬火后的心部强度与合金渗碳钢相比较低，表层强度及耐磨性也不够高，淬火时变形开裂倾向大。常用于制造承受载荷较低、形状简单、不太重要的但要求耐磨的小型零件。对于形状简单、尺寸较小、精度要求不高的量具也可用渗碳钢（15号、20号、15Cr等钢）制造，并经渗碳淬火处理后使用。

中碳钢通过适当热处理可获得良好的综合力学性能，可用于制造机件及表面耐磨、心部韧性好的零件，如传动轴、发动机连杆、机床齿轮等。35号钢、40号钢、45号钢或40Mn、50Mn钢等可作调质钢使用（其中以45号钢应用最广），但与合金调质钢相比，碳素调质钢的淬透性较差，调质处理后的力学性能随零件尺寸的增大而降低，所以只有小尺寸的零件经调质处理后才能获得均匀的较高的综合力学性能。

高碳碳素结构钢经适当热处理后可获得高的弹性极限和屈强比以及足够的韧性和耐磨性。可用于制造小线径的弹簧、重钢轨、轧辊、铁锹、钢丝绳等。如60号、65号、70号、75号、85号钢或60Mn、65Mn、75Mn钢等可作弹簧钢使用。碳素弹簧钢与合金弹簧钢相比，价格较为便宜，热处理后具有一定的强度，但淬透性较差，当直径大于12～15mm时，油淬不能淬透，使屈服点以及屈强比降低，从而降低了弹簧的寿命，如用水淬又易开裂与变形。故碳素弹簧钢只宜用作线径较小的不太重要的弹簧，这类弹簧能承受静载荷及有限次数的循环载荷。其中以65Mn钢在热成型弹簧中应用最广。

C 碳素工具钢

碳素工具钢的平均含碳量为0.65%～1.35%，在进行淬火、低温回火处理后获得高的硬度和耐磨性，主要用于制作各种小型工具。这类钢可分为优质碳素工具钢（简称碳素工具钢，其 $w(S) \leqslant 0.03\%$，$w(P) \leqslant 0.035\%$）和高级优质碳素工具钢（$w(S) \leqslant 0.02\%$，$w(P) \leqslant 0.03\%$）两大类。碳素工具钢的牌号一般用符号“T”加上碳的质量分数的 10^3 倍表示，其中“T”是“碳”字的汉语拼音首位字母。一般优质碳素工具钢不加质量等级符号，而高级优质碳素工具钢则在其数字后面再加上“A”字，如T8A、T12A等。这类钢中锰的质量分数一般都严格控制在0.4%以下，个别钢为了提高其淬透性，锰的质量分数的上限可扩大到0.6%，这时要在牌号的尾部标上Mn，如T8Mn、T8MnA。

碳素工具钢热处理后的硬度虽然相近，但随着含碳量的增加，未溶渗碳体的含量增多，使钢的耐磨性增加，而韧性降低，因此碳素工具钢的用途也各有不同。如：

（1）T7、T8钢适合于制造承受一定冲击而要求韧性较高的刃具，如木工用斧、钳工用凿子等，热处理后工作部分的硬度为48～54HRC；

（2）T9、T10、T11钢用于制造冲击较小而要求高硬度与耐磨性的刃具，如小钻头、丝锥、手锯条等，热处理后的硬度为60～62HRC，T10A钢还可用于制造一些尺寸不大、形状简单、工作负荷不大的冷作模具；

（3）T12、T13 钢的硬度及耐磨性最高，但韧性最差，用于制造不承受冲击的刃具，如锉刀、铲刮刀等，热处理后的硬度为 62 ~ 65HRC。

高级优质碳素工具钢 T7A ~ T13A 与相应的优质碳素工具钢相比有较小的淬火开裂倾向，适于制造形状较复杂的刃具。对于形状简单、尺寸较小、精度要求不高的量具也可用碳素工具钢 T10A、T12A 制造。此外，T7 ~ T12、T7A ~ T12A 钢还可用于制造尺寸较小、形状简单的塑料模具。碳素工具钢的牌号、热处理后的硬度及用途如表 3 - 3 所示。

表 3 - 3　碳素工具钢的牌号、硬度及用途（摘自 GB 1298—1986）

牌号	硬度			用途举例
	退火态 HB	淬火态		
		温度/℃	HRC	
T7		800 ~ 820	≥62	可用于制造承受冲击，韧性较好、硬度适当的工具，如扁铲、冲头、手钳、大锤、改锥、木工工具、压缩空气工具
T8	≤187			
T8Mn		780 ~ 800		同上，但淬透性较大，可制造断面较大的工具
T9	≤192	760 ~ 780		可用于制造韧性中等，硬度高的工具，如冲头、木工工具、凿岩工具
T10	≤197			可用于制造不受剧烈冲击、高硬度耐磨的工具，如车刀、刨刀、丝锥、钻头、手锯条
T11	≤207			
T12	≤207			可用于制造不受冲击、要求高硬度高耐磨的工具，如锉刀、刮刀、精车刀、丝锥、量具
T13	≤217			

D　一般工程用铸造碳素钢

在工业生产中会遇到一些形状复杂的零件，不便于用锻压法制成毛坯，而铸铁又保证不了其塑性的要求，这时可采用含碳量小于 0.65% 的钢铸造成型，称为铸钢件。这类钢的牌号用符号“ZG”加上最低屈服极限强度值 - 最低抗拉强度值表示。其中“ZG”是“铸钢”这两个字的汉语拼音首位字母，如 ZG340 - 640 表示屈服强度不小于 340MPa，抗拉强度不低于 640MPa 的铸钢。

3.2.3　铁碳合金状态图的应用

3.2.3.1　为选材提供成分依据

铁碳合金状态图描述了铁碳合金的相以及组织随含碳量变化的规律，而铁碳合金的力学性能取决于其组织。因此，根据零件的力学性能要求，可以按铁碳合金状态图来选择不同成分的铁碳合金。

若零件要求塑性、韧性好，如建筑结构用钢和容器等，应选用低碳钢（w(C) = 0.10% ~ 0.25%）；若零件要求强度、塑性、韧性都较好，如轴等，应选用中碳钢（w(C) = 0.25% ~ 0.60%）；若零件要求硬度高、耐磨性好，如工具等，应选用高碳钢（w(C) = 0.6% ~ 1.3%）。

白口铁具有很高的硬度和脆性，应用很少，但因其具有很高的抗磨损能力，故可应用于制造少数需要耐磨而不受冲击的零件，如拔丝模、轧辊和球磨机的铁球等。

3.2.3.2 为制定热加工工艺提供依据

铁碳合金状态图总结了不同成分的铁碳合金在缓慢冷却时组织随温度变化的规律，这就为热加工工艺中制定加工温度、选择组织类型以及减少工艺缺陷等提供了依据，在铸造、锻造、焊接、热处理等方面都具有重要意义。

A 在铸造工艺的应用

根据相图可以找出不同成分的钢或铸铁的熔点，确定铸造温度。根据相图上液相线和固相线纵向间距离可以预判铸造性能的好坏，通常该距离越小，铸造性能越好，如纯铁、共晶成分或接近共晶成分的铸铁的铸造性能比铸钢好。因此，共晶成分的铸铁常用来浇注铸件，其流动性好，分散缩孔少，显微偏析少。

B 在锻造工艺的应用

根据相图可以确定锻造温度。钢处于奥氏体状态时，强度低、塑性高，便于塑性变形。因此，锻造或轧制温度必须选择在单相奥氏体区的适当温度范围内，开始加工的温度不能过高，以免钢材氧化严重和发生奥氏体晶界熔化（称为过烧），一般控制在固相线以下 100 ~ 200℃。加工结束温度既不能过高，以免奥氏体的晶粒粗大，但又不能过低，以免钢材塑性差而导致产生裂纹。一般将亚共析钢的加工结束温度控制在稍高于 *GS* 线，过共析钢控制在稍高于 *PSK* 线。实际生产上各种碳钢的开始加工温度为 1150 ~ 1250℃，加工结束温度为 750 ~ 850℃。

C 在焊接工艺的应用

由于焊缝到母材在焊接过程中处于不同的温度条件，因而整个焊接接头会出现不同的组织，引起力学性能不均匀。可根据状态图来分析碳钢焊接接头的组织，并用适当的热处理方法来减轻或消除组织不均匀性。

D 在热处理工艺的应用

铁碳合金相图在热处理工艺中有着极其重要的作用，下一节将详细介绍。

3.3 钢的热处理原理

从石器时代发展到青铜器时代和铁器时代的过程中，热处理的作用就逐渐为人们所认识。早在公元前 770 ~ 前 222 年，中国人在生产实践中就发现铜铁的性能会受温度和加压变形的影响而变化，而白口铸铁的柔化处理是制造农具的重要工艺。

1863 年，英国金相学家和地质学家展示了钢铁在显微镜下的 6 种不同的金相组织，证明了钢在加热和冷却时，内部会发生组织变化，钢中的高温相在急冷时转变为一种较硬的相。法国人确立的铁的同素异构理论，以及英国人最早制定的铁碳相图，为现代热处理工艺初步奠定了理论基础。与此同时，人们还研究了在金属热处理的加热过程中对金属的保护方法，以避免加热过程中金属的氧化和脱碳等。

20 世纪以来，金属物理学的发展和其他新技术的移植应用，使金属热处理工艺得到更大发展。一个显著的进展是在 1901 ~ 1925 年，工业生产中应用转筒炉进行气体渗碳；20 世纪 30 年代出现露点电位差计，使炉内气氛的碳势达到可控，以后又研究出用二氧化碳红外仪、氧探头等进一步控制炉内气氛碳势的方法；20 世纪 60 年代，热处理技术运用了等离子场的作用，发展了离子渗氮、渗碳工艺；激光、电子束技术的应用，又使金属获得了新的表面热处理和化学热处理方法。

3.3.1 热处理的基本概念

3.3.1.1 热处理的含义

热处理是将金属材料在固态下加热、保温、冷却，在不改变其外观形态的前提下，通过改变其内部的组织结构，从而改善其力学性能的一种工艺。热处理是一种重要的工艺，在机械制造业已被广泛应用。据初步统计，在机床制造中约60%～70%的零件要经过热处理，在汽车、拖拉机制造业中需热处理的零件达70%～80%，至于模具、滚动轴承则要100%经过热处理。总之，重要的零件都要经过适当的热处理后才能使用。

热处理工艺区别于其他加工工艺（如铸造、压力加工等）的特点是只通过改变工件的组织来改变其性能，而不改变其形状。为表示热处理的基本工艺过程，通常用温度－时间坐标绘出热处理工艺曲线（如图3－16所示）。

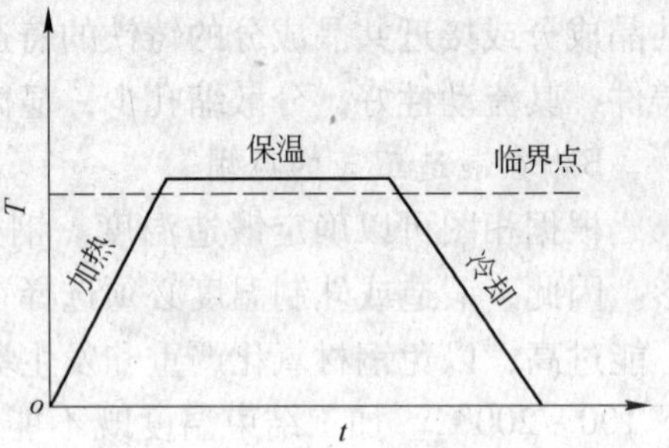

图3－16 热处理工艺曲线

3.3.1.2 热处理强化的条件

当组成合金的一个金属具有同素异构转变特性或合金中固溶体的溶解度随温度发生变化时，该合金可以通过热处理的方式进行力学性能的强化，也即热处理强化只适用于固态下发生相变或固溶体的溶解度在固态下随温度发生变化的金属材料，而不具备上述两个条件之一的金属材料不能用热处理的方法来强化。

3.3.1.3 热处理的分类

描述热处理过程中组织转变的规律称为热处理原理。根据热处理原理制定的温度、时间、介质等参数称为热处理工艺。根据加热、冷却方式及钢组织性能变化特点的不同，将热处理工艺分类如下：

（1）普通热处理：退火、正火、淬火和回火。

（2）表面热处理：表面淬火、表面化学热处理。

（3）其他热处理：真空热处理、形变热处理、控制气氛热处理、激光热处理。

热处理的方法虽然有很多，但任何一种热处理工艺都是由加热、保温、冷却3个阶段所组成。因此，为了掌握各种热处理方法对金属材料组织和性能改善的情况，必须首先研究金属材料在加热（包括保温）、冷却过程中的组织变化规律。由于铁碳合金中的铁具有同素异构性，而钢铁材料又是工业生产中使用最广的金属材料，因此，本节以钢铁材料为研究对象，全面介绍热处理的基本原理和工艺方法。

3.3.2 钢在加热时的组织转变

为了更好地研究和掌握钢在加热时的组织转变规律，首先选择对室温组织为珠光体，含碳量为0.77%的共析钢进行分析。

3.3.2.1　共析钢加热时的奥氏体转变

共析钢在加热过程中进行奥氏体转变时要经历奥氏体的形成和奥氏体长大两个过程。奥氏体的形成过程是热处理加热的必要过程，而奥氏体的长大过程，则要通过对加热温度、保温时间的控制以及采取合金元素阻碍等方式，来满足钢热处理后对晶粒大小的要求。

A　奥氏体的形成

共析钢在相变温度（727℃）以下全部为珠光体组织，组织中的铁素体具有体心立方结构，在加热到727℃以上发生奥氏体相变时的溶碳量为0.0218%，渗碳体具有复杂晶体结构，含碳量为6.69%。当珠光体加热到相变温度以上时，组织中的铁素体和渗碳体将逐步转变成具有面心立方结构的奥氏体，其含碳量为0.77%。由此可见，珠光体在加热转变成奥氏体时，必然进行晶体结构的改组和铁、碳原子的扩散，而这一过程都遵循形核和长大的基本规律，并通过晶核的形成与长大、残余渗碳体的溶解、奥氏体的均匀化3个阶段来完成。

（1）奥氏体晶核的形成与长大。在加热时珠光体向奥氏体转变过程中，奥氏体晶核优先在铁素体和渗碳体的相界面上形成，并逐步向两相区内长大，如图3－17a、b所示。

（2）残余渗碳体的溶解。在奥氏体形成及长大过程中，铁素体先于渗碳体转变结束，这时未溶解完的渗碳体将继续不断地溶解于奥氏体中直至完全消失，如图3－17c所示。

（3）奥氏体的均匀化。铁素体和渗碳体完全转变成奥氏体后，原铁素体和渗碳体位置上的碳浓度是不同的，碳将继续扩散至奥氏体内直至碳浓度均匀，如图3－17d所示。

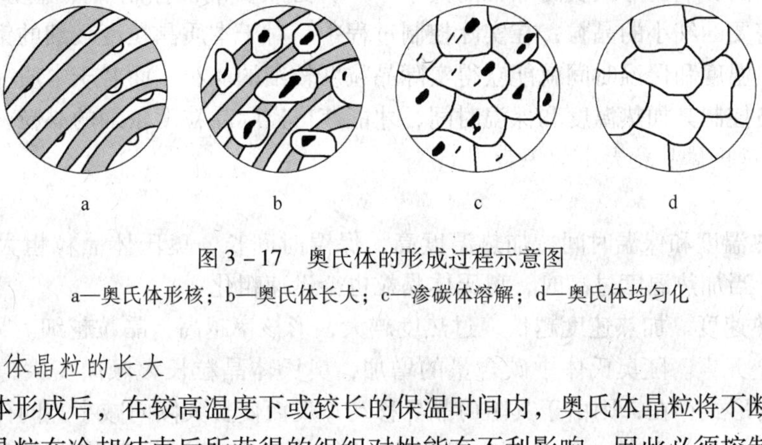

图3－17　奥氏体的形成过程示意图

a—奥氏体形核；b—奥氏体长大；c—渗碳体溶解；d—奥氏体均匀化

B　奥氏体晶粒的长大

当奥氏体形成后，在较高温度下或较长的保温时间内，奥氏体晶粒将不断长大，而粗大的奥氏体晶粒在冷却结束后所获得的组织对性能有不利影响，因此必须控制奥氏体晶粒的长大。

C　奥氏体晶粒长大倾向

对于不同成分的钢，在高温下奥氏体晶粒长大的倾向是不一样的，通常以930℃为标志，在930℃以上加热时，不同成分的碳钢中奥氏体晶粒长大的倾向都较大，而在930℃以下加热时，含碳量较少的钢中奥氏体晶粒长大的倾向较小。

D　奥氏体的晶粒度

所谓晶粒度是指晶体内晶粒的大小。为了控制钢在热处理加热时奥氏体晶粒的长大，通常用晶粒度来衡量奥氏体晶粒长大的情况，并通过晶粒度反映不同成分的钢在热处理时奥氏体晶粒长大的倾向。

（1）起始晶粒度。起始晶粒度是指钢在加热奥体化过程中，奥氏体形成和均匀化过程刚结束时奥氏体晶粒的大小，此时晶粒细小均匀。随加热温度升高或保温时间延长，会出现晶粒长大的现象。

（2）本质晶粒度。本质晶粒度是指钢在加热奥体化过程中，奥氏体晶粒形成后长大的倾向。长大倾向越小，则本质晶粒度越细；长大倾向越大，则本质晶粒度越粗。通常将钢加热到（940 ± 10）℃奥氏体化后，设法把奥氏体晶粒保留到室温来判断钢的本质晶粒度，如图 3 – 18 所示。

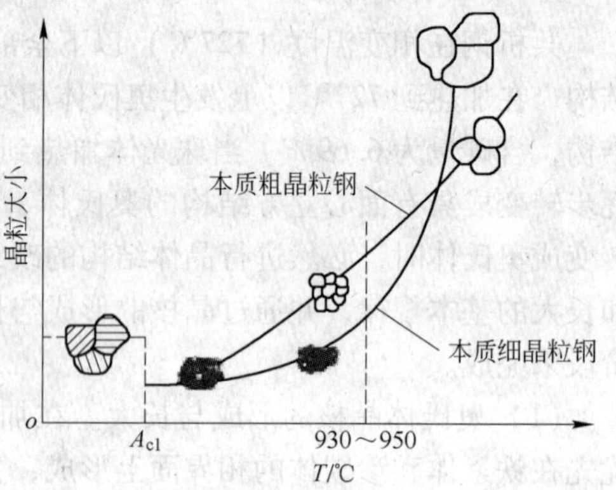

图 3 – 18　钢的本质晶粒度示意图

（3）实际晶粒度。实际晶粒度是指钢在加热奥体化过程中，奥氏体形成后实际晶粒的大小。实际晶粒度越大，即奥氏体晶粒越粗大，冷却后的组织也就粗大，会大大降低钢的常温力学性能，尤其是塑性。因此加热得到细而均匀的奥氏体实际晶粒是热处理的关键问题之一。

3 种晶粒度的关系是：任何成分的钢，起始晶粒度都较小，这是热处理加热后可以获得细小奥氏体晶粒的基本依据；实际晶粒度表示不同成分的钢在热处理加热后因受加热温度和保温时间的影响而导致实际晶粒的大小不一，必须要准确控制加热温度和保温时间，才能获得所需要的细小的晶粒；在实际控制过程中，对于本质晶粒度较细的钢，不需要严格地控制加热温度和保温时间就能获得实际晶粒度较细的晶粒，而对于本质晶粒度较粗的钢，则要严格控制其加热温度和保温时间，才能获得实际晶粒度较细的晶粒。

E　影响奥氏体晶粒大小的因素

具体如下：

（1）加热温度和保温时间。加热温度高，保温时间长，奥氏体晶粒粗大。即使是本质细晶粒钢，当加热温度过高时，奥氏体晶粒也会迅速粗化。

（2）加热速度。加热速度越快，过热度越大，形核率越高，晶粒越细。

（3）合金元素。随奥氏体中碳含量的增加，奥氏体晶粒长大倾向变大，但如果碳以残余渗碳体的形式存在，则由于其阻碍晶界移动，反而使长大倾向减小。同样，在钢中加入碳化物形成元素（如钛、钒、铌、钽、锆、钨、钼、铬等）和氮化物、氧化物形成元素（如铝等），都能阻碍奥氏体晶粒长大。而锰、磷溶于奥氏体后，使铁原子扩散加快，所以会促进奥氏体晶粒长大。

（4）原始组织。接近平衡状态的原始组织有利于获得细奥氏体晶粒。

3.3.2.2　非共析钢加热时的组织转变

同液态金属冷却转变存在过冷度一样，钢在加热发生组织转变时，同样需要存在理论转变温度与实际转变温度差。由于亚共析钢和过共析钢的室温组织分别存在铁素体和渗碳体，加热时要想完全奥氏体化则必须分别超过 *GS*、*SE* 两温度线，因此，不同成分的碳钢在加热产生完全奥氏体化转变时的温度点也不同，如图 3－19 中虚线所示。将钢在加热发生转变时实际转变温度与理论转变温度之差称为过热度。为了便于说明，将 3 类对应于 A_1、A_3、A_{cm}的过热线分别称作 A_{c1}、A_{c3}、A_{ccm}（简化为 A_{cm}）。

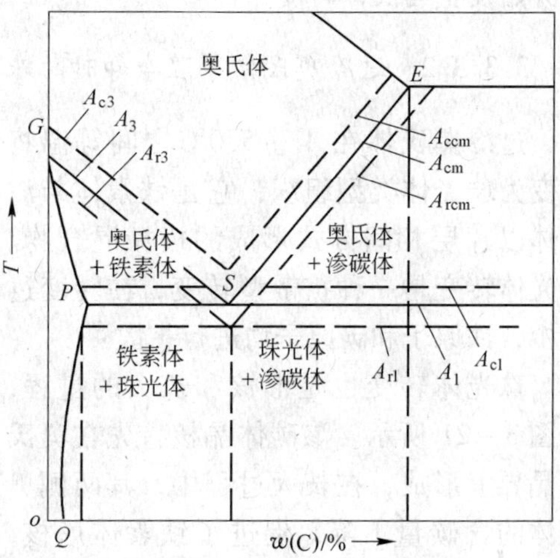

图 3－19　加热和冷却对临界转变温度的影响

当亚共析钢加热超过 A_{c1} 时，其室温组织中的珠光体将按上述共析钢奥氏体形成长大的规律产生转变，而室温组织中的铁素体将在温度继续上升到 A_{c3} 以上时才发生相变，转变为奥氏体。

当过共析钢加热超过 A_{c1} 时，其室温组织中的珠光体将按上述共析钢奥氏体形成长大的规律产生转变，而室温组织中的渗碳体在 A_{c1} 以上随温度上升逐渐分解，直到 A_{cm} 以上，才全部分解形成奥氏体。

3.3.3　过冷奥氏体等温冷却时的组织转变

由于钢的组织转变过程需经过晶体结构的改组和铁、碳原子的扩散，因此，在冷却过程中，冷却方式的不同和冷却温度的变化必然对奥氏体在冷却过程中的相变和铁、碳原子的扩散产生不同的影响，其转变结果也将有很大的差异。高温奥氏体在冷却到转变温度以下开始发生转变之前有一个孕育期，为了便于区别，将孕育期的奥氏体称为“过冷奥氏体”。它是一个非稳定的组织，必然要发生组织转变。下面就从等温冷却和连续冷却两种条件，分析过冷奥氏体在冷却转变过程中发生的组织变化。

3.3.3.1　过冷奥氏体等温转变曲线

通过试验，将共析钢过冷奥氏体在不同温度下等温不同的时间，测定其转变的进展情况，将不同温度下转变的开始时间点和结束时间点分别连线可得到如图 3－20 所示的过冷奥氏体等温转变曲线，通常称为“C”曲线。

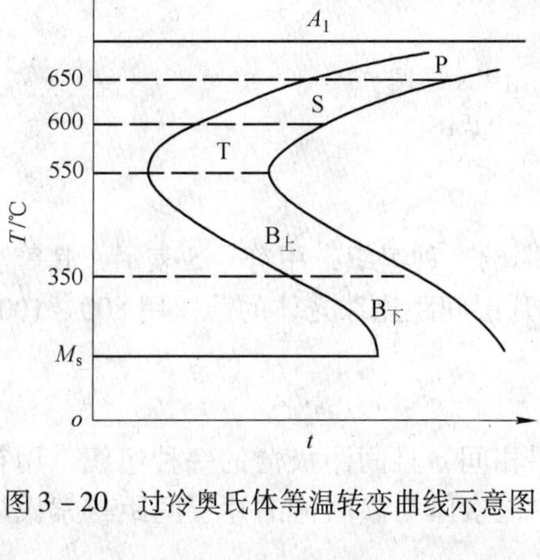

图 3－20　过冷奥氏体等温转变曲线示意图

过冷奥氏体等温转变“C”曲线的含义是：左侧曲线为过冷奥氏体等温转变开始线，过冷奥氏体在不同温度下等温至此线，将开始发生组织转变；右侧曲线为过冷奥氏体等温转变结束线，过冷奥氏体在 A_1 ～550℃之间等温至此线，将转变为一类新组织，在550℃～M_s 之间等温至此线，将转变为另一类新组织。M_s 温度（220℃）所处的水平线为过冷奥氏体向马氏体转变的开始线，过冷奥氏体冷却到此温度以下，将开始发生马氏体转变。

3.3.3.2　过冷奥氏体等温冷却时的珠光体转变

过冷奥氏体在 A_1 ~550℃之间等温将转变为珠光体类型组织，它是铁素体与渗碳体以片层相间方式形成的机械混合物。珠光体转变是一种扩散型转变，在转变过程中，铁原子和碳原子均进行扩散。

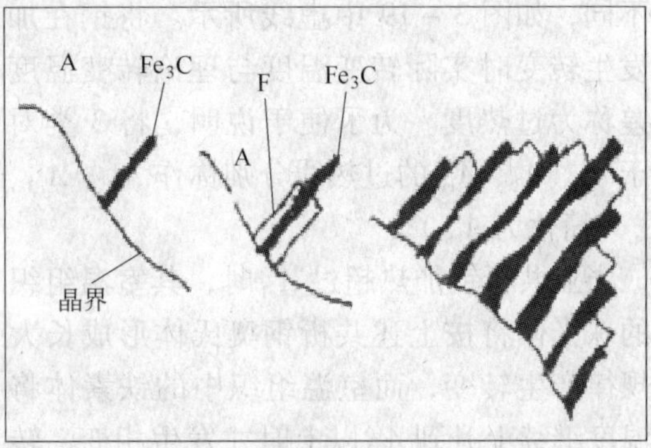

图 3－21　珠光体型组织形成过程示意图

珠光体转变也是形核和长大的过程，如图 3－21 所示。渗碳体晶核首先在奥氏体晶界上形成，在长大过程中，其两侧奥氏体的含碳量下降，促进了铁素体形核，两者相间形核并长大，形成一个珠光体团。珠光体型产物是过冷奥氏体在转变过程中铁素体和渗碳体以片层相间的方式形成的机械混合物，根据组织中铁素体和渗碳体片层相间距离的大小，可将珠光体型产物细分为以下 3 个组织。

A　珠光体组织

珠光体是铁素体与渗碳体片层相间，且间距较厚的一种组织，用符号 P 表示，其等温转变范围为 A_1 ~650℃，其组织形式与共析钢平衡冷却时的组织相同，用 500 倍的光学显微镜可以分辨，如图 3－22a 所示。

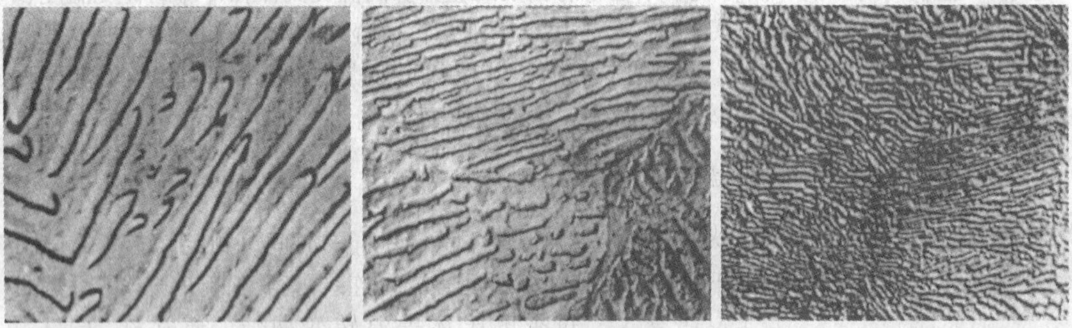

图 3－22　珠光体型产物的组织示意图

a—珠光体；b—索氏体；c—托氏体

B　索氏体组织

索氏体是铁素体与渗碳体片层相间，且间距较薄的一种组织，用符号 S 表示，其等温转变范围为 650~600℃，组织中铁素体与渗碳体的片层间距比珠光体的薄，用 800~1000 倍的光学显微镜可以分辨，如图 3－22b 所示。

C　托氏体组织

托氏体（又称屈氏体）是铁素体与渗碳体片层相间，且间距极薄的一种组织，用符号 T 表示，其等温转变范围为 600~550℃，组织中铁素体与渗碳体的片层间距与索氏体相比更薄，光学显微镜无法分辨，只有在电子显微镜下才可分辨，如图3－22c所示。

珠光体型的3种产物珠光体、索氏体、托氏体，其组织都是由铁素体和渗碳体按片层相间的方式组成，3种组织没有本质的区别，所不同的是铁素体、渗碳体的片层间距（L）大小不同，片层间距大小依次为：$L_P > L_S > L_T$。

D　珠光体型转变产物的力学性能

根据细晶强化的原理可得，珠光体型转变产物的综合力学性能为托氏体优于索氏体，索氏体优于珠光体。其片层间距及力学性能如表3－4所示。

表3－4　珠光体型组织片层间距及力学性能对照表

指　标	单　位	珠光体	索氏体	托氏体
片层间距	μm	0.3	0.1～0.3	0.1
屈服强度	MPa	520	680	810
抗拉强度	MPa	980	1130	1300
塑性 ψ	%	24	35	43
硬　度	HRC	<25	25～35	35～40

3.3.3.3　过冷奥氏体等温冷却时的贝氏体型转变

过冷奥氏体在550℃～M_s之间等温将转变为贝氏体类型组织，用符号B表示。贝氏体转变是一种半扩散型转变，在转变过程中，只有碳原子扩散而铁原子不扩散，晶格类型的改变是通过切变来实现的。

当过冷奥氏体冷却至550℃～M_s温度之间进行等温转变时，由于铁、碳原子的扩散比较困难，在晶体结构相变改组完成后，一部分铁、碳原子依然保留在形成的铁素体中，以碳化物的形式聚集在晶界上或基体上，形成了不同于珠光体型组织的新的机械混合物，即贝氏体型组织。

贝氏体转变过程也是形核和长大的过程。发生贝氏体转变时，首先在奥氏体中的贫碳区形成铁素体晶核，当转变温度较高（550～350℃）时，条片状铁素体从奥氏体晶界向晶内平行生长，随着铁素体片的伸长和变宽，其碳原子向片间奥氏体富集，最后在铁素体片间析出渗碳体短棒，奥氏体完全消失，形成上贝氏体，如图3－23a所示。当转变温度较低（350～220℃）时，铁素体在晶界或晶内某些晶面上长成针状，由于碳原子的扩散能力低，其扩散迁移的能力不足以逾越铁素体片的范围，碳只能在铁素体的晶面上以断续状碳化物小片的形式析出，形成下贝氏体，如图3－23b所示。

A　上贝氏体组织

上贝氏体组织用符号$B_上$表示，形成条件为过冷奥氏体在550～350℃之间发生等温转变。上贝氏体是片状铁素体之间平行分布着的较粗的渗碳体或碳化物，在光学显微镜下呈羽毛状；在电子显微镜下为不连续棒状的渗碳体分布于自奥氏体晶界向晶内平行生长的铁素体条之间，如图3－24所示。

B　下贝氏体组织

下贝氏体组织用符号$B_下$表示，形成条件为过冷奥氏体在350℃～M_s之间发生等温转

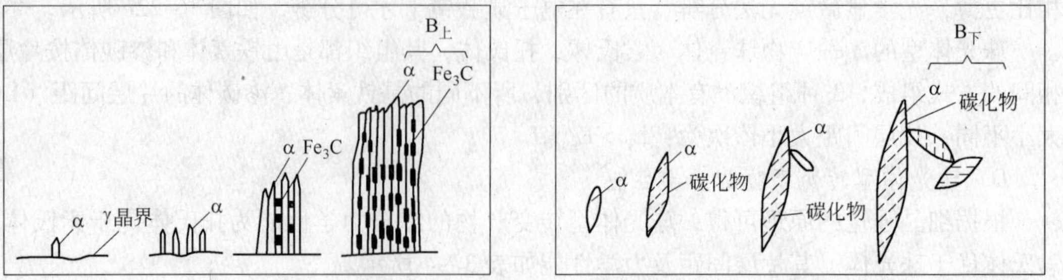

a　　b

图 3 – 23　贝氏体形成过程示意图

a—上贝氏体；b—下贝氏体

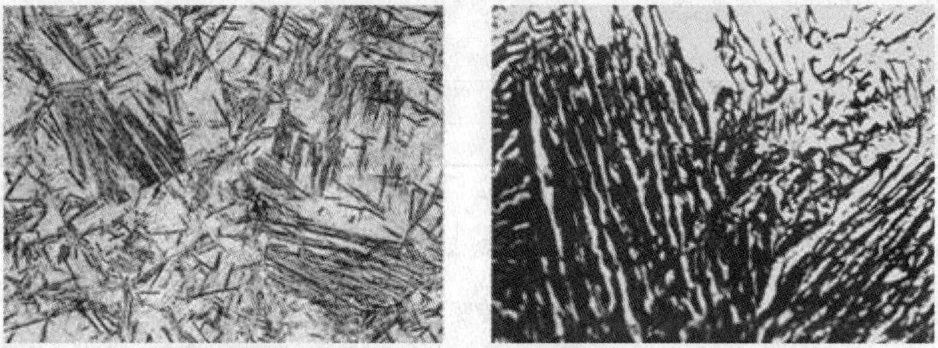

a　　b

图 3 – 24　显微镜下上贝氏体示意图

a—光学显微镜；b—电子显微镜

变。下贝氏体组织在光学显微镜下呈竹叶状，在电子显微镜下为细片状的碳化物分布于铁素体针上，并与铁素体针的长轴方向呈 55°～60°，如图 3 – 25 所示。

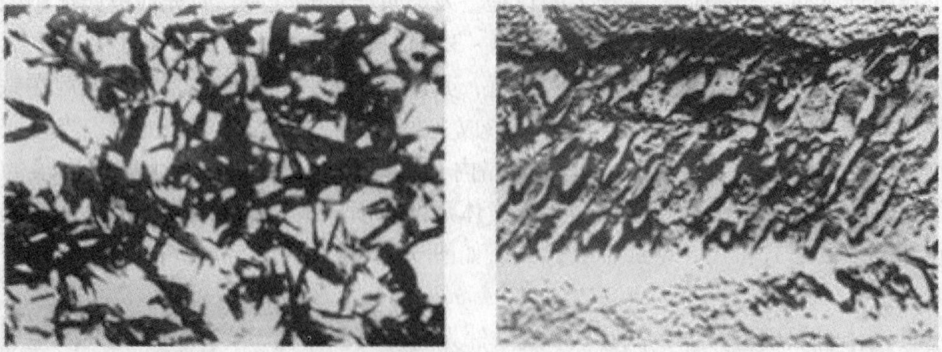

a　　b

图 3 – 25　显微镜下下贝氏体示意图

a—光学显微镜；b—电子显微镜

C　贝氏体型等温转变产物的性能

上贝氏体的组织是铁素体片之间平行分布着较粗的渗碳体或碳化物，导致其有较大的脆性（$a_K \approx 5kJ/m^2$），虽然其硬度较高（40～45HRC），通常也不作为使用的组织；而下贝氏体的组织是铁素体内分布着较细小的颗粒或短杆状碳化物，使得脆性较大的渗碳体产生弥散强化作用而具有较高的强硬性。下贝氏体不仅硬度高（45～55HRC），塑性、韧性（$a_K \approx 20 \sim 60kJ/m^2$）也较好，具有良好的综合力学性能，是生产上常用的强化组织之一。

3.3.3.4　非共析钢等温冷却转变

我们知道，碳钢中不同的碳成分对应着不同的力学性能组合，在工程中的应用是非常广泛的。在研究了特定成分的共析钢加热奥氏体化及随后发生冷却转变的基本规律后，以此为基础来进一步研究非共析钢在加热（保温）、冷却过程中的组织转变是十分必要的，也具有十分重要的现实意义。

A　非共析钢等温转变的特点

对于亚共析钢和过共析钢的等温冷却转变曲线，除了“C”曲线的位置不同于共析钢外，还分别存在着一条“先共析线”，即先共析铁素体线和先共析渗碳体线（如图3－26a、b所示）。对于亚共析钢，过冷奥氏体的等温转变产物为F＋P，当过冷度较大（600℃以下）或含碳量较高（$w(C) > 0.6\%$）时，过冷奥氏体中往往没有先析铁素体出现，而直接变成含碳量较低的共析组织，称之为“伪共析”组织；对于过共析钢，过冷奥氏体等温转变产物则为$Fe_3C + P$。

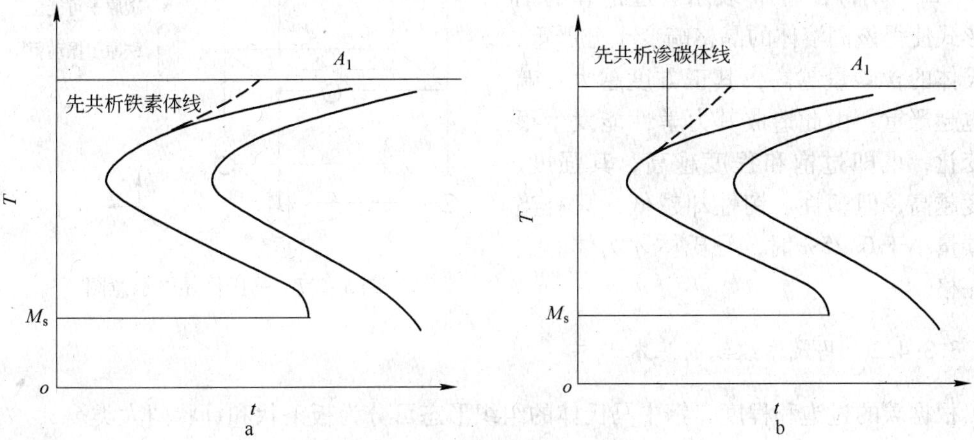

图3－26　非共析钢等温转变曲线示意图
a—亚共析钢；b—过共析钢

B　影响“C”曲线位置的因素

非共析钢的过冷奥氏体转变曲线除了存在先共析线外，其在$T-t$坐标系中相对于温度坐标的位置（即发生转变所需要的时间）也因含碳量及合金元素含量的不同而发生变化，影响“C”曲线位置的因素有如下几方面：

（1）含碳量。随着含碳量的增加，亚共析钢“C”曲线位置逐渐右移，在共析成分后“C”曲线的位置又逐渐左移，即共析成分的碳钢“C”曲线位置最靠右，也即过冷奥氏体最不容易发生转变，表现为过冷奥氏体最稳定。

（2）合金元素。绝大多数合金元素使“C”曲线的位置右移，也即大多数合金元素的加入使得过冷奥氏体变得十分稳定。

（3）奥氏体化程度。在加热过程中，原始组织的奥氏体化程度越完全，其冷却时奥氏体就越稳定，使得“C”曲线的位置越靠右。

（4）未溶物存在。钢中未溶入奥氏体中的碳化物、氮化物及其他非金属夹杂物，可成为奥氏体分解的非自发核心，使得过冷奥氏体的转变变得容易，也即使“C”曲线位置左移。

3.3.4　过冷奥氏体冷却时的马氏体转变

通过以上两类型的组织及性能的介绍，我们可以发现，除下贝氏体组织外，其余组织的强度、硬度都不太高，无法满足工程应用中对钢力学性能尤其是强硬度的要求，因此，上述过冷奥氏体的等温转变并不是钢热处理强化的手段。必须要研究新的组织转变形式，以便获得更高的符合强硬度要求的组织，而马氏体则是符合钢强硬性要求的一种组织。

3.3.4.1　马氏体的含义

马氏体是碳过饱和地溶于 α－Fe 而形成的具有体心正方结构的间隙固溶体（如图 3－27 所示），用 M 表示。过饱和的结构形式使得该固溶体的晶格畸变十分严重，马氏体的含碳量越高，其正方度越大，畸变也越严重。由此造成其力学性能发生很大变化，也即过饱和程度越高，其强度、硬度越高，但塑性、韧性却越低，只有当含碳量小于 0.25% 时，马氏体才为体心立方晶格。

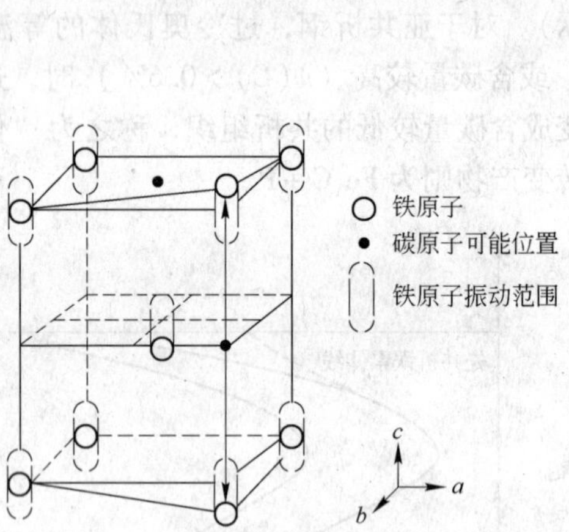

图 3－27　马氏体晶格示意图

3.3.4.2　马氏体组织的基本形态

根据碳的过饱和程度，钢中马氏体的组织形态可分为板条状和针状两大类。

A　板条马氏体

板条马氏体的含碳量低于 0.2%，其立体形态为细长的扁棒状，在光学显微镜下为一束束的细条状组织，每束内条与条之间的尺寸大致相同并呈平行排列，亚结构特征为位错，因此又称位错马氏体，其组织形态如图 3－28a 所示。

B　片状马氏体

片状马氏体（又称针状马氏体）的含碳量高于 1.0%，是由不能相互贯穿的针状马氏体晶体组成。其立体形态为双凸透镜形的片状，显微组织为针状，亚结构特征为孪晶，因此又称孪晶马氏体，其组织形态如图 3－28b 所示。

在一个奥氏体晶粒内，先形成的马氏体片横贯整个晶粒，但不能穿过晶界和孪晶界，后形成的马氏体片不能穿过先形成的马氏体片，所以越是后形成的马氏体片越细小。因此，原始奥氏体晶粒越细，转变后的马氏体片也就越细，当最大马氏体片细到在光学显

图 3-28 马氏体组织示意图

a—板条马氏体；b—片状马氏体

微镜下无法分辨时，这种马氏体称为隐晶马氏体。

过冷奥氏体转变成什么形态的马氏体，主要取决于其含碳量。如图 3-29 所示，当过冷奥氏体的含碳量小于 0.2% 时，转变后的组织几乎全部是板条马氏体，当过冷奥氏体的含碳量大于 1.0% 时，则转变后的组织几乎全部是针状马氏体，而过冷奥氏体的含碳量在 0.2% ~1.0% 之间时，则转变后的组织为板条状与针状的混合组织。

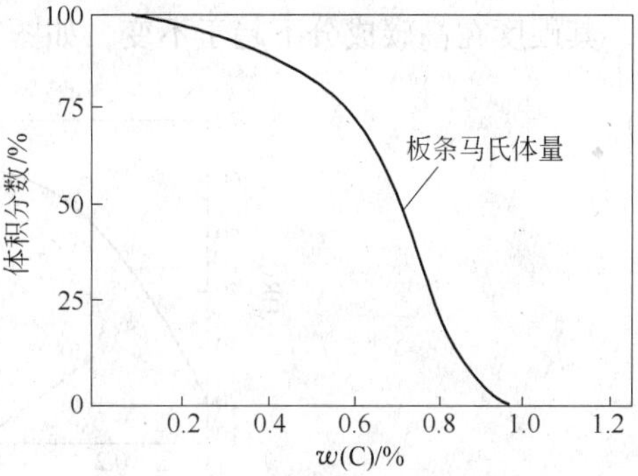

图 3-29 马氏体形态与含碳量的关系示意图

3.3.4.3 马氏体的力学性能

高硬度是马氏体力学性能的主要特点，马氏体具有高硬度的主要原因是过饱和的碳引起的固溶强化。此外，马氏体转变产生的细化组织也有强化作用。马氏体的塑性和韧性主要取决于其亚结构的形式，亚结构为孪晶的针状马氏体脆性大，而亚结构为位错的板条马氏体则具有较好的塑性和韧性。

A 板条马氏体

对于含碳量小于 0.2% 的板条马氏体，由于其过饱和程度较低，晶格畸变程度也相对较小，因此具有较高的强度和硬度，同时保持较好的塑性和韧性。

B 片状马氏体

对于含碳量大于 1.0% 的片状马氏体，由于其过饱和程度非常高，晶格畸变程度也就非常大，导致其硬而脆，是很不理想的组织。

马氏体的组织形态与含碳量和力学性能关系如表 3-5 所示。

表 3-5 马氏体的组织形态与含碳量和力学性能关系对照表

马氏体形态	含碳量/%	抗拉强度/MPa	屈服强度/MPa	伸长率/%	冲击韧度/kJ · m^{-2}	硬度 HRC
板条状	<0.2	1020 ~1530	820 ~1330	9 ~7	60 ~180	30 ~50
片 状	>1.0	2350	2040	1	10	66

C　含碳量对马氏体转变产物力学性能的影响

不同成分的碳钢在由过冷奥氏体向马氏体转变时，会形成不同形态的马氏体产物，即：随着含碳量的增加，转变产物由板条马氏体（$w(C)<0.2\%$）逐渐过渡到由板条马氏体和片状马氏体混合组成（$w(C)=0.2\% \sim 1.0\%$之间），再进一步过渡到单一的片状马氏体（$w(C)>1.0\%$）。由于两种马氏体的力学性能差异较大，因此，理论上过冷奥氏体向马氏体转变后，其转变产物的力学性能应该是随着含碳量的增加，强度、硬度不断增加，塑性、韧性不断下降。

实际上，过冷奥氏体向马氏体转变的产物不仅仅是不同形态的马氏体，产物中还存在一定数量未转变的奥氏体——残余奥氏体（$A_{残}$），即转变产物为马氏体＋残余奥氏体。随着含碳量的增加，产物中马氏体形态的变化会导致强度、硬度增加，塑性、韧性下降；但当含碳量达到0.6%后，残余奥氏体的数量会随含碳量的增加而增多，强度、硬度很低的残余奥氏体将抵消由于片状马氏体增多而形成的高硬度，导致碳钢向马氏体转变后的产物，其硬度在高碳成分下趋于不变，如图3－30所示。

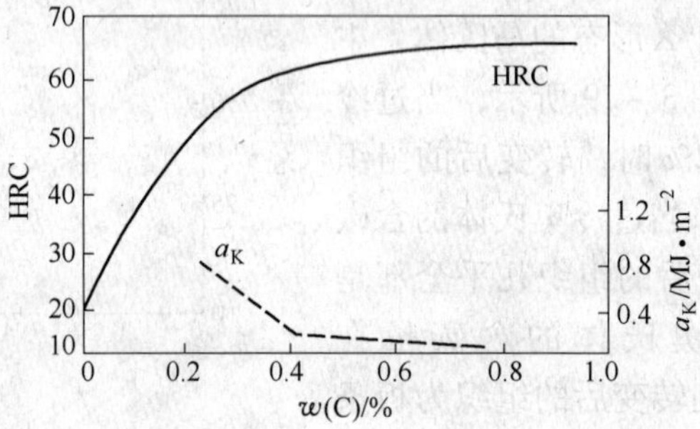

图3－30　马氏体转变产物的硬度、韧性与含碳量的关系

3.3.4.4　马氏体转变的特点

马氏体转变同样是一个形核和长大的过程。其转变有以下5个主要特点：

A　非扩散性

马氏体转变是在过冷度极大的情况下进行的，转变时只有相变过程，而没有铁、碳原子的扩散过程，碳原子在相变过程中被强制性地保留在$\alpha-Fe$中，使体心立方的晶体结构成为体心正方结构并呈过饱和状态，因而马氏体中的含碳量与奥氏体中的含碳量相同。

B　瞬时性

由于没有原子扩散过程，晶体结构的相变在很大的过冷度条件下瞬间（约10^{-7}s）完成形核和长大，因此马氏体转变是一个瞬间发生的过程。由于转变速度非常快，马氏体数量的增加不是靠自身的进一步长大而是靠新的马氏体的形成，因而当新一片马氏体形成时，可能因撞击作用使已形成的马氏体产生微裂纹。

C　体积膨胀性

马氏体转变过程是一个比容较小的面心立方结构向过饱和的比容很大的体心正方结构转变的过程，体积膨胀的程度随过饱和程度的增加而增大，马氏体转变过程中的体积膨胀必然会产生内应力，需要认真加以对待。

D 连续性

马氏体转变开始的温度称为上马氏体点，用 M_s 表示，只要温度达到 M_s 以下即发生马氏体转变，温度下降，转变量增加，冷却中断，转变停止。马氏体转变终了温度称下马氏体点，用 M_f 表示。M_s、M_f 与冷却速度无关，主要取决于奥氏体中的含碳量（如图 3－31 所示）及合金元素含量。因此，马氏体转变是在一个温度范围内进行的一个连续性过程，组织转变与等温时间的长短无关。

E 不完全性

由于马氏体转变具有连续性和体积膨胀性的特性，过冷奥氏体在向马氏体转变过程中，先转变成的马氏体占据了较多的空间，使得剩余过冷奥氏体向马氏体的转变变得越来越困难，理论上过冷奥氏体不能完全转变成马氏体，我们将过冷奥氏体向马氏体转变过程中，未能转变的奥氏体称为残余奥氏体。马氏体转变完成后的残余奥氏体量随含碳量的增加而增加，当含碳量达 0.6% 后，残余奥氏体量才显著，如图 3－32 所示。

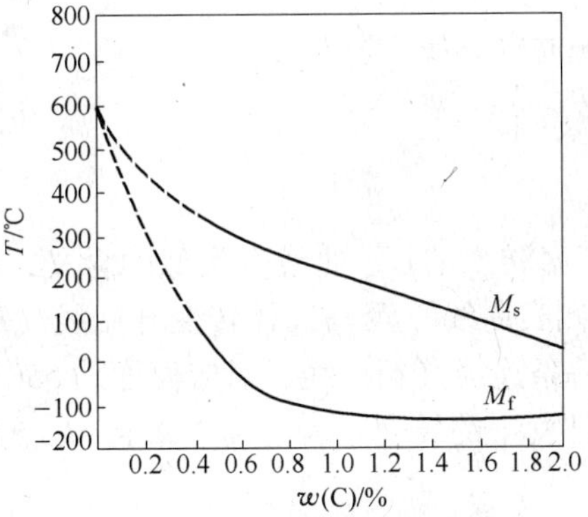

图 3－31 含碳量对马氏体转变温度的影响

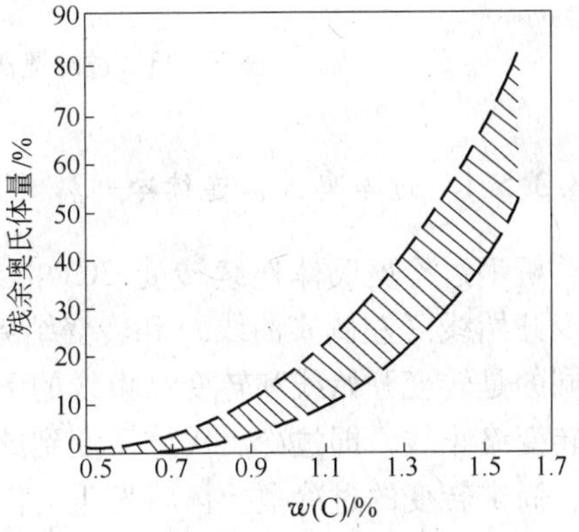

图 3－32 含碳量对残余奥氏体量的影响

3.3.4.5 马氏体转变的条件

马氏体转变所具有的 5 个特点，使得过冷奥氏体向马氏体转变必须在很大的过冷度条件下才能进行，否则，过冷奥氏体将向其他类型转变。因此，使过冷奥氏体向马氏体转变的基本条件是将过冷奥氏体以大于临界冷却速度的速度冷却到 M_s 点以下，并采用连续冷却方可发生马氏体转变。临界冷却速度是指过冷奥氏体在冷却时不发生非马氏体转变（或完全发生马氏体转变）的最小冷却速度，如图 3－33 所示，与冷却曲线左端相切的曲线（v_k）即为临界冷却速度。

3.3.5 过冷奥氏体连续冷却时的组织转变

在实际生产当中，热处理的冷却多采用连续冷却。因此，过冷奥氏体连续冷却转变图对于确定热处理工艺及选材更具实际意义。过冷奥氏体连续冷却转变图又称 CCT 曲线，它是通过试验测定不同冷却速度下过冷奥氏体的转变量而获得的，如图 3－33 所示（图中实线部分为 CCT 曲线，虚线部分为 C 曲线）。

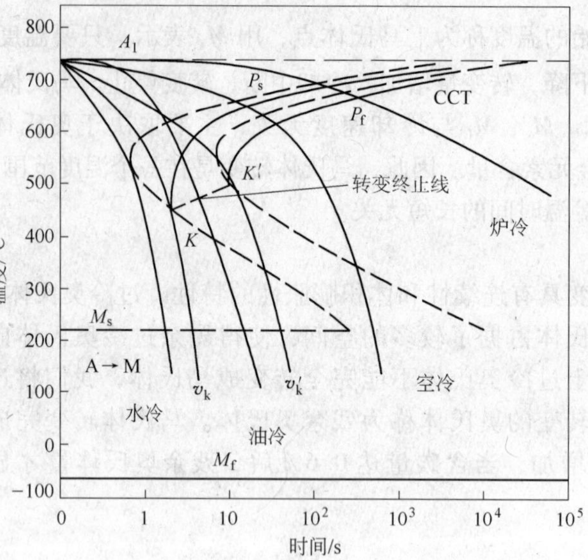

图 3－33　过冷奥氏体连续冷却转变曲线示意图

3.3.5.1　过冷奥氏体连续冷却转变产物

共析钢过冷奥氏体连续转变 CCT 曲线与其等温转变“C”曲线有类似的含义，即存在转变开始线（左侧实曲线）和转变结束线（右侧实曲线）及马氏体转变开始线（M_s），所不同的是转变开始线和转变结束线的下方存在一条连线（粗虚线，对应温度约 550℃），称为转变终止线，即过冷奥氏体转变到此将停止已发生的转变。若继续冷却到 M_s 点温度以下，尚未转变的过冷奥氏体将发生马氏体转变。

通过试验可得，在 A_1 ~550℃左右温度范围内，过冷奥氏体连续冷却将发生珠光体型转变，产生珠光体、索氏体、托氏体 3 种组织形式，其温度区间与等温转变基本相同。因此，共析钢过冷奥氏体连续转变产物只有珠光体型产物和马氏体型产物，而不存在贝氏体型转变产物。

3.3.5.2　过冷奥氏体连续冷却转变的形式

在实际应用中，往往使用等温转变“C”曲线来分析连续冷却转变，只是要注意连续转变产物的类型和转变区域，通常有以下几种连续冷却方式。

A　炉冷

炉冷是指在连续冷却条件下，加热的工件在加热炉内随着炉膛温度自然冷却到室温的方式。这种冷却方式的冷却速度是比较缓慢的，类似于平衡冷却速度，因此，共析钢过冷奥氏体采用炉冷的方式冷却，转变区域在 A_{c1} ~650℃之间，转变获得的组织是珠光体。

B　空冷

空冷是指在连续冷却条件下，将加热的工件从加热炉中取出，直接放置在安全空旷的地方，在自由流动的空气中自然冷却到室温的方式。此种冷却方式的冷却速度较炉冷要快，共析钢过冷奥氏体采用炉冷的方式冷却，转变区域在650～600℃之间，转变获得的组织是索氏体。

C　油冷

油冷是指在连续冷却条件下，将加热的工件从炉中取出，放在油中冷却到室温的方式。此种冷却方式的冷却速度又较空冷要快，共析钢过冷奥氏体采用油冷的方式冷却，部分转变发生在600～550℃之间，其余在 M_s 以下，转变获得的组织是托氏体和马氏体的混合物。

D　水冷

水冷是指在连续冷却条件下，将加热的工件从炉中取出，放在水中冷却到室温的方式。此种冷却方式的冷却速度大于共析钢过冷奥氏体连续冷却的临界冷却速度。因此，共析钢过冷奥氏体采用水冷的方式冷却，转变获得的组织是马氏体及少量的残余奥氏体。

3.3.5.3　非共析钢过冷奥氏体连续冷却转变

非共析钢过冷奥氏体连续冷却转变的主要产物与共析钢相同，不同的是存在先析相。亚共析钢过冷奥氏体在高温时有一部分将转变为铁素体；过共析钢过冷奥氏体在高温区将首先析出二次渗碳体，而后转变为其他组织。由于奥氏体中含碳量高，所以油冷、水冷后的组织中应包括残余奥氏体。与共析钢一样，非共析钢连续冷却过程中无贝氏体转变。

综上所述，在加热后的冷却过程中，共析钢过冷奥氏体在不同的条件下有不同的转变产物。根据其转变温度的高低可分为高温转变产物（珠光体、索氏体、托氏体）、中温转变产物（上贝氏体、下贝氏体）、低温转变产物（马氏体）等几种。根据其冷却方式的不同可分为等温冷却转变产物（珠光体、索氏体、托氏体、上贝氏体、下贝氏体）、连续冷却转变产物（珠光体、索氏体、托氏体、马氏体）。根据冷却速度的不同又分为炉冷（珠光体）、空冷（索氏体）、油冷（托氏体＋马氏体）、水冷（马氏体＋残余奥氏体）。

3.4　钢的热处理应用

在机械零件或工模具等工件的制造过程中，往往要经过各种冷、热加工，而在各种加工工序中，还要穿插多次热处理工序以保证产品能够顺利加工或满足使用性能。因此在生产中，常把这些穿插在加工工序中的热处理根据其目的的不同分为预先热处理和最终热处理两类。预先热处理是指为消除前道工序造成的某些缺陷或为随后的切削加工和最终热处理做组织上或性能上准备的热处理；最终热处理是指为使工件满足使用性能要求的热处理。以下着重介绍几种常用的热处理工艺。

3.4.1　退火和正火

3.4.1.1　退火和正火的基本目的

作为预先热处理的主要方式，退火和正火的基本目的是相同的，有如下几方面：

（1）调整硬度，以利于随后的切削加工。切削加工的理想硬度为180～230HBS，对于硬度较高的工件，可通过退火降低硬度；对于硬度较低的工件，可通过正火提高其硬度。

（2）消除残余应力，以稳定钢件尺寸并防止变形和开裂。

（3）细化晶粒，改善组织，以提高钢的力学性能。

（4）为最终热处理做组织上的准备。

3.4.1.2　退火工艺

退火是将钢加热到适当的温度并保温后，以炉冷的方式进行冷却，从而获得近似于平衡态组织的一种热处理工艺。

根据钢的成分和热处理的目的不同，可将退火分以下几种主要工艺。

A　完全退火

完全退火是将钢加热到 A_{c3} + (30 ~ 50) ℃，保温后炉冷。该热处理适用于亚共析钢，室温组织为铁素体 + 珠光体。其加热规范及热处理工艺曲线如图 3－34、图 3－35 所示。

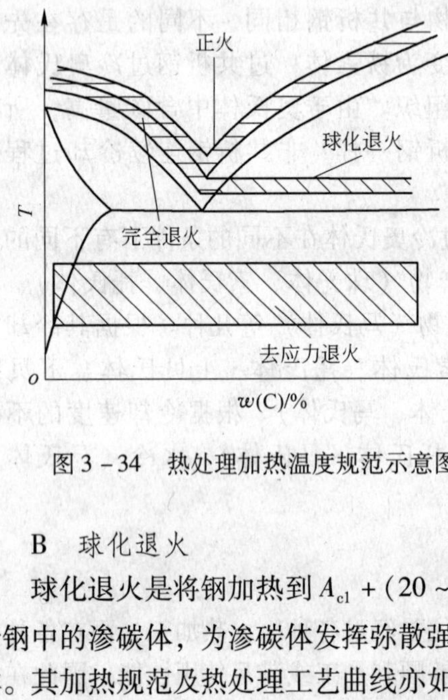

图 3－34　热处理加热温度规范示意图

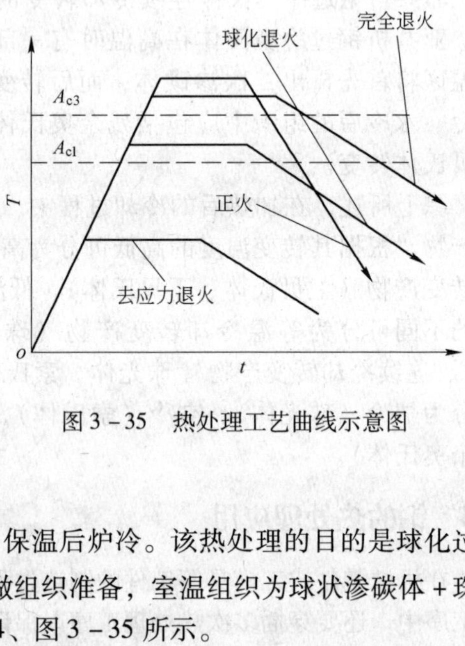

图 3－35　热处理工艺曲线示意图

B　球化退火

球化退火是将钢加热到 A_{c1} + (20 ~ 30) ℃，保温后炉冷。该热处理的目的是球化过共析钢中的渗碳体，为渗碳体发挥弥散强化作用做组织准备，室温组织为球状渗碳体 + 珠光体。其加热规范及热处理工艺曲线亦如图 3－34、图 3－35 所示。

C　扩散退火

扩散退火是将钢加热到略低于固相线的温度，长时间保温后炉冷，因此又称均匀化退火。该热处理适用于各种在结晶过程中产生枝晶偏析及区域偏析，从而使成分和组织均匀化的铸锭或铸件。由于扩散退火需要在高温下长时间加热，对于碳钢而言，其扩散退火后奥氏体晶粒十分粗大，需要再进行一次正常的完全退火或正火，以细化晶粒，消除过热缺陷。

D　去应力退火

去应力退火是将钢加热到 A_{c1} － (100 ~ 200) ℃，保温后炉冷。该热处理主要是消除工件中因加热后冷却变形及组织变化造成的应力，室温组织为工件的原始组织。去应力退火适用于各种因变形不均匀或组织变化造成内应力的金属材料，碳钢去应力退火的加热规范及热处理工艺曲线如图3－34、图3－35所示。

3.4.1.3　钢的正火

正火是将钢加热到A_{c3}（或A_{cm}）+（50～70）℃，保温后进行空冷，获得以索氏体为主要组织的一种热处理工艺。适用于各种成分的钢件，碳钢正火加热规范及热处理工艺曲线如图3－34、图3－35所示。

由于正火比退火冷却速度快，因而正火组织比退火组织细，强度和硬度也比退火组织高。当亚共析钢的含碳量小于0.6%时，正火后的组织为铁素体+索氏体；当亚共析钢的含碳量大于0.6%时，因冷速较快而发生伪共析转变，正火后得到索氏体组织；过共析钢正火后的组织为索氏体+渗碳体。

因为正火与退火相比，力学性能高，操作简便，生产周期短，能耗少，因此在更多的场合下，通常优先考虑采用正火处理。对于低、中碳的亚共析钢而言，正火的目的与退火目的相同，即调整硬度，便于切削加工；消除残余内应力；细化晶粒，为淬火做组织准备。对于过共析钢，正火是为了消除网状的二次渗碳体，为球化退火做组织准备。对于普通结构件，正火可作为最终热处理，通过增加珠光体型组织的相对量并细化晶粒来提高强度、硬度和韧性。

从改善切削加工性能的角度出发，低碳钢宜采用正火；中碳钢既可采用退火，也可采用正火；过共析钢通过正火消除网状渗碳体后采用球化退火。图3－36为钢的几种热处理工艺与合适的加工硬度范围的关系。

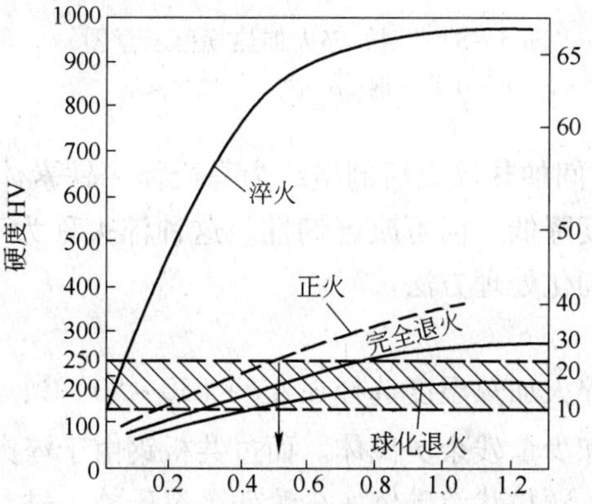

图3－36　钢的含碳量对热处理后硬度影响示意图
（阴影部分为合适的切削加工硬度范围）

3.4.2　钢的淬火

淬火是将钢奥氏体化后以大于临界冷却速度（v_k）的速度进行冷却，从而发生马氏体转变的一种热处理工艺。淬火的主要目的是获得以马氏体为主的组织，它是钢最主要的强化方法，也是应用最广的热处理工艺之一。

3.4.2.1　淬火加热温度的选择

由于钢的碳成分范围较广，而且碳成分不同的钢的力学性能差别很大，在实际应用时的目的也各不相同，因此，要改善碳成分不同的钢的力学性能，必须针对其使用目的的不同，选择合理的加热规范来进行热处理。

A　亚共析钢

亚共析钢的淬火加热温度选择在 $A_{c3}+(30\sim50)$℃，如图 3－37a 所示。当 $w(C)\leqslant 0.6\%$ 时，淬火后的组织为马氏体；当 $w(C)>0.6\%$ 时，淬火后的组织为马氏体＋少量残余奥氏体。亚共析钢的淬火加热温度选择在此范围的目的，一是使亚共析钢的原始组织在加热时完全奥氏体化，以免高温组织中出现铁素体，导致在冷却转变过程结束后组织中存在铁素体软点；二是要防止加热温度过高出现粗大的奥氏体晶粒，造成马氏体组织粗大或产生淬火缺陷。

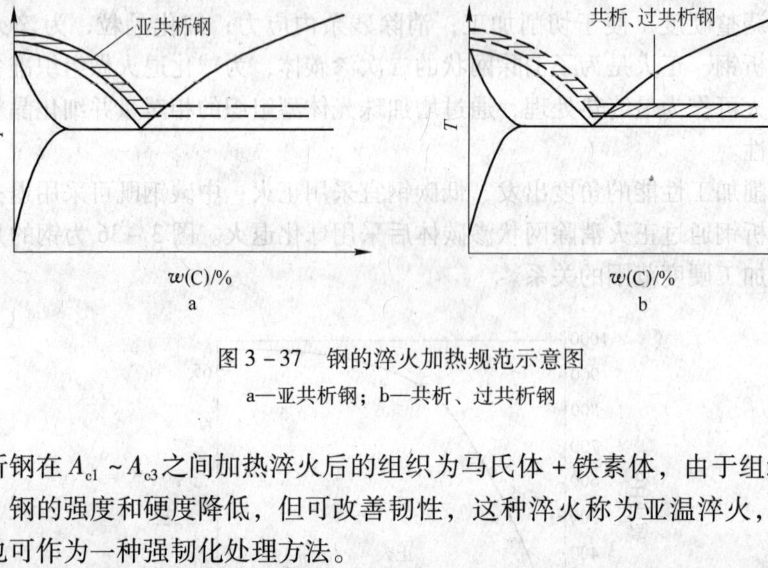

图 3－37　钢的淬火加热规范示意图

a—亚共析钢；b—共析、过共析钢

亚共析钢在 $A_{c1}\sim A_{c3}$ 之间加热淬火后的组织为马氏体＋铁素体，由于组织中有自由铁素体存在，钢的强度和硬度降低，但可改善韧性，这种淬火称为亚温淬火，如处理得当，亚温淬火也可作为一种强韧化处理方法。

B　共析钢或过共析钢

共析钢或过共析钢的淬火加热温度选择在 $A_{c1}+(30\sim50)$℃，如图 3－37b 所示。共析钢淬火后的组织为马氏体和少量残余奥氏体。而过共析钢由于淬火前经过球化退火，因而淬火后的组织为细马氏体＋颗粒状渗碳体＋少量残余奥氏体。过共析钢的淬火加热温度选择在此范围的目的：

（1）要在加热时的高温组织中保留原始组织中已通过球化退火处理的球状渗碳体，充分发挥渗碳体高硬度和耐磨的作用；

（2）要防止温度过高造成原始组织完全奥氏体化，使球状渗碳体完全溶解而失去其作用，同时也防止因奥氏体中含碳量过高，在冷却转变后的组织中出现大量的残余奥氏体，而严重影响高碳钢高硬度、高耐磨性的作用。

图 3－38 为碳素钢淬火加热温度范围示意图，因为不同成分的亚共析钢对应的 A_{c3} 温度值不同，在应用中选择淬火加热温度时可参照此图确定。如 20 号钢的 A_{c3} 约为 840℃，

则其淬火加热温度约为880℃；45号钢的A_{c3}约为780℃，则其淬火加热温度约为820℃；T10钢的A_{cm}约为840℃，若淬火加热温度高于此温度，则原始组织将完全奥氏体化而不存在渗碳体。

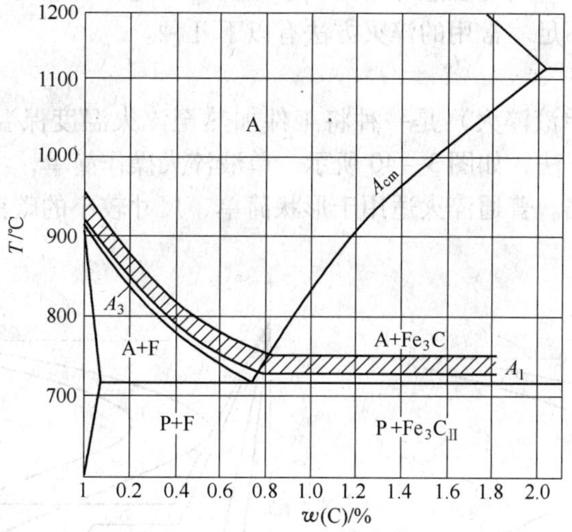

图3－38　碳素钢的淬火加热温度范围示意图

3.4.2.2　淬火冷却介质

淬火冷却的速度必须大于过冷奥氏体冷却转变的临界冷却速度（v_k）。然而，冷却速度过大，淬火工件极易产生淬火应力，造成变形甚至是开裂；若冷却速度过小，又得不到或不能完全得到马氏体组织，满足不了使用要求。因此，冷却介质的选择就显得尤为重要。

A　理想冷却介质的特征

理想的冷却方式必须做到，在过冷奥氏体冷却转变过程中，既希望冷却速度较慢，防止工件出现内应力或变形和开裂，又要使得组织转变成马氏体。因此，理想冷却介质的特征应该是，除“C”曲线鼻尖处的冷却速度较快外，高温和低温区的冷却速度较慢，如图3－39所示。但目前还没有找到这种理想的淬火介质。

B　实际冷却介质的选用

实际应用中通常选用水、盐水、碱水、油等作为淬火冷却介质。

水是经济的且冷却能力较强的淬火介质。水的缺点是在650～550℃范围内的冷却能力不够强，而在300～200℃范围内的冷却能力又太大。因此生产上只有形状简单、截面较大的碳钢件才采用水作为冷却介质进行淬火。

油在低温区的冷却能力较理想，但在高温区的冷却能力太低，因此主要用于合金钢和小尺寸的碳钢件的淬火。大尺寸碳钢件油淬时由于冷却不足会出现珠光体型组织。

熔融的碱和盐也常用作淬火介质，称碱浴或盐浴。它们的冷却能力介于水和油之间，使用温度范围多为150～500℃。这类介质只适用于形状复杂和变形要求严格的小型件的分级淬火和等温淬火。

3.4.2.3　常用淬火方法

由于工程中使用的冷却介质与理想冷却介质存在一定的差距，尤其是常用的水介质在冷却过程中产生的冷却作用与理想冷却的要求相反，因此，在热处理时必须采取工艺措施弥补冷却介质造成的不足。常用的淬火方法有以下几种。

A　普通淬火

普通淬火（又称单液淬火）是一种将工件加热至淬火温度保温后，在单一冷却介质中连续冷却至室温的方法，如图3－40所示。单液淬火操作简单，易于实现机械化和自动化，但易产生淬火缺陷。普通淬火适用于形状简单、尺寸较小的碳钢件。

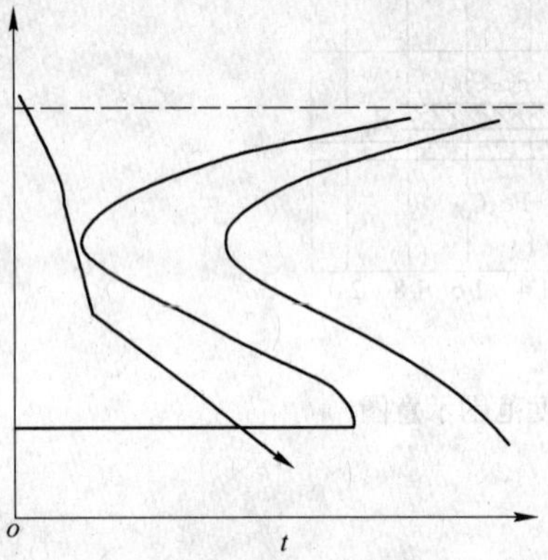

图3－39　淬火理想冷却曲线示意图

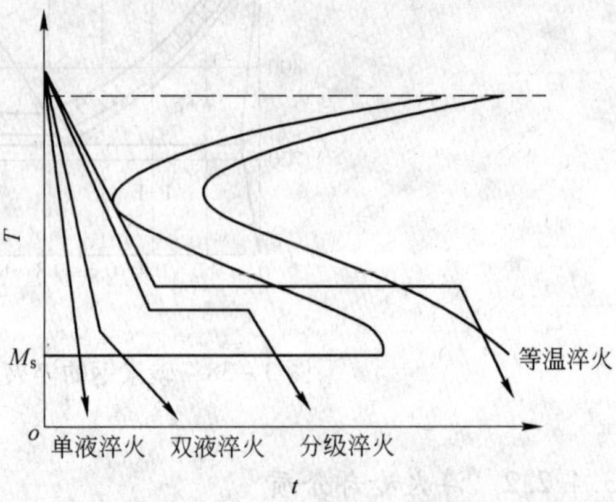

图3－40　淬火工艺方法冷却曲线示意图

B　双液淬火

双液淬火是一种将工件加热至淬火温度保温后，先在一种冷却能力强的介质中进行冷却，然后在 M_s 点区域时转入到冷却能力小的另一介质中冷却的方法，如图3－40所示。双液淬火可使低温转变时的内应力减小，从而有效防止工件的变形和开裂，但能否准确地控制工件从第一种介质转到第二种介质时的温度，是该淬火方法的关键。双液淬火适用于形状复杂的碳钢工件。

C　分级淬火

分级淬火是一种将工件加热至淬火温度保温后，先在温度为马氏体转变温度（M_s）附近的盐浴炉（或碱浴炉）中稍加停留，待工件整体温度趋于均匀后，再取出空冷的方法，如图3－40所示。分级淬火可有效地避免变形和开裂的产生，且比双液淬火易于操作。分级淬火适用于形状较复杂、尺寸较小的工件。

D　等温淬火

等温淬火是一种将工件加热至淬火温度保温后，先在温度为下贝氏体转变温度区域的盐浴炉（或碱浴炉）中进行等温转变后，再取出空冷的方法，如图3－40所示。等温淬火实际上是一种等温贝氏体转变，工件的内应力很小，不易变形和开裂，而且具有良好的综合力学性能。常用于处理形状复杂、尺寸要求精确，并且硬度和韧性要求较高的工件。

E　局部淬火

局部淬火是一种对局部要求高硬度的工件进行热处理的工艺。可以有效地避免工件其他部分产生变形和裂纹。

F 冷处理

冷处理是一种将工件加热至淬火温度保温后，进行常规冷却，再继续冷却至零度以下，以使残余奥氏体进一步转变的工艺。冷处理可以最大限度地减少工件组织中的残余奥氏体，使工件在使用过程有较好的稳定性。一般用于要求尺寸稳定的量具。

3.4.2.4 钢的淬透性

A 淬透性的概念

在正常冷却条件下，钢件截面获得淬硬层深度的能力称作钢的淬透性，淬透性是淬火工艺的一个重要的工艺性能。工件在淬火冷却过程中，整个截面的冷却速度不同，工件表面的冷却速度最大，随截面尺寸的深入，冷却速度越来越小，中心层的冷却速度最小。如图3-41a所示，冷却速度①大于临界冷却速度，使该截面处的过冷奥氏体冷至 M_s 以下后发生马氏体转变；冷却速度②小于临界冷却速度，但不足以使该截面处的过冷奥氏体完全转变成珠光体型组织，还有部分过冷奥氏体在冷至 M_s 以下后发生马氏体转变；冷却速度③小于临界冷却速度，使得该截面处的过冷奥氏体完全转变成珠光体型组织。因此，在相同冷却介质下，对于同一工件，其截面上从表面到中心的马氏体组织的数量是逐渐减少的，甚至在内部的截面几乎没有马氏体组织，如图3-41b所示。

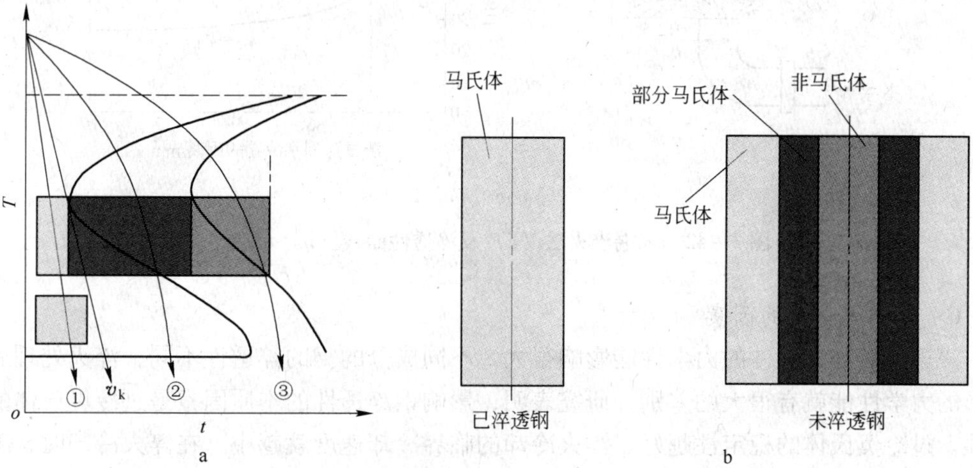

图3-41 工件截面冷却速度（a）及组织类型（b）变化示意图

淬透性的高低用规定条件下的淬硬层深度来表示，淬硬层深度是指淬火工件的截面上由表面到半马氏体区（即50%马氏体+50%非马氏体组织区）的深度。淬透性作为热处理的工艺性能，只与工件本身的成分以及加热奥氏体化程度有关，而与工件尺寸和冷却介质无关。但在实际生产中，同一材料能否被淬透却与工件的尺寸有关，在相同的冷却介质条件下，若工件尺寸较小，可能完全被淬透（图3-41a小截面工件），则截面由表及里全部为马氏体组织；而工件尺寸较大，未能被淬透，则截面由表及里的组织就不均匀（图3-41b大截面工件）。另外，同一材料的淬硬层深度与冷却介质有关，介质的冷却能力强，则工件的淬硬层深。因此，对于尺寸较小的工件，若介质的冷却能力强，可弱化淬透性的要求。但对于尺寸较大的工件，在淬火过程中如果不考虑材料自身的淬透性而进行热处理，必然造成工件整体的力学性能因截面组织的不同而有较大差异，表现为工件的表面强度、硬度很高，而内部的强度、硬度不足。

B　淬透性的测定方法

淬透性常用末端淬火法测定。如图 3－42a 所示，将 ϕ25mm×100mm 的标准试样经奥氏体化后，对末端进行喷水冷却。试样上距水冷端越远的部分，冷速越慢，其硬度也越低。将已冷却的试样沿与轴向平行且对称的两边各磨一深度为 0.2～0.5mm 的窄平面，然后从水冷端开始，每隔一定距离测量一个硬度值，即可得到试样沿轴向的硬度分布曲线，称为钢的淬透性曲线，如图 3－42b 所示。

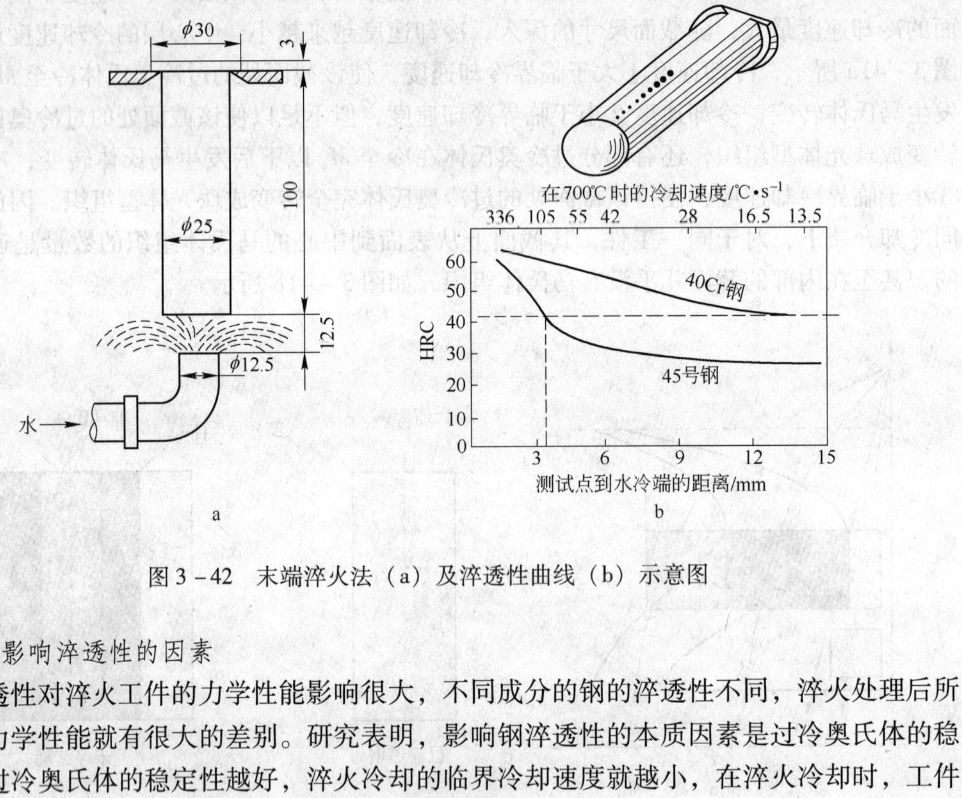

图 3－42　末端淬火法（a）及淬透性曲线（b）示意图

C　影响淬透性的因素

淬透性对淬火工件的力学性能影响很大，不同成分的钢的淬透性不同，淬火处理后所获得的力学性能就有很大的差别。研究表明，影响钢淬透性的本质因素是过冷奥氏体的稳定性。过冷奥氏体的稳定性越好，淬火冷却的临界冷却速度就越小，在淬火冷却时，工件获得马氏体的数量就越多，因此，钢的淬透性就越好。

从等温转变“C”曲线可看出，过冷奥氏体的稳定性就是“C”曲线在该坐标系下所处的位置，“C”曲线的位置离横坐标轴的正向越远，过冷奥氏体就越稳定。第 3.3.3.4 节已介绍过影响“C”曲线位置的因素有含碳量、合金元素、加热奥氏体化程度和未溶第二相等，因此这 4 个因素也就是影响淬透性的基本因素。

D　淬透性的作用

淬透性好的钢在热处理强化时具有以下两个特点：

(1) 在淬火时获得马氏体较容易，横截面上的组织均匀，材料的力学性能较一致；

(2) 可采用冷却能力较小的冷却介质进行冷却，热处理工件的变形开裂倾向较小。

图 3－43 为两种淬透性不同的钢制成相同直径的轴，在经过调质处理（淬火＋高温

回火）后其力学性能的比较。由图可知，对于淬透性好的钢（图 3－43 左图），整个截面均已淬透，由表及里的组织完全相同，其各项力学性能表里均相同，强度高，韧性好；而对于淬透性差的钢（图 3－43 右图），整个截面未能淬透，其心部组织与表面组织不同，表现为力学性能有很大的差异。此外，淬火组织中马氏体量增加还会提高钢的屈强比和疲劳极限强度。

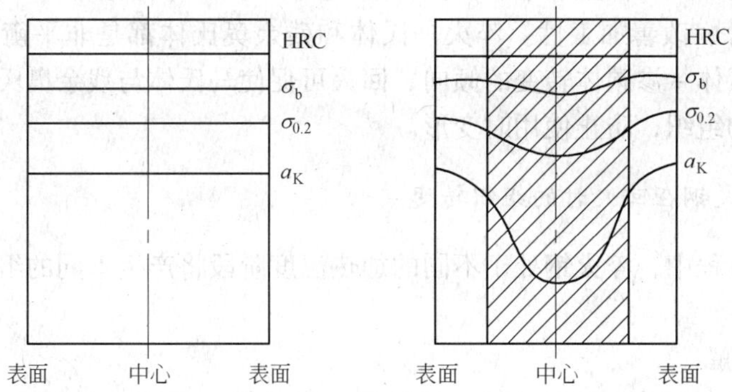

图 3－43 不同淬透性钢经调质后的力学性能示意图

对于截面尺寸较大、形状复杂的重要零件以及承载较大而要求截面力学性能均匀的零件，如螺栓、连杆、锻模、锤杆等，应选用高淬透性的钢制造，并要求全部淬透。而承受弯曲和扭转的零件，如轴类、齿轮等，由于其外层受力较大，心部受力较小，可选用淬透性较低的钢种，不必全部淬透。

E 淬透性与淬硬性的区别

淬硬性是指钢淬火后所能达到的最大硬度，是钢淬火的又一个工艺性能指标，它只与钢的含碳量有关。通常情况下，含碳量越高，可能形成的碳化物的数量就越多，钢的硬度也就越大。

3.4.3 钢的回火

钢件淬火后获得的组织主要是马氏体组织，存在着许多缺陷。如马氏体组织是过饱和的固溶体，组织极不稳定；由于淬火冷却速度很快，会产生内应力；组织转变不完全，含有一定数量的奥氏体等。因此淬火后的工件不能直接作为机械零件使用，必须采取一定的方法消除以上缺陷。

淬火马氏体是一种晶格畸变严重、组织极不稳定、能量很高的组织，在一定条件下，淬火马氏体内的铁、碳原子会产生扩散而逐步向稳定状态转变。为了加速这一过程的转变，通常采取加热的方式来促进铁、碳原子的扩散。

钢的回火是指将淬火钢在相变温度以下进行加热、保温、冷却，使淬火马氏体转变成具有所需力学性能的组织的一种热处理工艺。因此，淬火和回火是热处理工艺中两个存在着必然联系的工艺，即钢件淬火后必须进行回火处理，以减少残余奥氏体，消除淬火应力，稳定组织，防止淬火件在放置或使用过程中发生变形或开裂；而只有在淬火工艺后进行的加热、保温、冷却过程才能称为回火，否则回火是没有意义的。

3.4.3.1　回火的目的

回火的目的具体如下：

（1）消除或降低内应力，减小零件的脆性。

（2）获得工艺所要求的力学性能。淬火钢一般硬度高、脆性大，存在一定量的残余奥氏体，通过适当回火可调整硬度和韧性，减少残余奥氏体的数量。

（3）稳定尺寸，改善加工性。淬火马氏体和残余奥氏体都是非平衡组织，有自发向平衡组织——铁素体＋渗碳体转变的倾向，回火可促使马氏体与残余奥氏体较快地转变为平衡或接近平衡的组织，防止使用时变形。

3.4.3.2　淬火钢在回火时的组织转变

在回火加热过程中，淬火钢处于不同的加热温度阶段将产生不同的组织变化，通常有如下4个阶段：

A　马氏体分解

此阶段的加热温度在200℃以下，是组织转变的第一阶段。该阶段淬火马氏体分解出与母相（即淬火马氏体相）保持共格关系的 ε 碳化物，同时母相的过饱和程度下降。

B　残余奥氏体分解

此阶段的加热温度在200～300℃之间，是组织转变的第二阶段。该阶段残余奥氏体将分解成下贝氏体或冷却后转变成马氏体。

C　碳化物的转变及铁素体的形成

此阶段的加热温度在250～400℃之间，是组织转变的第三阶段。该阶段 ε 碳化物将转变成渗碳体，淬火马氏体相随着其内部过饱和碳的扩散以渗碳体形式析出，逐渐转变成具有母相形状特征的铁素体。

D　碳化物的聚集及铁素体再结晶

此阶段的加热温度在400℃以上，是组织转变的第四阶段。该阶段渗碳体聚集为颗粒状并长大，具有母相特征的铁素体经过再结晶成为多边化形态。

回火温度对淬火马氏体组织中马氏体的含碳量、残余奥氏体的数量、内应力的变化和碳化物尺寸大小等的影响如图3－44所示。

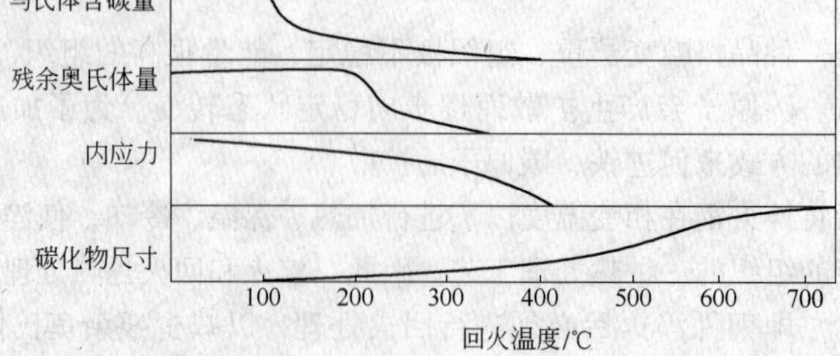

图3－44　回火温度对淬火马氏体的影响

3.4.3.3　回火组织与性能

根据淬火钢回火加热过程中的组织变化，可将变化后的组织分成3种类型，其组织特点及性能特点如下：

A　回火马氏体

回火马氏体是由过饱和程度较低的α固溶体和同母相保持共格关系的ε碳化物组成的组织，用符号$M_{回}$表示，其在电子显微镜下的组织如图3－45所示。回火马氏体组织的强度、硬度不低于原淬火马氏体，既保持了钢的高硬度（58～64HRC）、高强度和良好的耐磨性，又降低了脆性，适当地提高了韧性。

图3－45　回火马氏体组织示意图

B　回火托氏体

回火托氏体是由保持母相外形特征的铁素体和细小的颗粒状渗碳体组成的组织，用符号$T_{回}$表示，其在电子显微镜下的组织如图3－46所示。回火托氏体的强度、硬度较回火马氏体组织的要低，硬度一般为35～45HRC，但具有较高的弹性极限和屈服极限强度，并具有一定的塑性和韧性。

C　回火索氏体

回火索氏体是由多边形的铁素体和颗粒状的渗碳体组成的组织，用符号$S_{回}$表示，其在电子显微镜下的组织如图3－47所示。回火索氏体的强度、硬度（25～35HRC）又较回火托氏体低，但塑性、韧性比回火托氏体更好，总体上体现为4种主要力学性能指标都比较高，也即综合性能较好。

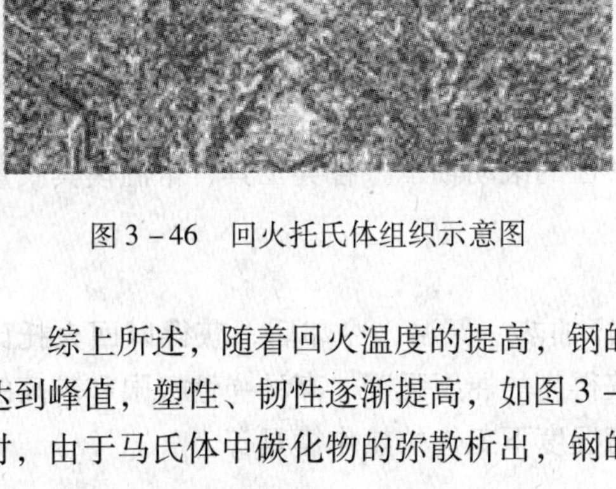

图3－46　回火托氏体组织示意图

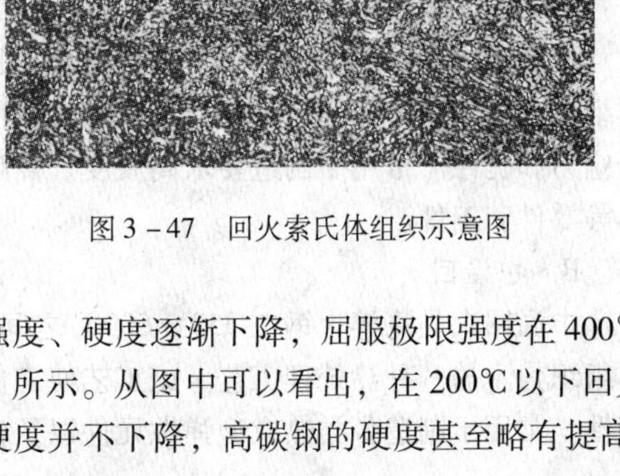

图3－47　回火索氏体组织示意图

综上所述，随着回火温度的提高，钢的强度、硬度逐渐下降，屈服极限强度在400℃达到峰值，塑性、韧性逐渐提高，如图3－48所示。从图中可以看出，在200℃以下回火时，由于马氏体中碳化物的弥散析出，钢的硬度并不下降，高碳钢的硬度甚至略有提高；

在200～300℃回火时，由于高碳钢中的残余奥氏体转变为回火马氏体，硬度再次升高；300℃以上回火时，由于渗碳体粗化，马氏体转变为铁素体，硬度直线下降。

值得注意的是淬火钢回火加热过程中，在250～350℃之间韧性有一个急剧下降的脆化过程，称之为第一类回火脆性（如图3－49所示）。这类回火脆性是不可逆的，只要在此温度范围内回火就会出现脆性，一般认为第一类回火脆性的产生是有害杂质元素在奥氏体晶界上偏聚造成的，目前尚无有效的消除办法，因而回火时应避开这一温度范围。

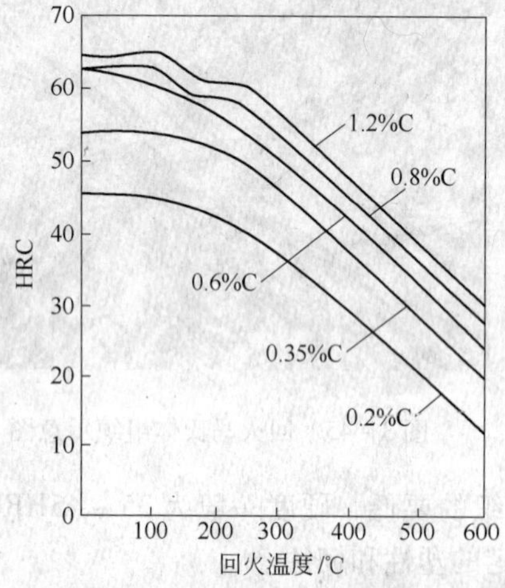

图3－48　回火温度对淬火钢硬度影响示意图

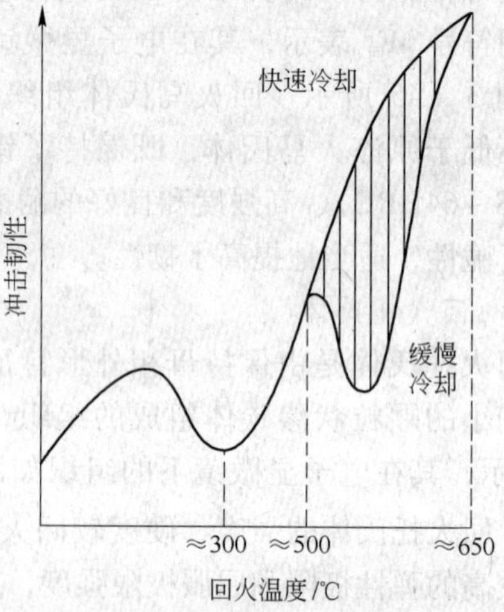

图3－49　钢的冲击韧性随回火温度的变化示意图

当淬火钢在500～650℃范围内加热后缓冷时还会出现另一个脆化过程，称为第二类回火脆性（如图3－49所示）。这类回火脆性主要发生在含铬（Cr）、锰（Mn）、铬－镍（Cr－Ni）等合金元素的结构钢中。一般认为这类回火脆性与上述元素促进锑（Sb）、锡（Sn）、磷（P）等杂质在原奥氏体晶界上偏聚有关，如果回火后快速冷却则不出现这类脆性。此外，在钢中加入约1%的合金元素钨、约0.5%的合金元素钼也可有效抑制这类回火脆性的产生，这种方法更适用于大截面的零部件。

3.4.3.4　回火种类及应用

A　低温回火

低温回火是将淬火钢在150～250℃之间进行加热、保温、冷却后，获得以回火马氏体组织为主的一种热处理工艺。该工艺使工件在保持高硬度和耐磨性的同时，降低了淬火内应力和脆性。常用于制造要求高硬度、高耐磨性的滚动轴承、各类工具、常温模具及量具等零件和工件。

B　中温回火

中温回火是将淬火钢在350～500℃之间进行加热、保温、冷却后，获得以回火托氏体组织为主的一种热处理工艺。该工艺使工件获得高的屈服强度、高的弹性极限和较高的韧性。常用于制造各类热成型弹性元件以及较高温度下工作的热作模具等。

C 高温回火

高温回火是将淬火钢在500～650℃之间进行加热、保温、冷却后，获得以回火索氏体组织为主的一种热处理工艺。该工艺使工件获得良好的综合力学性能。常用于制造轴类、齿轮类、连杆、螺栓等整体要求综合力学性能的零件。钢件淬火后进行高温回火可获得回火索氏体组织，其具有良好的综合力学性能，使得该工艺在机械零件的热处理中应用得非常普遍，故将淬火+高温回火获得回火索氏体组织的工艺称为调质处理。工程中也将需要进行调质处理以获得较好综合力学性能的中碳钢称为调质钢。

由于回火过程中不发生相变，冷却速度的大小对组织的类型没有影响，但考虑到冷速较快将造成新的内应力，故回火时的冷却通常采用空冷的方式。但对于一些重要的零件和工模具，为了防止重新产生内应力和变形、开裂，往往采用缓慢冷却的方式；而对于有高温回火脆性的钢件，回火后则应进行油冷或水冷，以抑制回火脆性。

淬火钢回火组织的形成条件、组织特征及力学性能对照如表3－6所示。

表3－6 淬火钢回火组织形成条件、组织特征及力学性能对照表

组织类型	符号	形成温度/℃	组织特征	性能特征
回火马氏体	$M_{回}$	150～250	过饱和程度较低的α固溶体中分布着同母相保持共格关系的ε碳化物	强度、硬度高，耐磨性好，塑韧性一般。硬度一般为58～64HRC
回火托氏体	$T_{回}$	350～500	保持母相外形特征的铁素体上分布着细小颗粒状渗碳体	弹性极限、屈服极限强度高，具有一定的韧性。硬度一般为35～45HRC
回火索氏体	$S_{回}$	500～650	多边形的铁素体上分布着颗粒状的渗碳体	综合力学性能好，即强度、塑性和韧性都较好。硬度一般为25～35HRC

3.4.4 钢的表面热处理

在工程应用过程中，有许多零部件在整体要求综合力学性能或抗冲击能力的前提下，还要求表面具有较高的硬度和耐磨性，如轴类零件的轴颈处、变速齿轮、活塞销等。而这样的力学性能要求，无法采用一种热处理方法同时满足，因此需要在对零件整体进行力学性能改善之后，对其表面进行再次的热处理，以改善零件表面的力学性能。

通常将钢进行加热、保温、冷却后，通过改变其表面的成分或组织形态从而改善表面力学性能的方法称为表面热处理。表面热处理通常有表面淬火和表面化学热处理两类。

3.4.4.1 表面淬火

表面淬火是指在不改变钢表面化学成分和心部组织的前提下，对钢的表面进行快速加热，以使表层组织奥氏体化，进而在随后的快速冷却过程中发生马氏体转变，经低温回火后使表面获得回火马氏体组织，从而达到提高零件表面强度、硬度目的的热处理方法。通常表面淬火的加热方式有感应加热和火焰加热两种。

A 感应加热表面淬火

感应加热是借助于通以一定频率交流电的感应器产生的交流磁场，使零件内产生相同频率的感应电流（根据“集肤效应”原理，感应电流在零件横截面外层的密度最大，而内部电流密度几乎为零)，从而使零件表面因电阻热被迅速加热到淬火温度，再及时进行水冷进而使零件达到表面被淬硬目的的一种加热方法，图 3－50 为感应加热表面淬火原理示意图。感应加热表面淬火具有如下特点：

(1) 加热速度快，过热度大，淬火后的组织为细的隐晶马氏体，因而硬度比普通淬火提高 2～3HRC，且脆性较低。

(2) 由于淬火时马氏体存在体积膨胀，在工件表面造成较大的残余压应力，因而具有较高的疲劳强度。

(3) 由于加热速度快，没有保温时间，所以工件不易氧化和脱碳，因而工件变形小，表面质量好。

(4) 加热温度和淬硬层深度容易控制，便于实现机械化和自动化。

上述特点使感应加热表面淬火在生产中得到了广泛的应用。其缺点是设备较贵，形状复杂的零件处理较困难。通常用于具有回转面的重要机械零件的表面淬火。

B　火焰加热表面淬火

采用高强度的火焰将工件表面加热至奥氏体状态,随后快速水冷使其发生马氏体转变,从而达到提高零件表面强度、硬度的目的,如图 3－51 所示。火焰加热表面淬火所用设备简单,成本低,但加热时易产生过热,淬火质量不稳定。通常用于大型工件的表面淬火。

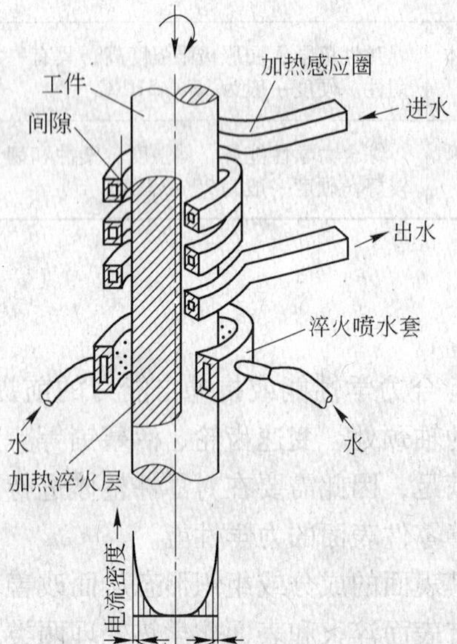

图 3－50　感应加热表面淬火示意图

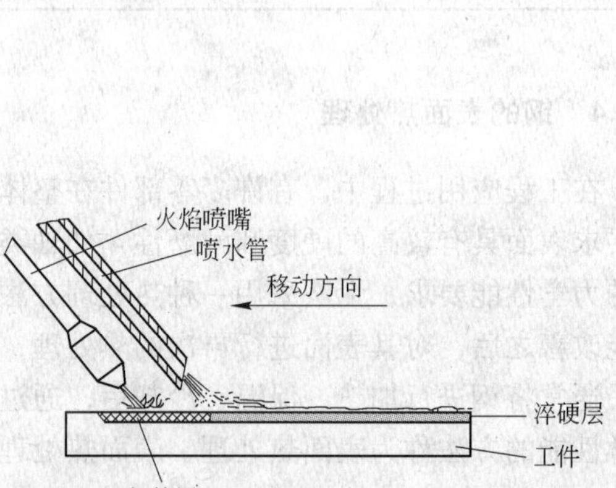

图 3－51　火焰加热表面淬火示意图

表面淬火适用于含碳量为 0.4%～0.5% 的中碳结构钢。如果含碳量过高，则工件心部的韧性不足，如果含碳量过低，则工件表面的硬度、耐磨性不够。此外，表面淬火还可用于铸铁，如机床导轨表面的处理，以提高其耐磨性。

对于结构钢而言，表面淬火所要求的预备热处理为调质或正火。调质处理后的工件力学性能好，用于要求较高的重要零部件，正火处理用于要求不高的普通构件。预备热处理的目的是为表面淬火做组织准备，并获得最终的心部组织。

表面淬火后的回火为低温回火，回火温度不高于200℃。回火的目的是降低内应力，并保留表面淬火后的高硬度和高耐磨性。经表面淬火加低温回火后，工件的表层组织为回火马氏体，心部组织为回火索氏体（预备热处理为调质时）或铁素体+索氏体（预备热处理为正火时）。

3.4.4.2　化学热处理

A　化学热处理的基本过程

化学热处理是指将工件置于特定介质中加热保温，使介质中的一种或几种元素的活性原子渗入工件表层，从而改变工件表层化学成分和组织，进而改变表面性能，使其满足技术要求的一种热处理工艺。

化学热处理由3个基本过程组成：

（1）介质（渗剂）的分解，即加热时介质中的化合物分子发生分解并释放出活性原子；

（2）工件表面的吸收，即活性原子向钢件表层的固溶体中溶解或与钢中某些元素形成化合物；

（3）原子向内部扩散，即溶入的元素原子在浓度梯度的作用下由表层向钢内部的扩散。

根据对金属表面性能的要求不同，可渗入不同的化学元素，如碳、氮、硼或几种元素共同渗入等，在此仅以提高金属表面硬度和耐磨性的渗碳为例进行介绍。

B　渗碳处理

渗碳是指向钢的表面渗入碳原子的过程。渗碳处理是为了使低碳钢工件的表面获得高的碳浓度（$w(C)=0.85\%\sim1.05\%$），从而提高工件表面的硬度、耐磨性及疲劳强度，同时保持心部良好的韧性和塑性。渗碳主要用于处理那些对耐磨性要求较高，同时承受较大冲击载荷的零件，如齿轮、活塞销及套筒等。

（1）渗碳的目的。通过增加零件表层的含碳量，使低碳钢工件表层获得可提高其硬度和耐磨性的成分及组织条件。

（2）渗碳方法。最常用的是气体渗碳法。它是将工件放入密封的渗碳炉内，加热到900～950℃，向炉内滴入有机液体（如煤油、苯、甲醇等）或直接通入富碳气体（如煤气、液化石油气等），通过介质的分解、吸收、扩散过程使工件表面渗碳，如图3－52所示。气体渗碳法的优点是生产效率高，渗层质量好，劳动条件好，便于直接淬火。缺点是渗层含碳量不易控制，耗电量大。

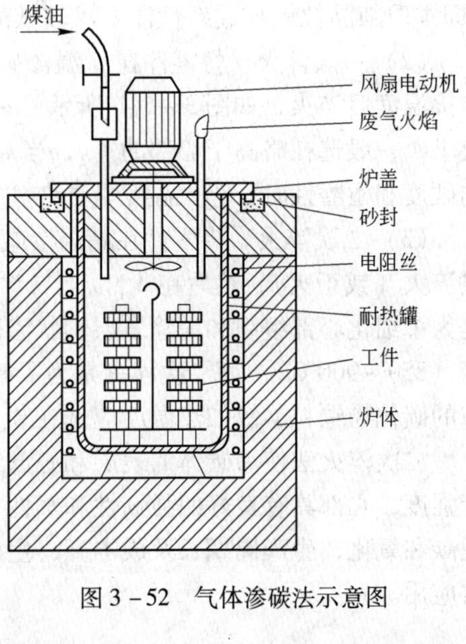

图3－52　气体渗碳法示意图

（3）渗碳温度。碳钢的渗碳温度通常设定在930℃左右，再根据渗层的厚度确定保温时间的长短。对于本质粗晶粒钢，必须严格控制渗碳温度（930℃以下），否则将出现粗大的奥氏体晶粒，影响最终组织的形态和性能。

（4）渗碳后的组织。低碳钢工件渗碳后，其表面含碳量已达到过共析钢的成分，由表及里碳浓度逐渐降低，一直降低至钢的原始含碳量。低碳钢渗碳缓冷后的组织如图3－53所示，其表层组织为珠光体＋网状渗碳体，心部组织为铁素体＋珠光体，中间为过渡区。一般规定，从表面到过渡区一半处的厚度为渗碳层的厚度。对于某一具体工件，其渗碳层厚度应根据其工作条件及具体尺寸来确定，渗层太薄，易引起表层疲劳剥落，太厚则耐冲击载荷能力降低。机器零件的渗层厚度通常为0.5～2mm。

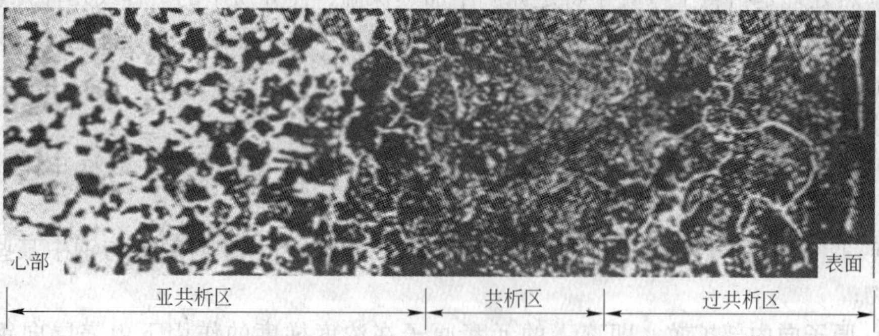

图3－53　低碳钢渗碳缓冷后的组织示意图

C　渗碳后的热处理

渗碳后的工件需要通过一定的热处理方法才能达到改善表面力学性能的目的。通常有3种淬火方式：

（1）直接淬火。将零件在930℃左右高温渗碳后，从渗碳炉中取出，预冷（空冷）至830℃左右，直接放入淬火介质中淬火，如图3－54a所示。预冷的目的是减少淬火变形与开裂，并使表层析出一些碳化物，降低奥氏体中的含碳量，从而减少淬火后的残余奥氏体量，提高表层硬度。直接淬火法操作简便、成本低，但只适用于心部和表层都不过热（即本质细晶粒钢）或对性能要求较低的零件。

（2）一次淬火。将零件在高温渗碳后，从渗碳炉中取出空冷至室温，再重新加热到淬火温度后淬火，如图3－54b所示。一次淬火法的淬火温度在选择时应兼顾表层和心部要求，一般选在略高于心部的A_{c3}，当对零件的心部强度要求不高，而要求表面具有较高的硬度和耐磨性时，淬火温度可选在A_{c1}和A_{c3}之间。

（3）二次淬火。将零件在高温渗碳后，从渗碳炉中取出空冷至室温，先在A_{c3}以上加热淬火（或正火），然后在A_{c1}以上二次淬火，如图3－54c所示。第一次淬火（或正火）是为了细化心部组织和消除表层网状渗碳体，因此加热温度应选在心部成分的A_{c3}以上温度（850～900℃）。第二次淬火是为了改善渗碳层的组织，使其获得片状马氏体和均匀分布的碳化物颗粒，故加热温度应选在A_{c1}以上，约760～780℃。

二次淬火法使渗碳体的表层和心部组织都得到细化，表层具有高的硬度、耐磨性和疲劳强度，心部具有良好的强韧性和塑性。但工件经两次高温加热后变形较严重，渗碳层易脱碳和氧化，生产周期长及成本高，生产中只对力学性能要求很高或本质粗晶粒钢的工件才应用。

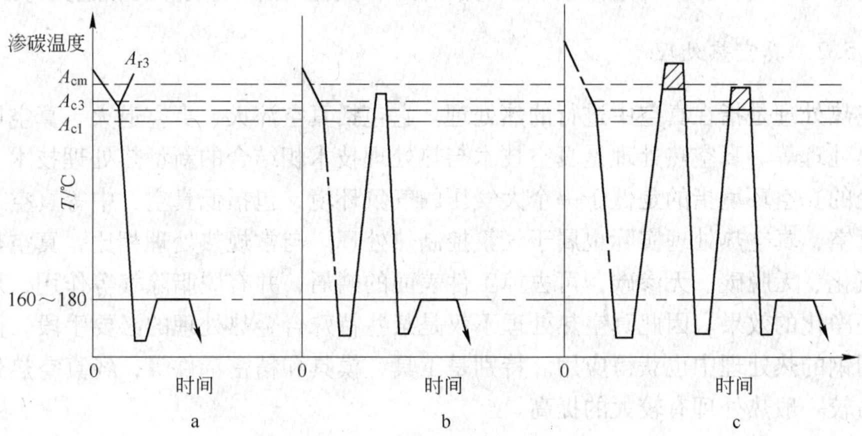

图3-54　渗碳后热处理示意图

a—直接淬火法；b— 一次淬火法；c—二次淬火法

值得注意的是，渗碳后无论采取何种淬火方式，在淬火后都必须进行低温回火处理，使工件表层获得回火马氏体组织，从而达到提高表层硬度和耐磨性的目的。

D　渗碳热处理后的组织和性能

直接淬火和一次淬火获得的表层组织为回火马氏体和少量残余奥氏体，二次淬火的表层组织为回火马氏体、粒状渗碳体和少量残余奥氏体，它们的硬度都可达到58～64HRC。心部组织取决于钢的淬透性和工件的尺寸，碳钢一般为珠光体和铁素体，其硬度为10～15HRC；合金钢一般为低碳回火马氏体和铁素体，其硬度为30～45HRC。通常从表面到心部的组织依次为：

$$M_{回} + A_{残}(+Fe_3C) \rightarrow T + M_{回} \rightarrow S \rightarrow S + F \rightarrow P + F(或 M_{回} + F)。$$

E　其他化学热处理

其他化学热处理主要有氮化、碳-氮共渗等，其渗入元素的过程同渗碳的3个过程相同。

氮化是指向工件表面渗入氮原子的化学热处理工艺，其目的是提高工件表面的硬度、疲劳强度、耐磨性及耐蚀性。碳-氮共渗是指向工件表面同时渗入碳和氮的化学热处理工艺，也称氰化，主要用于形状复杂、要求变形小的小型耐磨件。

3.4.5　钢的热处理新技术简介

随着科学技术的发展，热处理生产技术也发生了深刻的变化，近年来发展了许多热处理新技术、新工艺。这些新工艺可以进一步提高零件的力学性能和表面质量，节约能源，降低成本，提高经济效益，以及减少或防止环境污染。

3.4.5.1　可控气氛热处理

在气体成分可控制的加热炉内进行的热处理称为可控气氛热处理。可控气氛是将燃料气（天然气、城市煤气、丙烷）与一定比例的空气混合后，通入发生器进行加热，或者靠自身的燃烧反应而制成的气体。也可用液体有机化合物（如甲醇、乙醇、丙酮等）滴入热处理炉内得到气氛。主要用于渗碳、碳－氮共渗、软氮化、保护气氛淬火和退火等工艺。

3.4.5.2　真空热处理

真空热处理是指在真空中进行的热处理。它包括真空淬火、真空退火、真空回火和真空化学热处理等。真空热处理是真空技术与热处理技术相结合的新型热处理技术，真空热处理所处的真空环境指的是低于一个大气压的气氛环境，包括低真空、中等真空、高真空和超高真空，真空热处理实际也属于气氛控制热处理。与常规热处理相比，真空热处理可实现无氧化、无脱碳、无渗碳，可去掉工件表面的鳞屑，并有脱脂除气等作用，从而达到表面光亮净化的效果。因此真空热处理不仅是某些特殊合金热处理的必要手段，而且在一般工程用钢的热处理中也获得应用。特别是工具、模具和精密耦件等，经真空热处理后其使用寿命较一般热处理有较大的提高。

3.4.5.3　热喷涂技术

热喷涂技术是指将热喷涂材料加热至熔化或半熔化状态，用高压气流使其雾化并喷射于工件表面形成涂层的工艺。热喷涂技术在普通材料的表面上制造了一个特殊的工作表面，使其具有防腐、耐磨、减摩、抗高温、抗氧化、隔热、绝缘、导电、防微波辐射等一系列多种功能，从而达到节约材料，节约能源的目的。热喷涂技术已被广泛用于包括航空航天、原子能、电子等尖端技术在内的国民经济的各个领域。

3.4.5.4　气相沉积技术

气相沉积技术是指将含有沉积元素的气相物质，通过物理或化学的方法沉积在材料表面形成薄膜的一种新型镀膜技术。

物理气相沉积是指在真空条件下，用物理的方法使材料气化成原子、分子或电离成离子，并通过气相过程，在材料表面沉积一层薄膜的技术。广泛用于机械、航空航天、电子、光学和轻工业等领域，用于制备具有耐磨、耐蚀、耐热、导电、绝缘、光学、磁性、压电、滑润、超导等功能的薄膜。

化学气相沉积是指在一定温度条件下，混合气体与基体表面相互作用而在基体表面形成金属或化合物薄膜的技术。由于化学气相沉积薄膜层具有良好的耐磨性、耐蚀性、耐热性及电学、光学等特殊性能，已被广泛用于机械制造、航空航天、交通运输、煤化工等工业领域。

3.4.6　热处理的主要缺陷及其防止方法

热处理工艺可以改善钢铁材料的力学性能，但在加热过程中，如果操作不当将会产生硬度不高、力学性能不均匀、变形与开裂等一些缺陷，在实际应用中必须加以防止。

3.4.6.1　主要缺陷的成因

A　欠热、过热和过烧

欠热是指淬火钢的加热温度不够或保温时间不充分，奥氏体中存在原始组织（主要是铁素体）的现象。原始组织的存在使得淬火组织中存有少量铁素体组织，造成工件的硬度不够或存在软点，从而无法达到热处理强化的基本要求。

过热是指加热温度过高，钢奥氏体化后晶粒显著长大的现象。过大的奥氏体晶粒将导致热处理后的组织粗大，造成热处理工件的硬度不够或性能不均匀，不利于力学性能的调整和改善。

过烧是指加热温度过高，钢的晶界严重氧化或熔化的现象。此现象的出现必然导致工件因热处理而报废。

B 氧化和脱碳

氧化是指钢中的铁与介质中的氧气产生氧化反应导致铁损失的现象。氧化会造成工件形状和尺寸的缺损，导致表面质量的改变、工件的报废或材料的浪费。

脱碳是指钢中的碳和介质中的氧气产生还原反应导致含碳量减少的现象。脱碳会导致工件表层淬火时产生非马氏体组织，造成硬度和耐磨性下降，满足不了用户对产品性能的要求。

C 热应力和组织应力

热应力和组织应力是指在加热和随后的冷却过程中，因工件热胀冷缩不均匀和组织转变时体积变化不均匀，而在工件内部形成的应力。热处理加热时，若加热温度过高造成奥氏体晶粒粗大、合金钢加热速度快、冷却介质选择不当、工件放入冷却介质的方式不对、工件本身结构复杂或截面变化较大等都会引起大的应力。由于热应力和组织应力得不到迅速的消除，加之高温下工件的强度降低、延展性增加，钢件将产生变形。对合金钢而言，由于其导热性较差，若加热速度太快，不仅零件变形大，甚至有开裂的危险。

3.4.6.2 防止方法

合理地制定热处理的加热温度、保温时间和冷却方式，是防止欠热、过热和过烧现象出现而产生工艺缺陷的基本途径。对于热处理后出现欠热与不严重的过热现象的工件，还可以通过重新退火或正火来进行矫正；但若出现过烧现象，则是无法挽回的缺陷，工件将报废。

采用盐浴、可控气氛或真空加热，是防止或减少热处理钢件发生氧化和脱碳的有效方法。也可采用工件表面涂层保护的方法来减少这类缺陷的发生。若在一般空气电阻炉中加热，在确保零件烧透及组织转变的前提下应尽量缩短加热时间。

热处理使工件产生变形是不可避免的现象，必须将变形控制在一定范围内，并在随后进行矫正，而出现开裂则是无法挽回的缺陷，工件将报废。因此，在热处理前制定防止热处理工艺过程中工件发生变形、开裂的措施是非常重要的。例如：对于形状复杂、截面变化大的零件，应选用淬透性好的钢材，以便采用较缓慢的淬火冷却方式；淬火前进行相应的退火或正火，以细化晶粒并使组织均匀化，减少淬火内应力；严格控制淬火加热温度，防止产生过热缺陷，同时也可减少淬火时的热应力；采用适当的冷却方法，如双液淬火、马氏体分级淬火或贝氏体等温淬火等；淬火后应立即回火，以消除应力，降低工件的脆性。淬火时尽可能使零件均匀冷却，对厚薄不均匀的零件，应先将较厚部分淬入介质中。对于薄件、细长杆和复杂件，可采用夹具或专用淬火压床来控制淬火时的变形。

小 结

钢铁材料具有蕴藏丰富，开采、冶金、加工及改性技术成熟，使用性能应用范围广泛等优点，是现代装备制造业中应用最广泛的金属材料。钢铁材料虽然成分范围宽泛，性能变化大，种类很多，但作为金属材料的典型类型，其成分、组织结构和性能之间具有必然的关系规律。通过本章的学习，需要掌握钢铁材料的成分、组织结构和性能三者之间的关系规律，使得我们在应用钢铁材料时能够举一反三，全面了解钢铁材料的性能，并能有针对性地选择使用。同时，还要充分认识到钢铁材料可以通过热处理改性以满足不同的特性要求，熟练掌握钢铁材料热处理的基本原理、主要工艺方法和特点以及基本应用。现将钢铁材料的成分、组织结构、力学性能三者之间的关系及变化规律总结如下：

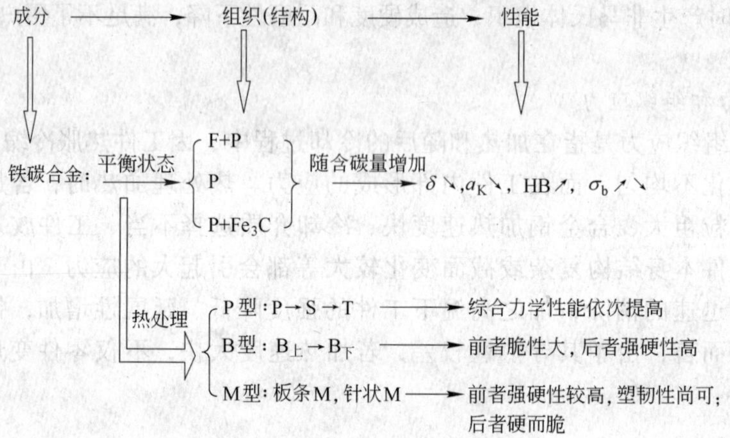

习 题

3-1 合金中的相与组织如何区别？请指出亚共析钢与过共析钢中相的组成和组织的组成。

3-2 现有形状、尺寸完全相同的4块平衡冷却状态下的铁碳合金，它们的含碳量分别为 $w(C)=0.2\%$；$w(C)=0.4\%$；$w(C)=1.2\%$；$w(C)=3.5\%$。根据你所学的知识，可用哪些方法来区别？

3-3 为什么绑扎物件一般用铁丝（镀锌低碳钢丝），而起重机吊重物却用钢丝绳（用60号、65号、70号、75号钢等制成）？

3-4 总结碳钢成分、组织、性能三者之间的关系。

3-5 试说明20号钢、45号钢、T8钢、T12钢4种钢在平衡状态下的室温组织，并比较它们主要力学性能的高低。

3-6 应用铁碳相图解释下列问题：

(1) 热轧钢的硬度随含碳量的增加而增大；

(2) 热轧钢的强度随含碳量的增加而增大，但当含碳量超过0.9%后，强度却开始下降；

(3) 热轧钢的塑性和韧性随含碳量的增加而下降；

(4) 钢锭在950~1100℃正常温度下轧制，有时会造成钢坯开裂；

(5) 热轧高碳钢与中碳钢相比较难切削加工。

3-7 什么是奥氏体的本质晶粒度、起始晶粒度和实际晶粒度，如何控制奥氏体的实际晶粒度？

3-8 过冷奥氏体的等温转变产物有哪几种，它们的形成条件、组织形态和性能特点如何？

3-9 试述马氏体转变的特点。定性说明两种主要马氏体类型的组织形态和性能差异。

3-10 马氏体的硬度主要取决于什么？说明马氏体具有高硬度的原因。

3-11 画出T8钢的过冷奥氏体等温转变曲线。为了获得以下组织，应采取什么冷却方法？并在等温转变曲线上画出冷却示意图。

(1) 索氏体+珠光体；

(2) 托氏体+马氏体+残余奥氏体；

(3) 下贝氏体；

(4) 马氏体+残余奥氏体；

(5) 托氏体+马氏体+下贝氏体+残余奥氏体。

3-12 根据下表所列的要求，归纳、比较共析钢过冷奥氏体冷却中几种产物的特点。

过冷奥氏体冷却转变中的产物	采用符号	形成条件	组织	硬度 HRC	塑性、韧性
珠光体					
索氏体					
托氏体					
上贝氏体					
下贝氏体					
板条马氏体					
片状马氏体					

3-13 为什么亚共析钢经正火后，可获得比退火处理更高的强度与硬度？

3-14 ϕ10mm的45号钢试样分别经700℃、760℃、840℃、950℃加热保温并水冷后所获得的组织是什么？你认为哪个温度是合适的温度？(45号钢 A_1 =730℃，A_3 =780℃)

3-15 生产热轧低碳钢板时，有时含碳量偏低而强度不够，为提高其强度，可在热轧后采用吹风或进行喷雾冷却，试解释其原因。

3-16 将 $w(C)=1.0\%$、$w(C)=1.2\%$ 的碳钢同时加热到780℃进行淬火，问：

(1) 淬火后各是什么组织？

(2) 淬火马氏体的含碳量及硬度是否相同，为什么？

(3) 哪一种钢淬火后的耐磨性更好，为什么？

3-17 甲、乙两厂同时生产一种45号钢零件，硬度要求为220~250HBS。现甲厂采用正火处理，而乙厂采用调质处理，但都能达到硬度要求。试分析甲、乙两厂产品的组织和力学性能的差异。

3-18 从形成条件、组织形态和力学性能等方面区分马氏体和回火马氏体，托氏体和回火托氏体，索氏体和回火索氏体。

3-19 分别比较45号钢、T12钢经不同热处理后硬度的高低，并说明原因。

(1) 45号钢加热到700℃后，投入到水中快冷；

(2) 45号钢加热到750℃后，投入到水中快冷；

(3) 45号钢加热到840℃后，投入到水中快冷；

(4) T12钢加热到700℃后，投入到水中快冷；

(5) T12钢加热到750℃后，投入到水中快冷；

(6) T12钢加热到840℃后，投入到水中快冷。

3-20 有一批35号钢制成的螺钉，要求其头部在热处理后的硬度为35~40HRC。现材料中混入少量

T10 钢和 10 号钢。问由 T10 钢和 10 号钢制成的螺钉，若仍按 35 号钢进行处理（淬火、回火）时，能否达到要求，为什么？

3－21　45 号钢经调质处理后的硬度为 240HBS，若再进行 200℃回火，能否使其硬度提高，为什么？45 号钢经淬火、低温回火后的硬度为 57HRC，若再进行 560℃回火，能否使其硬度降低，为什么？

3－22　45 号钢经调质处理后要求其硬度为 220～250HBS，但热处理后发现硬度偏高，问能否依靠减慢回火的冷却速度，使其硬度降低？若热处理后硬度偏低时，能否依靠增加回火的冷却速度，使其硬度提高，为什么？

3－23　现有低碳钢齿轮和中碳钢齿轮各一个，要求齿面具有高的硬度和耐磨性，问各应怎样热处理？并比较热处理后它们在组织与性能上的差别。

3－24　一把厚 5mm 的锉刀，材料为 T12 钢，经球化退火、780℃淬火、160℃回火后，硬度为 65HRC，现用火将锉刀一端加热，并依靠热的传导，使锉刀上各点达到如附图所示的温度，保温 15min 后，立即整体淬入水中。试问锉刀冷到室温后各部位的组织与硬度？

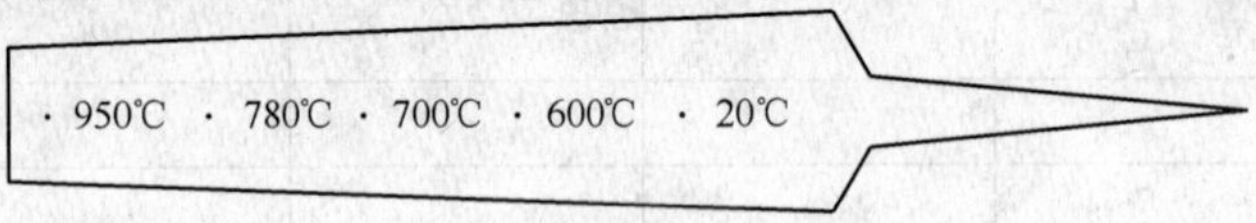

图 3－55　习题 3－24 附图

4 金属材料及应用

在金属材料中，钢铁材料是一种非常重要的应用最为广泛的工程材料。第3章介绍了以铁、碳元素为主要构成元素的铁碳合金（碳素钢）的基本概念、基本知识和应用特点。虽然碳素钢有着很广泛的应用，但由于其存在着无法满足工程技术要求的缺陷，故必须要研究以铁碳合金为基的多元合金甚至是其他有色金属合金，来满足国民经济发展的需求。本章主要介绍以铁碳合金为基的多元合金——合金钢和铸铁以及一些常用的有色金属及合金的基本知识和应用特点。

工业上较多地使用合金钢大约是在19世纪后半期，由于当时钢的产量和用量不断增大，机械制造业迫切需要解决钢的切削加工问题。1868年，英国人发明了成分中含锰（$w(Mn)=2.5\%$）和钨（$w(W)=7\%$）的自硬钢，将切削速度提高到5m/min。随着商业和运输的发展，1870年，美国用铬钢（$w(Cr)=1.5\%\sim2.0\%$）在密西西比河上建造了跨度为158.5m的大桥；由于加工构件时发生困难，一些工业国家又改用镍钢（$w(Ni)=3.5\%$）建造大跨度的桥梁。与此同时，一些国家还将镍钢用于修造军舰。随着工程技术的发展，要求加快机械的转动速度，1901年在西欧出现了高碳的铬滚动轴承钢。1910年又发展出了18-4-1型高速工具钢，把切削速度进一步提高到30m/min。可见，合金钢的问世和发展适应了社会生产力发展的要求，特别是和机械制造、交通运输、军事工业的需要分不开的。

20世纪20年代以后，电弧炼钢法的推广使用为合金钢的大量生产创造了有利条件。化学工业和动力工业的发展，又促进了合金钢品种的扩大，于是不锈钢和耐热钢问世。1920年，德国人发明了18-8型不锈耐酸钢，1929年在美国出现了Fe-Cr-Al电阻丝，到1939年德国开始在动力工业使用奥氏体耐热钢。第二次世界大战以后至20世纪60年代是高强度钢和超高强度钢发展的时代，由于航空工业和火箭技术发展的需要，出现了许多高强度钢和超高强度钢，沉淀硬化型高强度不锈钢和各种低合金高强度钢等是其代表性的钢种。20世纪60年代以后，许多冶金新技术，特别是炉外精炼技术被普遍采用，合金钢开始向高纯度、高精度和超低碳的方向发展，又出现了马氏体时效钢、超纯铁素体不锈钢等新钢种。目前国际上使用的合金钢钢号有上千个，数万个规格，合金钢的产量约占钢总产量的10%，是国民经济建设和国防建设中大量使用的重要金属材料。

4.1 合金元素在钢中的作用

4.1.1 合金钢基本概述

4.1.1.1 碳素钢的性能缺陷

碳素钢存在着淬透性较差、绝对强度较低、回火抗力低以及基本相较软等力学性能缺陷，同时受环境因素的影响也较大。因此，虽然碳素钢被广泛地应用于工农业生产，但远远满足不了生产的需要。

4.1.1.2　合金钢的含义

实践中，为了解决碳素钢性能上的缺陷，提高钢的力学性能、工艺性能、物理性能和化学性能，冶炼时，特意向碳钢中添加一定量的一种或几种元素。这些人为加在铁碳合金中以改善碳素钢性能的元素统称为合金元素。常用的合金元素主要有硅（Si）、锰（Mn）、铬（Cr）、镍（Ni）、钨（W）、钼（Mo）、钒（V）、钛（Ti）、铌（Nb）、硼（B）等。所以，所谓合金钢是指在碳素钢的基础上加入适量的合金元素而形成的具有金属特性的固态物质。

4.1.1.3　合金钢的分类

与碳素钢一样，合金钢也有很多分类方法。例如：根据合金元素含量的多少，可将合金钢分为低合金钢（$w(\mathrm{Me})\leqslant 5\%$）、中合金钢（$5\%<w(\mathrm{Me})\leqslant 10\%$）、高合金钢（$w(\mathrm{Me})>10\%$）；根据合金元素种类的不同，可将合金钢分为铬钢、锰钢等；根据质量要求不同，可将合金钢分为优质合金钢和特质合金钢；根据特性的不同，可将合金钢分为耐酸钢、耐热钢、耐磨钢、永磁钢等。但最常用的分类方法还是根据用途进行分类，大致有以下3类，即合金结构钢、合金工具钢、特殊性能钢。

4.1.2　合金元素对碳钢的影响

由于钢的两个基本组元铁和碳在形成合金时有两个基本的相——固溶体和金属化合物，故当合金元素加入到钢中后，合金元素必然对钢的基本相产生影响，使钢的晶体结构和显微组织发生变化，这些变化将会提高和改善钢的性能。同时，钢的应用离不开热处理，因此合金元素也必然对热处理过程中组织的转变产生影响，从而改变钢的性能。

4.1.2.1　合金元素对钢中基本相的影响

A　形成合金铁素体

几乎所有的合金元素都能溶于铁素体中形成合金铁素体。铁素体是一种间隙固溶体，故合金元素溶入的数量有限，但尽管如此，合金元素的溶入必然会导致铁素体晶体出现晶格畸变，从而产生固溶强化的作用。图4-1所示为合金元素对铁素体力学性能的影响，由图可知，硅、锰能显著地提高铁素体的强度、硬度，但当硅的含量大于0.6%，锰的含量大于1.5%时，将降低铁素体的韧性；而铬与镍在铁素体中的含量适当时，在提高铁素体强度、硬度的同时，仍能提高韧性。

B　形成合金碳化物

有的合金元素能与碳形成化合物，有的不能与碳形成化合物。我们将能够与钢中的碳形成碳化物的合金元素称为碳化物形成元素，通常有铁、锰、铬、钼、钨、钒、铌、锆、钛等。这些元素与碳的亲和能力不同，上述排列是按由弱到强的顺序。由于这些合金元素都能溶于铁素体，因此它们在钢中存在的方式根据与碳的亲和能力不同又各有区别，可分为以下3类。

a　弱碳化物形成元素

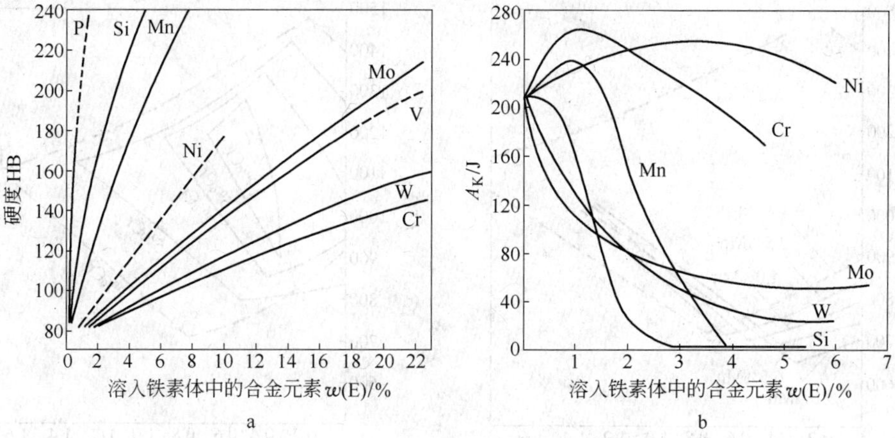

图4-1 合金元素对铁素体硬度（a）及韧性（b）的影响

锰（Mn）为弱碳化物形成元素。锰在碳钢中存在的主要方式是溶入铁素体，只有当锰的含量较多时，一般才溶于钢中的渗碳体中，形成合金渗碳体（Fe，Mn）$_3$C，通常没有机会与碳单独形成碳化物。合金渗碳体的稳定性和硬度都略高于渗碳体，是低合金钢中碳化物的主要存在形式。

b 中强碳化物形成元素

铬（Cr）、钼（Mo）、钨（W）为中强碳化物形成元素，在钢中的存在方式是一部分溶入铁素体形成合金固溶体，一部分与碳独立形成合金碳化物。形成的合金碳化物是一种晶体结构完全不同于渗碳体的特殊碳化物，只有在这些元素含量很少（0.5% ~3%）时，才以合金渗碳体的形式存在。

c 强碳化物形成元素

钒（V）、铌（Nb）、锆（Zr）、钛（Ti）为强碳化物形成元素，这些元素在钢中一般不会溶于固溶体，而是直接与碳形成特殊碳化物。

合金碳化物与合金渗碳体相比，具有更高的熔点、硬度和耐磨性，结构更稳定，不易分解，是钢中的重要组成相之一，也是重要的强化相。随着这些碳化物数量的增多，其类型、大小、形态及分布对钢的力学性能有着重要的影响。

4.1.2.2 合金元素对 Fe - Fe$_3$C 相图的影响

在钢中加入合金元素后，Fe - Fe$_3$C 相图因合金元素的影响会产生一系列变化，具体表现在如下方面。

A 合金元素对 S、E 点位置的影响

绝大多数合金元素溶入碳钢中会导致相图的 *S*、*E* 点左移，如图4-2所示。随着合金元素含量的增加，*S* 点、*E* 点不断左移，合金钢中共析点碳的质量分数不再是0.77%，而是小于0.77%；碳在奥氏体中的最大溶解度不再是2.11%，而是小于2.11%。这将导致合金钢在较低的碳成分下出现过共析钢组织，甚至莱氏体组织。如热作模具钢3Cr2W8V 中碳的质量分数平均仅为0.3%，却属于过共析钢；高速钢 W18Cr4V 中碳的质

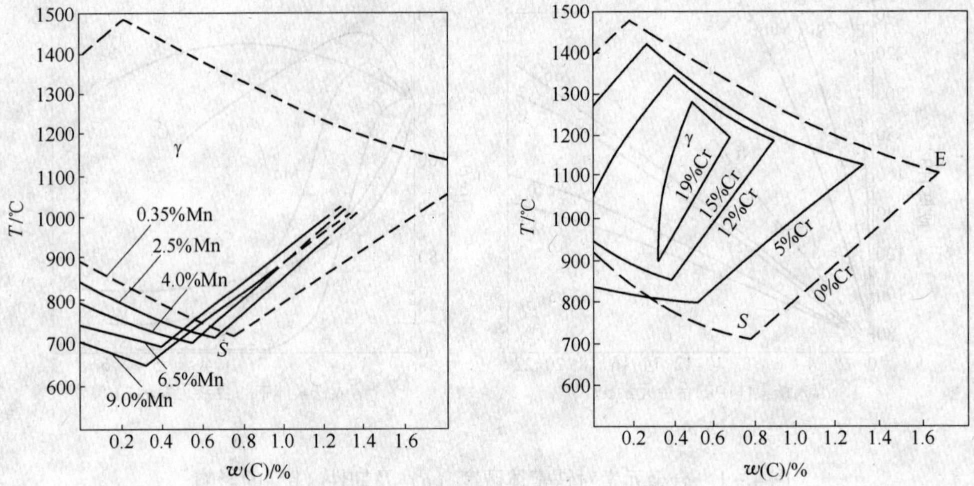

图 4-2　合金元素对 $Fe-Fe_3C$ 相图中 E、S 点的影响

量分数只有 0.7% ~0.8%，但在其铸态组织中却会出现莱氏体组织。

B　合金元素对相区的影响

不同的合金元素对铁碳合金中相区的影响不一样，有的扩大奥氏体相区，有的缩小奥氏体相区，如图 4-3 所示。

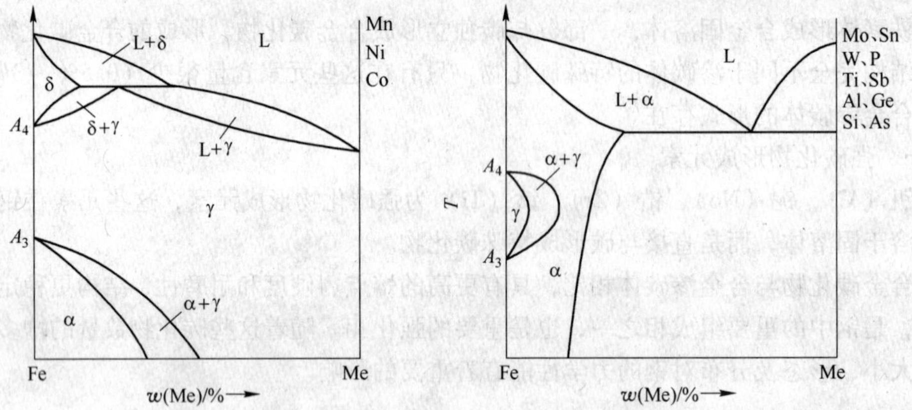

a　　b

图 4-3　合金元素对 $Fe-Fe_3C$ 相图中奥氏体相区的影响

a—奥氏体相区扩大；b—奥氏体相区缩小

a　扩大奥氏体区的合金元素

锰（Mn）、镍（Ni）、钴（Co）等元素的加入会使相图中的 A_1、A_3 温度线下降，从而扩大奥氏体区的范围，导致在更大的成分范围和更宽的温度范围内存在奥氏体。当这些元素含量较多时，甚至使该类合金钢在室温下都存在奥氏体组织。如钢中锰（Mn）的含量大于 13% 或镍（Ni）的含量大于 9% 时，相图中的 A_3 点降到零度以下，室温下钢具有单相奥氏体组织。在室温下具有单相奥氏体组织的钢又称为奥氏体钢。

b 缩小奥氏体区的合金元素

除上述合金元素外，其他如铬（Cr）、钼（Mo）、钨（W）、钒（V）、钛（Ti）、硅（Si）等元素的加入会使相图中的 A_1、A_3 温度线上升，从而缩小奥氏体区的范围，导致只在更小的成分范围和更窄的温度范围内存在奥氏体。当钢中这些元素的含量足够多（如 Cr 含量大于 13%）时，奥氏体相区消失，导致该类合金钢在室温下具有单相铁素体组织。在室温具有单相铁素体组织的钢又称为铁素体钢。

4.1.2.3 合金元素对钢热处理的影响

碳钢在加热和冷却时发生的相变大多是扩散型相变，其过程与原子扩散速度有关。合金元素对扩散速度的影响有以下基本规律：

(1) 碳化物形成元素使碳的扩散速度减慢，碳化物不易析出，析出后也较难聚集长大；非碳化物形成元素（除硅外）则有增快碳扩散速度的作用。

(2) 合金元素均能增加铁原子间的结合力，使铁的自扩散速度下降。

(3) 合金元素自身在固溶体中的扩散速度也比碳的扩散速度低得多。因此，在其他条件相同的情况下，合金钢的扩散型相变过程比碳钢慢，其热处理也就具有许多不同于碳素钢的特点。

A 合金元素对奥氏体化和晶粒长大的影响

a 减缓奥氏体的形成过程

除镍（Ni）、钴（Co）外，大多数合金元素都减缓奥氏体的形成过程。对于碳化物形成元素，它们形成的碳化物较难溶于奥氏体，即使溶解也难以均匀扩散。因此，为了充分发挥合金元素的作用，得到比较均匀的含有足够数量合金元素的奥氏体，这些类型的合金钢在热处理加热时的温度就要求较高，保温时间也要求更长。

b 阻碍奥氏体晶粒的长大

除锰（Mn）、硼（B）外，其他元素均阻碍奥氏体晶粒的长大。对于碳化物形成元素，与碳的亲和力越大，阻碍奥氏体晶粒长大的作用也越强烈。因此这类合金钢在加热时温度可以更高，这既有利于更多的合金元素溶入奥氏体，又能防止奥氏体本身的长大，而细小的奥氏体晶粒有利于淬火后获得细马氏体。因此，强碳化物形成元素具有细化晶粒的作用，可极大地提高钢的力学性能。而（Mn）、硼（B）对奥氏体晶粒的长大起促进作用，因此，含锰钢在加热时应严格控制加热温度和保温时间，防止出现晶粒粗大现象。

B 合金元素对过冷奥氏体转变的影响

a 合金元素对过冷奥氏体等温冷却转变的影响

除钴（Co）元素外，其他所有元素溶入奥氏体后，都降低铁、碳原子的扩散速度，增加过冷奥氏体的稳定性，使过冷奥氏体等温转变“C”曲线右移，如图 4－4 所示，从而使合金钢的淬透性大大提高，特别是在总量相同的情况下，采取多种元素同时加入对钢淬透性的提高更明显。

合金元素不仅能使“C”曲线右移，而且对其形状也有影响。中强以上碳化物形成元素溶入奥氏体后，对推迟珠光体转变和贝氏体转变的作用是不同的，会使“C”曲线有两个“鼻尖”，出现珠光体和贝氏体两个转变区，而两个转变区之间的过冷奥氏体有很好的稳定性，如图 4－5 所示。

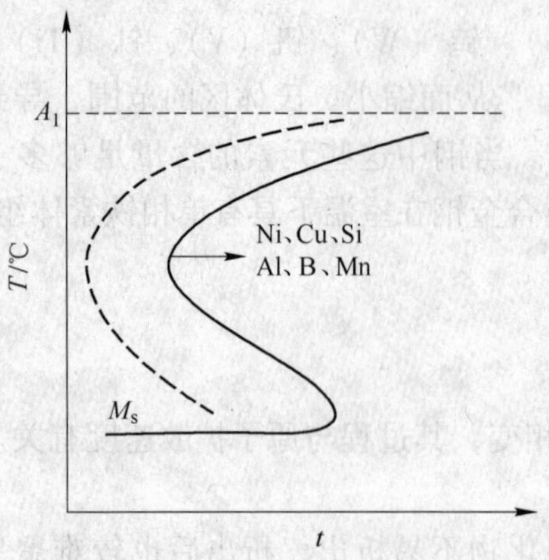

图 4－4　合金元素对“C”曲线位置的影响示意图
－－－－碳钢；——合金钢

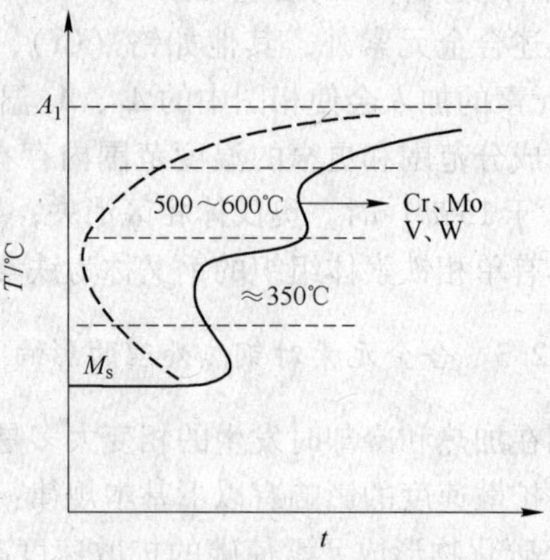

图 4－5　合金元素对“C”曲线形状的影响示意图
－－－－碳钢；——合金钢

如果合金钢淬火加热温度不高，碳化物形成元素未能溶入奥氏体，将会因为奥氏体中碳与合金元素的含量不足，造成奥氏体的稳定性下降；同时未溶碳化物在冷却过程中，可能成为奥氏体分解产物的核心，而促使过冷奥氏体分解，加速珠光体的转变。因此，从提高淬透性的角度而言，合金钢淬火加热温度比碳钢高是必然的选择。

b　合金元素对残余奥氏体（$A_{残}$）的影响

除钴（Co）、铝（Al）元素外，其他元素溶入奥氏体后，使马氏体转变开始温度（M_s）和转变结束温度（M_f）下降。其中，锰（Mn）、铬（Cr）、钒（V）、镍（Ni）等元素强烈降低 M_s 和 M_f 点，使钢淬火后残余奥氏体数量增多。一些高合金钢在淬火后残余奥氏体量可高达30% ~40%，这对合金钢的力学性能会产生不利的影响，通常需要通过淬火后的冷处理和多次回火处理来降低合金钢中的残余奥氏体量。

C　合金元素对淬火钢回火转变的影响

淬火钢的回火转变属于扩散型转变，一般情况下，合金元素对回火转变起阻碍作用。具体表现在 3 个方面。

a　增加回火抗力

淬火钢在回火过程中抵抗强度、硬度下降的能力叫回火抗力，这种抵抗力使得淬火钢在回火后的强度、硬度变化较小，因此，回火抗力又叫回火稳定性或耐回火性。由于合金元素溶入马氏体，淬火马氏体在回火加热过程中原子扩散速度减慢，导致晶格畸变严重的淬火马氏体不易分解，碳化物不易析出，析出后也较难聚集长大。因此，合金钢与碳钢相比：在相同温度下，合金钢回火后的强度、硬度下降较少，表现出比碳钢有更高的回火稳定性；当要求回火后的硬度相同时，合金钢的回火温度需比相同含碳量的碳钢更高，这对于消除淬火内应力是有利的。图 4－6 为合金元素对钢回火转变硬度的影响。

b　产生二次硬化现象

含有合金元素的淬火钢在 400℃ 以下回火时，会从马氏体中析出合金渗碳体，使钢的硬度下降。但在高温回火区（400℃ 以上），从马氏体中析出的与马氏体保持共格关系的特殊碳化物分布在马氏体基体中，使硬度重新升高。另外，在高温回火区，残余奥氏体中的合金元素形成特殊碳化物析出后，因合金元素对奥氏体转变的阻碍作用降低，将导致大量的残余奥氏体重新向马氏体转变，也会使硬度升高。

我们将含有中强以上碳化物形成元素的合金钢经淬火并在 500～600℃之间回火时，硬度不但不降低，反而升高到接近淬火钢的高硬度值的现象称为二次硬化。二次硬化使合金钢在高温下工作时仍具有很高的强硬性，这对于工具钢是非常重要的。

c　产生第二类回火脆性

我们已经知道，碳钢淬火后，在 250～350℃之间回火时会产生第一类回火脆性，在实际应用中，通常采取回避在该温度区回火的方法来防止。但对于某些合金钢，可能不仅在 250～350℃之间产生第一类回火脆性，在 500～650℃的高温回火区，若冷却较慢还有可能出现另一次回火脆性，称之为第二类回火脆性（或高温回火脆性），如图 4－7 所示。这类回火脆性主要发生在含铬（Cr）、锰（Mn）及铬－镍（Cr－Ni）等合金元素的结构钢中。一般认为这类回火脆性与上述元素促进锑（Sb）、锡（Sn）、磷（P）等杂质在原奥氏体晶界上偏聚有关。

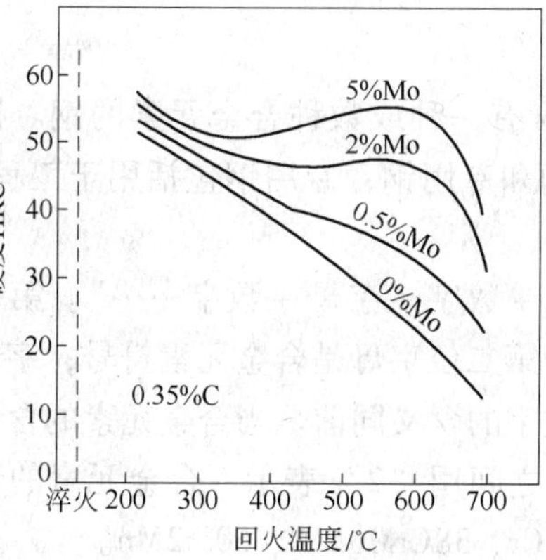

图 4－6　合金元素对钢回火转变硬度的影响

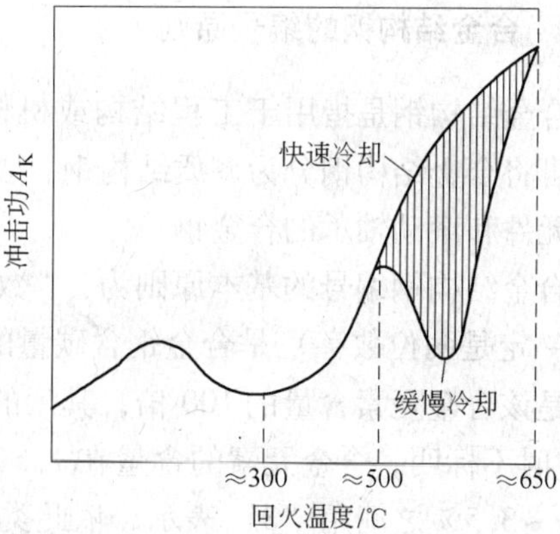

图 4－7　合金元素对钢回火脆性的影响

第二类回火脆性可以通过快速冷却的方法消除，但如果重新加热到该温度区间后缓慢冷却则又会出现脆性，因此，第二类回火脆性具有可逆性。通常，第二类回火脆性可以通过采取提高钢的纯度、减少杂质元素含量、小截面工件在高温回火区快冷等方法来防止。此外，在钢中加入合金元素钨（约 1%）、钼（约 0.5%）也可有效抑制这类回火脆性的产生，这种方法更适用于大截面的零部件。

综合上述合金元素对碳钢不同过程的种种影响，可以得出合金元素在钢中的主要作用有如下 5 个方面，即提高淬透性，产生固溶强化，产生细晶强化，提高回火稳定性，产生二次硬化。

4.2　合金结构钢及应用

工程结构及机械零件在工作过程中对材料的力学性能有不同要求。而材料的力学性能与其成分和组织组成有关，对于碳钢，通常有以下基本规律：

（1）对于抗冲击能力的零件，要求具有良好的韧性和塑性，符合力学性能要求的是低碳成分的钢，组织类型以铁素体 + 珠光体组织或铁素体 + 索氏体组织为主；

（2）对于抗循环交变能力的零件，要求具有良好的综合力学性能，符合力学性能要求的是中碳成分的钢，组织类型以回火索氏体组织或铁素体 + 珠光体型组织为主；

（3）对于需要耐磨能力的零件，要求具有很高的强度、硬度，符合力学性能要求的是高碳成分的钢，组织类型以回火马氏体 + 碳化物组织为主；

（4）对于需要高弹性能力的零件，要求具有很高的弹性极限，符合力学性能要求的是中碳成分的钢，组织类型以回火托氏体组织或冷变形组织为主。

从上述规律可以看出，合金钢在应用时，除了必须具有与力学性能要求相适应的碳成分以外，还必须采取一定的热处理方式，通过对组织的调整和改善，达到符合力学性能要求的条件。因此，学习和掌握不同类型合金钢的应用，要从合金元素在不同类型的合金钢中的种类及所起的具体作用、热处理工艺特点及组织等方面着手，全面掌握常用合金钢中合金元素的特点、作用、热处理工艺及组织特点，从而能够熟练地进行选择应用。

4.2.1　合金结构钢的编号原则

合金结构钢是指用于工程结构或机械零件并含有一种或数种合金元素的钢。根据用途，可将合金结构钢分为调质结构钢、表面硬化钢和专用钢，专用钢包括用于工程结构、弹性元件和滚动轴承的合金钢。

合金结构钢编号的基本原则为："数字 + 字母 + 数字 + 字母 + 数字……"。第一位数字（一定是两位数字）是合金钢含碳量的 10^4 倍；第二位字母是合金元素符号；字母后的数字是该合金元素含量的 100 倍；其后的字母和数字的含义同前。当合金元素的含量小于 1.5% 时不标明，合金元素的含量在 1.5% ~2.5% 之间用"2"表示，合金元素的含量在 2.5% ~3.5% 之间用"3"表示，依此类推，如 20Cr、38CrMoAlA、60Si2Mn。

合金结构钢的含碳量一般是小于 1.0% 的中低碳钢的范围，用含碳量的 10^4 倍（两位数）表示合金结构钢，是区别于其他类型合金钢的唯一标志。所以，在牌号设计时，当合金结构钢的含碳量小于 0.1%，其含碳量的 10^4 倍为一位数时，也要在该数字前加零，以表达出两位数值，如 09MnV 钢，表示含碳量为 0.09% 的合金结构钢。

4.2.2　普通低合金钢

普通低合金钢是一种专用合金钢，它在普通碳素结构钢的基础上加入少量的合金元素，以满足工程上各种结构承载大、自重要求轻的工件的要求。这是我国自主开发的具有本国特色的低合金结构钢。

4.2.2.1　成分特点

普通低合金钢的含碳量小于 0.2%，目的是保证钢在整体上有较高的塑性和韧性，满足可焊性及冷加工性能的要求。主加合金元素为锰（Mn），辅加合金元素有钒（V）、铌（Nb）、钛（Ti）等。

4.2.2.2 合金元素的作用

A 主加元素

主加元素 Mn 作为弱碳化物形成元素主要是溶于固溶体中，通过固溶强化来提高低碳钢整体的强度；其次是降低钢的冷脆转变温度，同时还能使组织中的珠光体相对量增加，从而进一步提高强度。

B 辅加元素

辅加元素主要是中强以上碳化物形成元素，它们通过细化晶粒、产生弥散强化、增加低碳钢中珠光体相对量等方式，起到进一步提高低合金结构钢的强度、硬度，防止高温加热时奥氏体晶粒长大的作用。

4.2.2.3 热处理工艺特点及组织

A 基本工艺

普通低合金钢主要用于工程结构，其产品一般是通过压力加工的轧制工艺成型。其热处理工艺基本上是在热轧后进行退火就能保证产品的基本性能要求，不再需要采取其他热处理方法进行强化。考虑到零件加工特点，有时也可在正火状态下使用。

B 基本组织

普通低合金钢热轧后进行退火（或正火），其基本组织为：珠光体 + 铁素体（P + F）或索氏体 + 铁素体（S + F）。

4.2.2.4 性能特点及应用

普通低合金钢在保持低碳钢高塑性、韧性的基础上，具有较高的强度，从而降低结构的自重，节约钢材；其次是具有良好的焊接性能和冷成型性能；同时还具有良好的耐蚀性和低的冷脆转变温度。广泛应用于桥梁、船舶、高压容器等工程结构。

4.2.2.5 常用牌号

Q345（16Mn）钢的综合性能好，主要用于船舶、桥梁、车辆等大型钢结构，我国首座自行设计、自行建造的横跨长江的铁路公路两用桥——南京长江大桥的主体结构用钢即为 Q345 钢。Q420（15MnVN）钢的强度高，主要用于大型桥梁、锅炉、船舶、焊接结构、中等压力的容器等。

常用普通低合金钢的新旧牌号、特性及用途如表 4－1 所示。

表 4－1 新旧低合金结构钢标准牌号对照及用途（摘编自 GB/T 1591—1994、GB 1591—1988）

GB/T 1591—1994	GB 1591—1988	应用举例
Q295	09MnV、09MnNb、09Mn2、12Mn	用于汽车、桥梁、车辆、容器、船舶、油罐及建筑结构等
Q345	12MnV、14MnNb、16Mn、16MnRE、18Nb	用于建筑结构、桥梁、车辆、压力容器、化工容器、船舶、锅炉、重型机械、机械制造及电站设备等
Q390	15MnV、15MnTi、16MnNb	用于桥梁、船舶、高压容器、电站设备、起重设备及锅炉等

续表 4 - 1

GB/T 1591—1994	GB 1591—1988	应 用 举 例
Q420	15MnVN、14MnVTiRE	用于大型桥梁和船舶、高压容器、电站设备、车辆及锅炉等
Q460		用于大型桥梁及船舶、中温高压容器（<120℃）、锅炉、石油化工高压厚壁容器（<100℃）

4.2.3　合金渗碳钢

合金渗碳钢是要求钢在整体上有较高塑性和韧性，以承载较大的冲击力，同时通过在渗碳后进行热处理以提高钢表面的硬度和耐磨性的一种表面硬化合金钢。

4.2.3.1　成分特点

合金渗碳钢的含碳量在 0.1% ~0.25% 之间，目的是保证钢在整体上有较高塑性和韧性，含碳量较高时，不利于保持高韧性。主加元素有铬（Cr）、锰（Mn）、镍（Ni）、硼（B）等；辅加元素有钨（W）、钼（Mo）、钒（V）、钛（Ti）等。

4.2.3.2　合金元素的作用

A　主加元素

主加元素为非碳化物形成元素或弱碳化物形成元素，主要是通过溶入固溶体来提高钢的淬透性，强化铁素体，从而提高心部的强度和韧性。

B　辅加元素

辅加元素主要是中强以上碳化物形成元素，通过形成稳定的碳化物来细化晶粒、阻碍奥氏体晶粒的长大，使钢整体在高温渗碳后能够保持较好的组织形态，同时使钢的表面形成大量的碳化物来保证其具有高的硬度和耐磨性。

4.2.3.3　热处理工艺及组织

A　主要工艺

渗碳件一般的工艺路线为：下料→锻造→正火→机加工→渗碳→淬火 + 低温回火→磨削。渗碳温度为 900 ~950℃，渗碳后的主要热处理工艺有：

（1）预先热处理。低中淬透性的渗碳钢在锻造空冷后，其组织一般为珠光体（索氏体）与铁素体，采用正火可以消除晶粒粗大的过热组织，改善切削加工性能；对于高淬透性的渗碳钢，由于退火困难，故一般在锻造后进行一次空冷淬火，再进行 650℃ 左右的高温回火，从而形成回火索氏体组织，以利于切削加工。

（2）最终热处理。通常情况下是在渗碳后进行一次淬火及 180 ~200℃ 低温回火。对于含有能阻止奥氏体晶粒长大的合金元素的中淬透性钢，可在渗碳后预冷到 870℃ 左右直接淬火，如图 4 - 8 所示；对于高淬透性钢，为了减少渗碳层中残余奥氏体的量，可在渗碳后先进行空冷淬火，再在 650℃ 左右高温回火，使渗碳层中的马氏体和奥氏体分解并析出颗粒状碳化物，然后再加热到 A_{c1} 以上 30 ~50℃ 进行淬火后低温回火，以使碳化物不全部溶入奥氏体，从而减少渗碳层中残余奥氏体的数量。

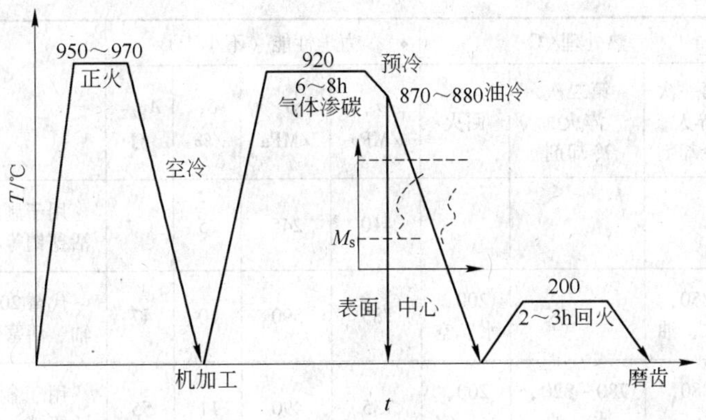

图 4－8 中淬透性钢渗碳处理工艺曲线

B 基本组织

使用状态下的组织为：表层为高碳回火马氏体＋颗粒状碳化物＋少量残余奥氏体（硬度达 58～62HRC）；心部在淬透时经直接淬火和一次淬火后的组织为低碳回火马氏体，二次淬火后为低碳回火马氏体＋铁素体，未淬透时为索氏体＋铁素体组织。

4.2.3.4 性能特点及应用

合金渗碳钢经最终热处理后，表面具有高硬度及耐磨性，心部具有足够的强度和韧性，即表硬里韧；同时具有良好的热处理工艺性能，如高的淬透性和渗碳能力。适用于制造要求高耐磨性、承受高接触应力和冲击载荷的重要零件，如汽车、拖拉机的变速齿轮，内燃机凸轮轴、活塞销等。

4.2.3.5 常用牌号

15Cr 钢、20Cr 钢、20Mn2 钢为低淬透性合金渗碳钢，含合金元素总量小于 3%。主要用于制造受力小的耐磨件，如柴油机的活塞销、凸轮轴等。

20CrMn 钢、20CrMnTi 钢、20Mn2TiB 钢为中淬透性合金渗碳钢，含合金元素总量在 4% 左右。主要用于制造承受中等载荷的耐磨件，如变速箱齿轮、较大的齿轮等。

18Cr2Ni4WA 钢、20Cr2Ni4A 钢为高淬透性合金渗碳钢，含合金元素总量在 4%～6%。主要用于制造承受大载荷、受冲击的耐磨件，如大型齿轮及飞机发动机齿轮等。

常用渗碳钢的牌号、热处理、性能及用途如表 4－2 所示。

表 4－2 常用渗碳钢的牌号、热处理、性能及用途（摘编自 GB/T 699—1999 和 GB/T 3077—1999）

类别	钢号	热处理/℃			力学性能（不小于）				应用举例
		第一次淬火，冷却剂	第二次淬火，冷却剂	回火	σ_b /MPa	σ_s /MPa	δ_5 /%	A_{KU2} /J	
低淬透性	15				375	225	27		用于制造小轴、小模数齿轮、活塞销等小型渗碳件

续表 4 - 2

类别	钢号	热处理/℃			力学性能（不小于）				应用举例
		第一次淬火，冷却剂	第二次淬火，冷却剂	回火	σ_b /MPa	σ_s /MPa	δ_5 /%	A_{KU2} /J	
低淬透性	20				410	245	25		用于制造小轴、小模数齿轮、活塞销等小型渗碳件
	20Mn2	850，水、油		200，水、空	785	590	10	47	代替 20Cr 钢用作小齿轮、小轴、活塞销、十字削头等
	15Cr	880，水、油	780～820，水、油	200，水、空	735	490	11	55	用于制造船舶螺钉、齿轮、活塞销、凸轮、滑阀、轴等
	20Cr	880，水、油	780～820，水，油	200，水、空	835	540	10	47	用于制造机床变速箱齿轮、齿轮轴、活塞销、凸轮、蜗杆等
	20MnV	880，水、油		200，水、空	785	590	10	55	同上，也用作锅炉、高压容器、大型高压管道等
中淬透性	20CrMn	850，油		200，水、空	930	735	10	47	用于制造齿轮、轴、蜗杆、活塞销、摩擦轮
	20CrMnTi	880，油	870，油	200	1080	850	10	55	用于制造汽车、拖拉机上的齿轮、齿轮轴、十字头等
	20MnTiB	860，油		200，水、空	1130	930	10	55	代替 20CrMnTi 钢制造汽车、拖拉机上截面较小、中等负荷的渗碳件
	20MnVB	850，油		200，水、空	1080	885	10	55	代替 2CrMnTi 钢、20Cr 钢、20CrNi 钢制造重型机床的齿轮和轴、汽车齿轮
高淬透性	18Cr2Ni4WA	950，空	850，空	200，水、空	1180	835	10	78	用于制造大型渗碳齿轮、轴类和飞机发动机齿轮
	20Cr2Ni4A	880，油	780，油	200，水、空	1180	1080	10	63	用于制造大截面渗碳件，如大型齿轮、轴等
	12Cr2Ni4	860，油	780，油	200，水、空	1080	835	10	71	用于制造承受高负荷的齿轮、蜗轮、蜗杆、轴、方向接头叉等

4.2.4　合金调质钢

合金调质钢是要求具有较高综合力学性能，以承受较大的循环、交变载荷或复杂载荷作用的调质结构钢，此类钢通常要经过调质处理获得回火索氏体组织后使用。

4.2.4.1　成分特点

合金调质钢的含碳量在 0.25%～0.50% 之间，目的是保证其具有较高的综合力学性能，若含碳较低则强度不够，含碳过高则韧性不足。主加元素有锰（Mn）、硅（Si）、镍

(Ni)、铬（Cr），辅加元素有钨（W）、钼（Mo）、钒（V）。

4.2.4.2　合金元素的作用

A　主加元素

主加元素为非碳化物形成元素或弱碳化物形成元素，主要是通过溶入固溶体来强化基本组织，提高钢的淬透性，使钢获得内外均匀的组织。

B　辅加元素

辅加元素主要是中强以上碳化物形成元素，强碳化物形成元素钒（V）主要通过形成合金碳化物来细化晶粒。钨（W）、钼（Mo）的主要作用是在淬火后的回火过程中，防止高温（第二类）回火脆性产生，同时这些合金元素还能提高调质钢的回火稳定性。

4.2.4.3　热处理工艺及组织

A　主要工艺

调质件一般的工艺路线为：下料→锻造→正火（或退火）→粗加工→调质→精加工。主要热处理工艺有：

(1) 预先热处理。通常是进行正火（或退火）处理，其目的是调整硬度，便于切削加工；改善锻造组织、消除缺陷、细化晶粒，为淬火做组织准备。

(2) 最终热处理。一般采用调质处理（淬火+高温回火）。回火温度的选择取决于调质件的硬度要求，为防止第二类回火脆性产生，回火后应快冷（水冷或油冷），如图4-9所示。

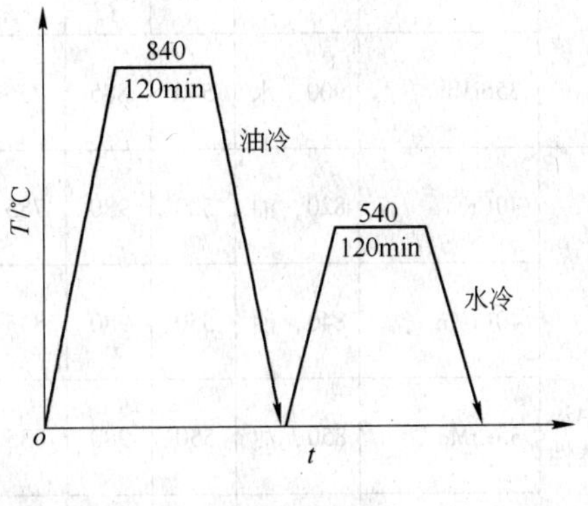

图4-9　合金调质钢最终热处理工艺曲线

当工程中还要求调质件有高耐磨性和高耐疲劳性能时，可在调质后进行表面淬火或氮化处理，这样在得到高耐磨性硬化层表面的同时，心部仍保持综合力学性能较高的回火索氏体组织。

B　基本组织

合金调质钢经调质处理后的组织一般为回火索氏体。

4.2.4.4　性能特点及应用

合金调质钢经调质处理后具有优良的综合力学性能，主要用于制造承受复杂载荷的重要的机械零件，如各种轴类零件、内燃机曲轴、连杆、螺栓等。

近年来，低碳钢和低碳合金钢经淬火和低温回火处理后可得到强度和韧性配合较好的低碳马氏体，常用来代替中碳的调质钢，在石油、矿山、汽车工业上得到广泛应用。如用15MnVB钢代替40Cr钢制造汽车连杆螺栓，效果很好。

4.2.4.5　常用牌号

40Cr、40MnB为低淬透性调质钢，合金元素含量小于3%。常用于制造中等截面的零件。

38CrMoAl 钢、35CrMo 钢为中淬透性调质钢，含合金元素总量在 4% 左右。常用于制造截面尺寸较大的零件，如齿轮、轴、螺栓等零件。

40CrMnMo 钢、25Cr2Ni4WA 钢为高淬透性调质钢，合金元素含量在 4% ~10%。常用于制造大截面、重载荷零件，如曲轴等零件。

常用调质钢的牌号、热处理、性能及用途如表 4-3 所示。

表 4-3　常用合金调质钢的牌号、热处理、性能和用途

（摘编自 GB/T 699—1999 和 GB/T 3077—1999）

类别	钢号	热处理/℃		力学性能（不小于）					退火硬度 HB	应用举例
		淬火，冷却剂	回火	σ_b /MPa	σ_s /MPa	δ_5 /%	ψ /%	A_{KU2} /J		
低淬透性	40Cr	850，油	520	980	785	9	45	47	≤207	用于制造重要调质件，如轴类、连杆螺栓、机床齿轮、蜗杆、销子等
	45Mn2	840，油	550	885	735	10	45	47	≤217	代替 40Cr 钢用作 ψ<50mm 的重要调质件，如机床齿轮、钻床主轴、凸轮、蜗杆等
	45MnB	840，油	500	1030	835	9	40	39	≤217	
	40MnVB	850，油	520	980	785	10	45	47	≤207	可代替 40Cr 或 40CrMo 钢制造汽车、拖拉机和机床的重要调质件，如轴、齿轮等
	35SiMn	900，水	570	885	735	15	45	47	≤229	除低温韧性稍差外，可全面代替 40Cr 钢和部分代替 40CrNi 钢
中淬透性	40CrNi	820，油	500	980	785	10	45	55	≤241	用于较大截面的重要件，如曲轴、主轴、齿轮、连杆等
	40CrMn	840，油	550	980	835	9	45	47	≤229	代替 40CrNi 钢用作受冲击载荷不大零件，如齿轮轴、离合器等
	35CrMo	850，油	550	980	835	12	45	63	≤229	代 40CrNi 钢用作大截面齿轮和高负荷传动轴、发电机转子等
	30CrMnSi	880，油	520	1080	885	10	45	39	≤229	用于制造飞机调质件，如起落架、螺栓、天窗盖、冷气瓶等
	38CrMoAl	940，水、油	640	980	835	14	50	71	≤229	高级氮化钢，用于制造重要丝杆、镗杆、主轴、高压阀门等
高淬透性	37CrNi3	820，油	500	1130	980	10	50	47	≤269	用于制造高强韧性的大型重要零件，如汽轮机叶轮、转子轴等
	25Cr2Ni4WA	850，油	550	1080	930	11	45	71	≤269	用于制造大截面、高负荷的重要调质件，如汽轮机主轴、叶轮等
	40CrNiMoA	850，油	600	980	835	12	55	78	≤269	用于制造高强韧性大型重要零件，如飞机起落架、航空发动机轴
	40CrMnMo	850，油	600	980	785	10	45	63	≤217	部分代替 40CrNiMoA 钢，如用作卡车后桥半轴、齿轮轴等

4.2.5 合金弹簧钢

弹簧是指利用材料的弹性和结构特点，使变形与载荷之间保持规定关系的一种弹性元件。弹簧是一种利用弹性来工作的机械零件，是机械和电子行业中广泛使用的一种弹性元件。弹簧的种类很多，按形态可分为螺旋弹簧、碟形弹簧、环形弹簧、涡卷弹簧和板弹簧等；按受力性质可分为拉伸弹簧、压缩弹簧和扭转弹簧等；按制作过程可分为冷卷弹簧和热卷弹簧。

合金弹簧钢是指用来制造各种弹性元件的专用合金钢，通常要求有比较高的强度、硬度，很好的弹性及抗疲劳性等。

4.2.5.1 成分特点

合金弹簧钢的含碳量一般在0.45% ~0.70%之间，目的是保证钢有较高的强度、硬度，若含碳量过低，无法保证较高的强度、硬度，但含碳量过高，钢的塑性、韧性下降，易发生脆断，疲劳抗力也下降。主加元素有硅（Si）、锰（Mn）等，辅加元素有铬（Cr）、钨（W）、钒（V）等。

4.2.5.2 合金元素的作用

A 主加元素

主加元素为非碳化物形成元素或弱碳化物形成元素，主要是通过溶入固溶体来提高钢的淬透性，使整个截面获得均匀的组织；同时又可强化铁素体，使钢的力学性能得以有效提高。硅还可以提高钢的屈强比，但硅的加入会使钢在加热时产生表面脱碳，导致疲劳强度降低，需要采取措施加以控制。

B 辅加元素

辅加元素主要是中强以上碳化物形成元素，能够防止由锰引起的过热倾向和由硅引起的脱碳倾向，保证较高的疲劳强度，同时可进一步提高弹性极限、屈强比与耐热性；辅加元素还可以细化晶粒，进一步提高钢的强韧性。

4.2.5.3 热处理工艺及组织

A 主要工艺

弹簧的加工方法分为热成型和冷成型两种。热成型方法一般用于大中型或形状复杂的弹簧，冷成型方法则适用于制造小尺寸的弹簧。不同的成型方法对合金弹簧钢的热处理工艺有不同的要求。

a 热成型弹簧的热处理

对于截面尺寸大于10 ~15mm的弹簧，其成型过程往往是和热处理结合进行的。钢材加热到热加工温度后，先进行成型加工，当温度下降到840 ~870℃时即入油淬火。为了防止氧化脱碳、提高弹簧的表面质量和疲劳强度，应尽量快速加热。淬火后的弹簧应立即回火，回火温度在500℃左右，由于此温度仍处于第二类回火脆性区，回火后也应快冷。所以热成型弹簧的热处理工艺一般为淬火+中温回火，处理后得到回火托氏体组织，其硬度可达40 ~45HRC，从而在保证得到高屈服强度的条件下又使其具有足够的韧性。图

4－10 为热成型弹簧的淬火处理示意图。

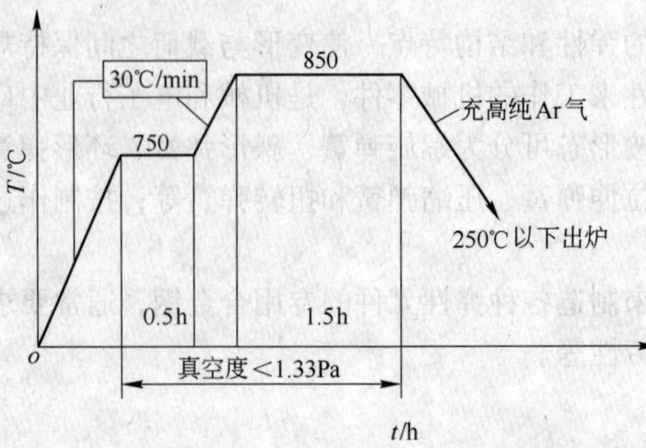

图 4－10　60Si2Mn 热成型弹簧真空淬火示意图

b　冷成型弹簧的热处理

对于钢丝直径小于 10mm 的弹簧，一般通过冷拔、冷卷成型。由于弹簧在冷加工条件下成型时产生加工硬化现象，此类弹簧在成型后其强度、硬度得到很大的提高，尤其是弹性极限和屈服极限强度的提高，已使得弹簧有了很高的弹性和很高的屈强比。通常钢丝的直径越小，强化效果越好，强度越高，强度极限可达 1600MPa 以上，而且表面质量很好。所以冷成型弹簧在成型后不再进行热处理强化，只需进行一次消除内应力和稳定尺寸的定型处理（去应力退火），即加热到 250～300℃，保温一段时间，从炉内取出空冷后即可使用。

弹簧的表面质量对使用寿命影响很大，若弹簧表面有缺陷，就容易造成应力集中，从而降低疲劳强度，故常采用喷丸的方法强化表面，使表面产生压应力，消除或减轻弹簧的表面缺陷，以便提高弹簧钢的屈服强度、疲劳强度。

B　基本组织

热成型弹簧的基本组织为回火索氏体；冷成型弹簧的基本组织为冷加工硬化后晶粒碎化的原始组织。

4.2.5.4　性能特点及应用

合金弹簧钢是一种专用结构钢，具有高的弹性和屈强比、高的疲劳强度以及足够的塑性和韧性，以保证其能承受大的弹性变形和较高的交变载荷的作用。主要用于制造利用弹性变形来贮存能量或缓和震动和冲击的弹性元件。

4.2.5.5　常用牌号

以硅、锰元素合金化的弹簧钢，其代表性钢种有 65Mn 钢和 60Si2Mn 钢。这类钢价格较低，淬透性显著优于碳素弹簧钢，可制造截面尺寸较大的弹簧。硅、锰复合合金化钢的性能比只有锰存在时要好。这类钢主要用作汽车、拖拉机和机车上的板簧和螺旋弹簧。

以铬、钒等元素合金化的弹簧钢，其代表性钢种有 50CrVA 钢。铬、钒的复合加入，不仅使钢具有较高的淬透性，而且有较高的高温强度、韧性和较好的热处理工艺性能。因此，这类钢可制作在350～400℃下承受重载较大的弹簧，如阀门弹簧、高速柴油机气门弹簧等。

常用弹簧钢的牌号、热处理、性能及用途如表4－4所示。

表4－4 弹簧钢的牌号、热处理、性能和用途

钢号	热处理/℃		力学性能（不小于）				应用举例
	淬火	回火	σ_b/MPa	σ_s/MPa	δ_5，δ_{10}/%	ψ/%	
65	840	500	980	785	9	35	用于制造调压调速弹簧、柱塞弹簧、测力弹簧及一般机械上用的圆、方螺旋弹簧等
70	820	480	1080	880	7	30	
85	820	480	1130	980	6	30	用于制造机车、汽车、拖拉机的板簧及螺旋弹簧等
65Mn	830	480	1000	800	8	30	小汽车离合器弹簧、制动弹簧、气门簧
55Si2Mn	870	480	1275	1177	6	30	用于制造机车车辆、汽车、拖拉机上的板簧、螺旋弹簧、汽缸安全阀簧、止回阀簧及其他高应力下工作的重要弹簧等，还可用作250℃以下工作的耐热弹簧
55Si2MnB	870	480	1275	1177	6	30	
55SiMnVB	860	460	1373	1226	5	30	
60Si2Mn	870	480	1275	1177	5	25	
60Si2MnA	870	440	1569	1373	5	20	
60Si2CrA	870	420	1765	1569	6	20	用于制造承受重载荷及在300～350℃以下工作的弹簧，如调速器弹簧、汽轮机汽封弹簧等
60Si2CrVA	850	410	1863	1667	6	20	
55CrMnA	830～860	460～510	1226	1079	9	20	用于制造载重汽车、拖拉机、小轿车上的板簧、50mm直径的螺旋弹簧
60CrMnA	830～860	460～520	1226	1079	9	20	
60CrMnBA	830～860	460～520	1226	1079	9	20	
50CrVA	850	500	1275	1128	10	40	用于制造大截面、高负荷的重要弹簧及在300℃以下工作的阀门弹簧、活塞弹簧、安全阀弹簧等
30W4Cr2VA	1050～1100	600	1471	1324	7	40	用于制造在300℃温度下工作的弹簧，如锅炉主安全阀弹簧、汽轮机汽封弹簧片等

4.2.6 滚动轴承钢

滚动轴承钢是指用于制造各种滚动轴承内外套圈及滚动体（滚珠、滚柱、滚针）的专用合金钢。滚动轴承在工作时，滚动体和轴承套之间为点或线接触，接触应力高达3000～3500MPa，且需承受频率达每分钟数万次的周期性交变载荷，易引起接触疲劳，同时还要承受摩擦。通常要求滚动轴承钢有较高的接触疲劳强度、高的硬度和耐磨性以及一定的韧性。

4.2.6.1 成分特点

滚动轴承钢的含碳量一般为0.95%～1.15%，目的是保证其具有较高的强度、硬度及耐磨性；主加元素主要是含量小于1.65%的铬（Cr），辅加元素有硅（Si）、锰（Mn）、

钒（V）等。

4.2.6.2　合金元素的作用

A　主加元素

铬为中强碳化物形成元素，主要作用方式是一部分溶入固溶体来提高钢的淬透性，另一部分形成合金渗碳体或碳化物，呈细密、均匀状分布，可提高钢的耐磨性，特别是提高接触疲劳强度，此外铬还有提高耐蚀性的作用。但由于滚动轴承钢是高碳钢，若含铬量过高会使钢在淬火后产生大量的残余奥氏体以及分布不均匀的碳化物，而使钢的硬度、疲劳强度和稳定性降低，所以铬的含量应控制在小于 1.65% 的范围内。

B　辅加元素

辅加元素中硅、锰分别为非碳化物形成元素和弱碳化物形成元素，主要作用是进一步提高淬透性，便于制造大型轴承，硅还可以提高钢的回火稳定性。而钒为强碳化物形成元素，主要作用是细化晶粒，提高钢的耐磨性并防止过热。

由于非金属夹杂对滚动轴承钢的接触疲劳性能影响很大，因此滚动轴承钢对硫（S）、磷（P）的含量要求特别高，通常应严格控制在 $w(S) < 0.02\%$，$w(P) < 0.027\%$ 的范围内。

4.2.6.3　热处理工艺及组织

A　基本工艺

热处理的具体工艺如下：

（1）预先热处理。由于滚动轴承钢属高碳钢，为了充分发挥碳化物的作用，在最终热处理之前需要进行合金碳化物的球化处理。因此，滚动轴承钢的预先热处理主要为球化退火，目的是球化碳化物，降低硬度，便于切削加工，并为淬火做组织准备。如果在退火前原始组织中网状碳化物较多，还应先通过正火消除网状碳化物后再进行球化退火。

（2）最终热处理。滚动轴承钢的最终热处理为淬火和低温回火。淬火加热温度要严格控制在 840℃左右，温度过高会造成晶粒长大，使韧性和疲劳强度降低；温度过低，奥氏体溶解碳化物不足，钢的淬透性和淬硬性均不够。淬火后立即进行低温回火（160～180℃），回火后的硬度大于 61HRC。为了减少残余奥氏体量、稳定尺寸，也可在淬火后进行冷处理（-60～-80℃），并在磨削加工后进行低温（120℃左右）时效处理。

B　基本组织

滚动轴承钢经过淬火、回火后的组织为极细的回火马氏体、均匀分布的细粒状碳化物以及少量的残余奥氏体。

4.2.6.4　性能特点及应用

滚动轴承钢具有高的接触疲劳强度和弹性极限，高硬度和耐磨性以及足够的韧性、淬透性和耐蚀性。主要用来制造滚动轴承滚动体（滚珠、滚柱、滚针）、内外套圈等，同时也可用于制造精密量具、冷冲模、机床丝杠等耐磨件。

4.2.6.5　常用牌号

由于滚动轴承钢碳和铬成分的特殊要求，其牌号无法按照合金结构钢的原则编制，因此设定了特殊的编制原则，即："G + Cr + 数字 + 符号 + 数字……"。"G" 为"滚"的汉语拼音首位字母，"Cr" 后的数字用铬含量的 10^3 倍表示，之后的"符号 + 数字"与合金结构钢的编号原则相同。如钢号"GCr9SiMn"表示含铬 0.9%（即 9‰）、含硅和锰小于 1.5% 的滚动轴承钢。值得注意的是，滚动轴承钢的含碳量没有表示出来，均在 0.95% ~ 1.15% 范围内。

常用滚动轴承钢的牌号、热处理、性能及用途见表 4－5。

表 4－5 滚动轴承钢的牌号、热处理、性能和用途（摘编自 GB/T 18254—2002）

钢 号	热处理/℃		回火后硬度 HRC	应 用 举 例
	淬火，冷却剂	回火		
GCr6	800 ~ 820，水、油	150 ~ 170	62 ~ 64	直径小于 20mm 的滚珠、滚针及滚柱
GCr9	810 ~ 830，水、油	150 ~ 170	62 ~ 64	直径小于 10mm 的滚珠、滚针及滚柱
GCr9SiMn	810 ~ 830，水、油	150 ~ 160	62 ~ 64	壁厚小于 12mm、外径大于 250mm 的套圈，直径大于 50mm 的钢球，直径大于 22mm 的滚子
GCr15	820 ~ 840，油	150 ~ 160	62 ~ 64	与 GCr9SiMn 钢相同
GCr15SiMn	820 ~ 840，油	150 ~ 170	62 ~ 64	壁厚不小于 12mm、外径大于 250mm 的套圈，直径大于 50mm 的钢球，直径大于 22mm 的滚子

以 GCr15 钢、GCr9 钢、GCr15SiMn 钢为代表的铬轴承钢，是目前我国应用最广（90% 左右）的滚动轴承钢种，主要用于制造中小轴承的内、外套圈及滚动体等。

在铬轴承钢中添加锰（Mn）、硅（Si）、钼（Mo）、钒（V）等合金元素，可以进一步提高钢的淬透性。为了节约铬，也可通过添加钼、钒得到无铬轴承钢，如 GSiMnMoV 钢和 GSiMnMoVRe 钢等。对于承受很大冲击或特大型的轴承，常采用合金渗碳钢制造，目前最常用的渗碳轴承钢有 20Cr2Ni4 钢等；对于要求耐磨的不锈轴承，常采用不锈钢制造，如 68Cr17 钢等。当然，由于 GCr15 钢在化学成分上与低铬工具钢相近，有时也用它制造形状复杂的刃具、冷作模具、精密量具、冷轧辊以及某些精密零件（如精密淬硬丝锥、柴油机喷油嘴等）。

4.2.7 耐磨钢

在工程结构钢中有一种特殊的钢种叫耐磨钢，是指在冲击载荷作用下发生冲击硬化的高锰钢。通常需要具备高的耐磨性和韧性。

4.2.7.1 成分特点

高锰钢的含碳量为 0.75% ~ 1.45%，目的是保证具有高耐磨性；主加元素主要是含量较高的锰元素（含锰量为 11% ~ 14%），辅加元素有少量的铬（Cr）、钼（Mo）、镍（Ni）、钒（V）等。

4.2.7.2 合金元素的作用

锰是扩大奥氏体相区的元素，大量锰的加入可以保证高锰钢形成单相奥氏体组织，获得良好的韧性；铬可以提高高锰钢的加工硬化性能，使耐磨性有一定的提高；钼也可提高高锰钢的加工硬化性能和耐磨损性能；钒可细化奥氏体晶粒；镍固溶在含锰较多的奥氏体中，能显著增加其稳定性。

4.2.7.3 热处理工艺及组织

高锰钢的铸态组织为奥氏体 + 碳化物，性能硬而脆。为此，需对其进行“水韧处理”，即把钢加热到1080℃，使碳化物完全溶入奥氏体后水冷至室温，获得均匀的过饱和单相奥氏体组织。这时高锰钢的强度、硬度并不高（180 ~ 200HBS），但塑性、韧性却很好。高锰钢水冷后不能再受热，因加热到250℃以上时有碳化物析出，会使脆性增加。

4.2.7.4 性能特点及应用

高锰钢是一种特殊的耐磨钢。由于在使用前其强度、硬度不高，而塑性、韧性很好，因此为获得高耐磨性，使用时必须伴随着强烈的冲击或强大的压力。在冲击或压力作用下，表面奥氏体迅速加工硬化，同时形成马氏体并析出碳化物，使表面硬度提高到500 ~ 550HBS，获得高耐磨性。此时心部仍为奥氏体组织，具有高耐冲击能力。当表面磨损后，新露出的表面又可在冲击或压力的作用下获得新的硬化层。

这种钢具有很高的加工硬化性能，很难进行机械加工，通常采取铸造工艺成型。主要用于制造既受到严重磨损又承受强烈冲击的零件，如拖拉机和坦克的履带板、破碎机的颚板、挖掘机的铲齿和铁路的道岔等。

4.3 工具钢及应用

工具钢是指制造各种加工工具的钢。一般情况下，大多数工具钢是在承受很大的局部压力和磨损条件下工作的，其必须具有高的硬度、耐磨性和足够的强韧性，所以工具钢大多属于过共析钢。该类钢通过热处理可以获得高碳马氏体和足够数量的粒状并弥散分布的碳化物，以保证高硬度及耐磨性。

4.3.1 工具钢的编号原则及分类

4.3.1.1 编号原则

关于碳素工具钢的牌号，我们在第3章已经介绍过。合金工具钢牌号的编号原则为：“数字 + 字母 + 数字 + 字母 + 数字 + ……”。第一位数字（一位数字）是合金工具钢含碳量的 10^3 倍，若含碳量超过1%时则不标出；第二位的字母是合金元素符号，第三位的数字是该合金元素的质量分数，当合金元素的含量小于1.5%时不标明，合金元素含量在1.5% ~ 2.5%之间的用“2”表示，合金元素含量在2.5% ~ 3.5%之间的用“3”表示，依此类推；其后的“字母 + 数字”的含义同前。如Cr12MoV钢表示钢的含碳量大于1%、含铬量约为12%、含钼和钒的量小于1.5%。在合金工具钢中，对于含铬量较低的钢，其钢号以含铬量的 10^3 倍表示，并在数字前加“0”以示区别，如平均铬含量为0.6%的低铬工具钢的钢号为Cr06。当然，合金工具钢也有一些特殊编号的钢，我们会在介绍该类钢时再加以说明。

4.3.1.2 分类

工具钢按成分（合金元素）可分为碳素工具钢和合金工具钢；按质量可分为优质工具钢和高级优质工具钢；按用途可分为刃具钢、模具钢和量具钢。根据用途分类的工具钢在性能上有一些共性的特点，但由于工作条件不同，各自又有不同的要求。下面我们按照用途的不同，对3类钢的成分、合金元素的作用、热处理特点、性能及用途等内容分别进行介绍。

4.3.2 合金刃具钢

刃具钢是指在工作中通过刃具的刃部与被加工工件之间产生的相对运动，使工件表面被剥离，从而对工件进行加工的一种工具材料，是用来制造各种切削加工工具的钢种。合金刃具钢有两种常用的类型——低合金刃具钢和高速钢。

4.3.2.1 合金刃具钢的性能要求

刃具在工作时受到复杂的切削力作用，刃部与工件表面和切屑间产生强烈的摩擦，使刃部发热并磨损。切削量越大，刃部的温度就越高，承受的冲击与震动就越大。因此，要求刃具钢具有以下几方面的力学性能。

A 高硬度

高硬度的要求是保证刃具在切削加工过程中，刃部的表面能够抵抗局部变形，防止失去切削的作用。

B 高耐磨性

高耐磨性的要求是保证刃具在切削加工过程中，刃部的表面能够抵抗局部磨损变钝，防止降低切削的效果。耐磨性不仅取决于硬度，同时还与钢中硬质相的性质、数量、大小和分布有关。

C 高的红硬性

红硬性（又称热硬性）是指刃具在高温条件下工作，其硬度和耐磨性不下降的能力，红硬性的衡量指标通常是钢的回火稳定性。高红硬性的要求是保证刃具在切削加工过程中，刃部在切削热的影响下其温度升高但不至于导致其硬度和耐磨性的下降，防止失去切削的作用。

D 足够的强度和韧性

足够的强度和韧性的要求是保证刃具在复杂切削力的作用下或冲击震动时，不发生脆性断裂或崩刃，防止失去切削的作用。

4.3.2.2 低合金刃具钢

低合金刃具钢是在碳素工具钢的基础上，加入少量（$w(Me)<5\%$）的合金元素，使得其耐磨性和热处理工艺性能进一步提高的一种合金刃具钢。

A 成分特点

低合金刃具钢的含碳量较高，一般在0.75%～1.5%之间，以保证淬火后获得高硬度（大于62HRC），并形成适当数量的碳化物以提高耐磨性。加入的合金元素有铬（Cr）、硅

(Si)、锰（Mn)、钨（W)、钒（V）等。

B　合金元素的作用

加入的合金元素中，非碳化物形成元素和弱碳化物形成元素的作用主要是提高淬透性和强化基体；中强碳化物形成元素的作用主要是提高回火稳定性（即提高红硬性)；强碳化物形成元素的作用主要是细化晶粒，提高硬度和耐磨性。因此低合金刃具钢的耐磨性和热硬性比碳素刃具钢要高，淬透性也较碳素钢好，淬火冷却可在油中进行，变形、开裂倾向减小。但合金元素的加入导致临界点升高，通常淬火温度较高，脱碳倾向会增大。

值得注意的是，铬作为中强碳化物形成元素，当 $w(\mathrm{Cr})<3\%$ 时，只形成合金渗碳体并部分溶于固溶体，铬能使钢的淬透性显著提高，但铬在过共析钢中的含量不宜过高，当 $w(\mathrm{Cr})>1.4\%$，而 $w(\mathrm{C})>1.0\%\sim1.2\%$ 时，将会增加碳化物的不均匀性。因此，过共析钢中，铬的含量一般控制在 $w(\mathrm{Cr})=1\%$ 左右。

C　热处理工艺及组织

热处理的工艺及获得的组织具体如下：

(1) 基本工艺。低合金刃具钢的热处理与碳素工具钢的基本相同，只是淬火加热温度因合金元素的加入要高于碳素工具钢的淬火加热温度。预先热处理采用球化退火，最终热处理采用淬火+低温回火，淬火的冷却一般采用油冷。对于形状较复杂、尺寸较大的刃具，在淬火加热时要采取分段预热加热，有时要进行二次回火，以消除残余奥氏体，如图4-11所示。

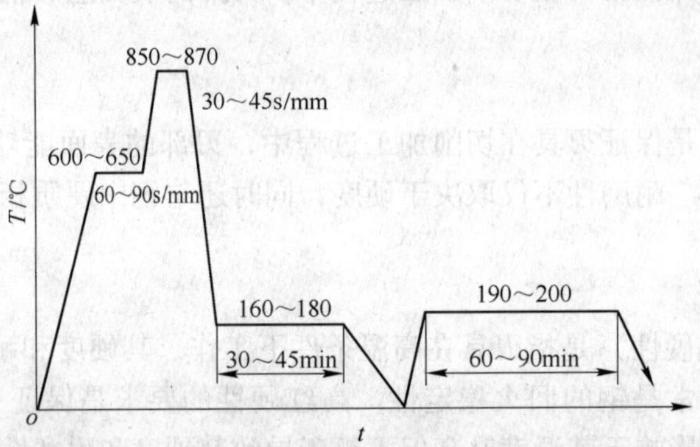

图4-11　9SiCr钢板牙热处理工艺曲线

(2) 基本组织。低合金刃具钢经预先热处理和最终热处理后的组织为细小的回火马氏体、颗粒状的碳化物和少量残余奥氏体。一般硬度可达到60~65HRC。

D　常用牌号

具体如下：

(1) Cr系低合金刃具钢，如Cr06钢、Cr2钢［$w(\mathrm{Cr})=1.3\%\sim1.65\%$］。加入铬元素提高了钢的淬透性，可以减小淬火变形与开裂的倾向；碳化物呈细小颗粒状且分布均匀，可提高钢的硬度和耐磨性。因此，Cr系低合金刃具钢可用于制造形状复杂、尺寸较大、切削用量较大的刃具，如剃刀、刀片、刮刀、锉刀、车刀、铰刀、刨刀、钻头、冷轧辊等。

(2) Si-Cr系低合金刃具钢，如9SiCr钢。在低铬工具钢的基础上加入硅（$w(\mathrm{Si})=$

1.2% ~1.65%)。这类钢具有更高的淬透性和红硬性，且碳化物细小均匀。适用于制造变形要求较小的薄刃刀具，如板牙、丝锥、冷冲模及低速切削刃具等。

(3) W系低合金刃具钢。淬火后的硬度和耐磨性较碳素工具钢好，韧性也较好，热处理变形小，水淬不宜开裂，但红硬性不高。适用于制作低速切削硬金属的刃具，如小麻花钻、车刀等。

常用低合金刃具钢的牌号、热处理、性能及用途如表4-6所示。

表4-6 低合金刃具钢的牌号、热处理、性能与用途（摘编自GB/T 1299—2000）

牌号	淬火		回火		应用举例
	温度/℃，冷却剂	硬度 HRC	温度/℃	硬度 HRC	
9SiCr	820~860，油	≥62	190~200	60~63	用于制造丝锥、板牙、钻头、铰刀、齿轮铣刀、冷冲模、轧辊
9Mn2V	780~820，油	≥62	150~200	58~63	用于制造长丝锥、板牙、样板、量规、中小型模具、磨床主轴、精密丝杠等
Cr2	830~860，油	≥62	150~170	60~62	用于制造低速、材料硬度不高的切削刃具，量规、冷轧辊等
CrMn	840~860，油	≥62	130~140	62~65	用于制造各种量规与块规等
CrWMn	820~840，油	≥62	140~160	62~65	用于制造长丝锥、长铰刀、板牙、拉刀、量具、冷冲模等
CrW5	800~820，油	≥65	150~160	64~65	用于制造慢速切削硬金属用的刃具，如铣刀、车刀、刨刀等；高压力工作用的刻刀等

4.3.3 高速钢

为了提高切削速度，除了改善机床和刃具的设计外，刃具材料的选用一直是一个核心问题。由于在高速切削过程中，刃具的刃部温度会高达600℃以上，相当于淬火+低温回火后的刃具钢在工作过程中进行了一次高温回火加热，这对于回火稳定性不是特别高的低合金刃具钢而言，其硬度和耐磨性在此后显然无法保持高硬度和耐磨性的要求。

为了达到高速切削的目的，可采用高合金工具钢。这类钢由于有更高的硬度和耐磨性，尤其是更高的红硬性（600℃时，HRC>60），在作为切削刃具使用时，可以有很高的切削速度，因此将此类高合金工具钢称为高速钢。因高速钢在切削时可长时间地保持刃口的锋利，故俗称“锋钢”；又因高速钢含有大量的合金元素，淬火冷却时采用空冷就能获得高硬度，故又俗称“风钢”。高速钢的力学性能同样具备高硬度、高耐磨性、高的红硬性和足够的强度和韧性的特点，应该说，高速钢这些力学性能指标的综合值均高于低合金刃具钢。

4.3.3.1 成分特点

高速钢的含碳量较高，一般在0.70%以上，最高可达1.5%。高的含碳量一方面保证钢与合金元素形成足量的碳化物以细化晶粒，增大耐磨性；另一方面保证基体中溶入足量碳后能获得高硬度马氏体。但含碳量的多少需与合金元素相适应，也不宜过高，否则会产生严重的碳化物偏析，降低钢的塑韧性。高速钢的合金元素主要有铬（Cr）、钨（W）、钼（Mo）、钒（V）等。

4.3.3.2　合金元素的作用

A　铬的作用

加入铬（Cr）可以显著提高钢的淬透性。在奥氏体化过程中铬溶入奥氏体，可大大提高钢的淬透性；回火时形成细小的碳化物，可提高材料的耐磨性。

B　钨和钼的作用

加入钨（W）、钼（Mo）可以提高钢的回火稳定性，保证高的红硬性。退火状态下钨（W）或钼（Mo）主要以 Me_6C 型碳化物的形式存在。淬火加热时，一部分碳化物溶于奥氏体中，淬火后固溶于马氏体中，在560℃左右回火时，碳化物以 W_2C 或 Mo_2C 形式弥散析出，产生二次硬化。这种碳化物在500～600℃温度范围内非常稳定，不易聚集长大，保证了高温回火时高速钢硬度不下降，从而使钢具有良好的热硬性。淬火加热时，未溶的碳化物还能起阻止奥氏体晶粒长大及提高耐磨性的作用。钼在高速钢中的作用与钨相似，可用1%的钼代替2%的钨。

C　钒的作用

加入钒（V）主要是提高耐磨性，阻碍晶粒的长大。钒作为强碳化物形成元素，在高速钢中形成的碳化物硬度极高，非常稳定，且颗粒细小分布均匀，因此钒提高高速钢硬度和耐磨性的作用很大。钒的碳化物也强烈阻碍奥氏体晶粒的长大，保证了高速钢在淬火加热温度很高时而不产生粗大的晶粒。同时，钒的碳化物还能产生二次硬化作用，但因总含量不高，对提高热硬性所起作用不大。

此外，有的高速钢中还加入钴（Co）元素来显著提高钢的红硬性和二次硬化效果，同时改善高速钢的耐磨性、导热性和磨削加工性。

4.3.3.3　热处理工艺及组织

A　基本工艺和目的

高速钢中含有大量的合金元素，为了充分发挥这些合金元素的作用，需要采取一些特别的工艺和特殊的热处理工艺。

a　高速钢的锻造

不同的高速钢虽然在成分上差异很大，但含有的合金元素基本相同，其组织很相似，均属于高合金莱氏体钢。高速钢的铸态组织中含有大量的呈鱼骨状分布的粗大共晶碳化物，如图4－12所示。这些莱氏体组织脆性很大，会大大地降低高速钢的力学性能，尤其是韧性。然而这些碳化物还无法用热处理的方法来消除，因此高速钢在切削加工成型和热处理改性前，要进行大锻造比的反复锻造，依靠锻打来击碎碳化物并使其均匀分布。所以高速钢锻造具有毛坯成型和改善碳化物的双重作用，是非常重要的加工过程。另外高速钢的塑性、导热性较差，锻后需采取缓冷。

b　高速钢的球化退火

由于高速钢中奥氏体的稳定性很好，锻造后虽进行缓冷，但其硬度仍然很高，并产生了残余应力。为了改善其切削加工性能，消除内应力，并为最终热处理做组织准备，必须进行球化退火。生产中常采用等温球化退火，即在 860～880℃加热保温后，迅速冷却到720～750℃之间等温使其发生组织变化。锻造退火后获得的组织为索氏体＋粒状碳化物，如图 4－13 所示。

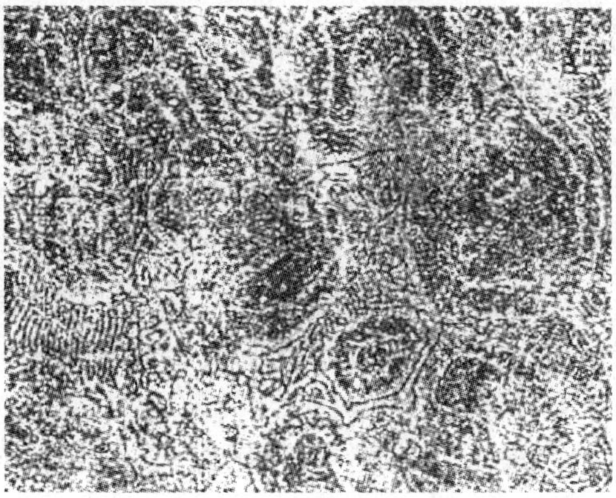

图 4－12 W18Cr4V 钢铸态组织示意图

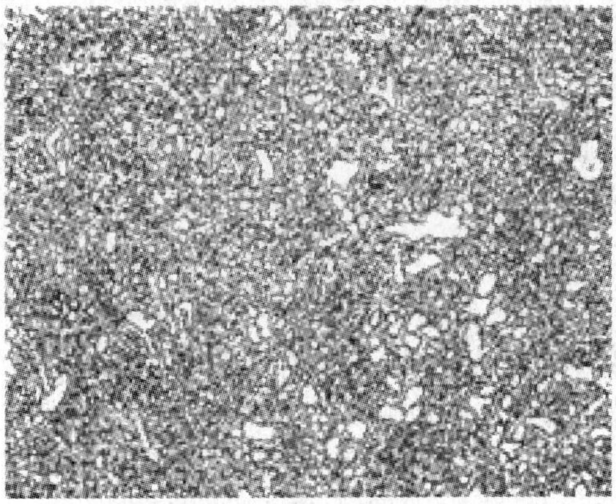

图 4－13 W18Cr4V 钢球化退火组织示意图

c 高速钢的淬火及回火

高速钢优越的性能需要经过正确的淬火和回火处理后才能获得。由于大量合金元素的存在，高速钢的淬火温度要比一般的合金刃具钢高得多，通常需达到 1280℃左右。高温加热的目的是保证有足够多的碳化物溶入奥氏体，使奥氏体中固溶的碳和合金元素的含量较多，使高速钢具有非常好的淬透性，在淬火后马氏体硬度高且较稳定；同时，由于高速钢中的合金元素（主要是钒元素）形成的稳定碳化物能够阻碍奥氏体晶粒长大，因此在1280℃高温下加热时，高速钢也不会出现晶粒粗化现象。但大量的合金元素会使高速钢导热性差，传热速率低，因此淬火加热时必须进行中间预热（800～850℃进行一次预热，或者 500～600℃、800～850℃进行两次预热），而冷却也多采用分级淬火、高温淬火或油淬。图 4－14 为高速钢最终热处理的基本工艺曲线。

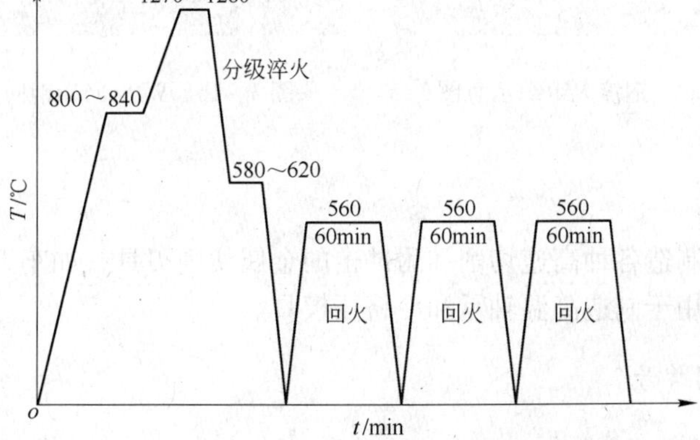

图 4－14 W18Cr4V 钢最终热处理工艺曲线

为保证得到高硬度及红硬性，高速钢需要在二次硬化峰值温度或稍高温度下（通常550～570℃）进行多次回火（一般3次）。高速钢淬火组织（如图4－15所示）中的碳化物在回火过程中不发生变化，只是马氏体和残余奥氏体发生变化。由于淬火马氏体中合金元素的作用，在回火温度达到550～570℃左右时，大量细小的铬、钨、钼碳化物从马氏体中析出，弥散地分布在基体上，产生二次硬化，使回火组织的强度、硬度和耐磨性达到最高值，因此，高速钢淬火后通常采用高温回火。

在高速钢淬火高温加热后，大量的合金元素溶于奥氏体，使得过冷奥氏体的稳定性非常高，淬火冷却后的室温组织中含有大量的残余奥氏体（约25%），如图4－15所示。回火加热时，因残余奥氏体中析出合金碳化物，残余奥氏体中合金元素含量减少，使马氏体转变温度点上升，导致在回火后的冷却过程中，一部分残余奥氏体将转变为马氏体。每回火一次，组织中的残余奥氏体含量降低一次，第一次回火后剩15%～18%，第二次回火后降为3%～5%，第三次回火后仅剩余1%～2%。因此，三次回火的主要目的是消除高速钢淬火组织中大量的残余奥氏体。同时，残余奥氏体中的合金碳化物析出，能够进一步保证回火后强度硬度。

综上所述，高速钢热处理的基本工艺为：大锻造比锻造＋球化退火＋高温淬火（1280℃）＋3次高温回火（560℃）。

B　基本组织

高速钢经高温淬火和3次高温回火后的组织为极细的回火马氏体＋较多的粒状碳化物＋少量残余奥氏体，如图4－16所示。

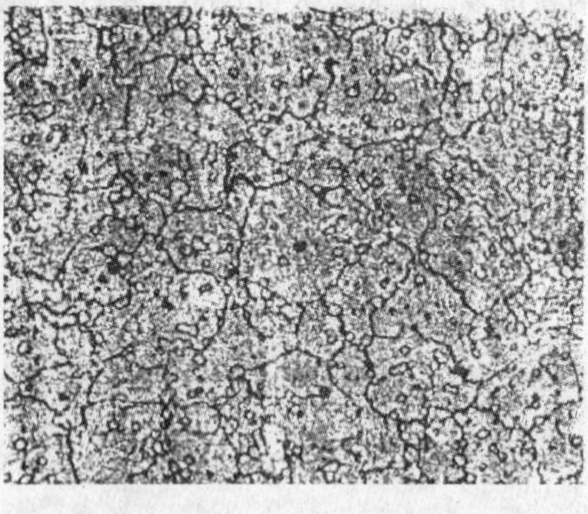

图4－15　W18Cr4V钢淬火组织示意图

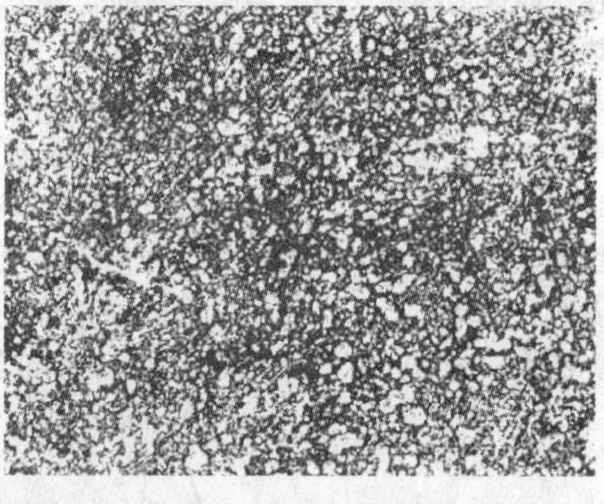

图4－16　W18Cr4V钢回火组织示意图

4.3.3.4　用途

高速钢适用于制造各种高速切削和耐冲击的金属切削刃具，如车刀、铣刀、刨刀、拉刀及钻头等，也可用于制造高温轴承和冷挤压模具。

4.3.3.5　常用牌号

A　通用型高速钢

通用型高速钢的含碳量在0.7%～0.9%。这类高速钢具有高的硬度、红硬性和耐磨性，较高的强度，良好的磨削性，广泛用于制造各种形状复杂的刃具。根据高速钢的主要成分不同，通用型高速钢又可分为钨系高速钢和钼系高速钢两种。

a 钨系高速钢

典型牌号是W18Cr4V（含碳量为0.7%～0.8%，牌号具有特殊性）。它具有良好的综合力学性能，通用性强，在我国应用较为广泛。由于这种钢含钒量少，故磨削性能相对较差。常用于制造各种复杂的精加工刃具，如螺纹车刀、宽刃精刨刀、精车刀、成型车刀等。这种钢由于含碳化物较多，淬火时过热倾向小，塑性变形抗力也较大，但其碳化物分布不均匀、颗粒大，这将影响薄刃刀具和小截面刃具的耐用度。此外钨的价格较贵，使得钨系高速钢的使用量逐渐减少。

b 钼系高速钢

钼系高速钢是用钼代替一部分钨，典型牌号是W6Mo5Cr4V2（含碳量为0.8%～0.9%，牌号具有特殊性）。加入钼后使结晶温度间隔变窄，铸态共晶莱氏体细小，因而它的碳化物比钨系高速钢均匀细小，使钢在950～1100℃有良好的塑性，便于压力加工，并且在热处理后也有较好的韧性。由于这种钢的含钒量较多，故耐磨性要优于W18Cr4V钢，但热处理时脱碳倾向较大，热硬性略低于W18Cr4V钢。因此，这种钢适应于制造要求耐磨性和韧性较好的刃具，如铣刀、插齿刀、锥齿轮、刨刀等。

B 高性能高速钢

高性能高速钢是在通用型高速钢成分的基础上，再增加一些碳和钒，有时添加钴、铝等合金元素，以提高耐磨性和热硬性。这类钢制刃具适合加工奥氏体不锈钢、高温合金、钛合金、超高强度钢等难加工材料。高性能高速钢包括钴高速钢（W6Mo5Cr4V2Co5）、铝高速钢（W6Mo5Cr4V2Al）、高碳高速钢（9W18Cr4V）等。此外还有涂层高速钢和粉末冶金高速钢。

涂层高速钢（850～900HV，62～70HRC）是在刀具基体上用物理气相沉积法（PVD）沉积一层厚为2～6μm的TiN或TiC涂层，可使刀具表面硬度达1950～3200HV，表面耐热性达到1000℃以上，切削速度可提高50%～100%，刀具耐用度可提高2～10倍。如果涂层后再刃磨前刀面或后刀面，其刀具耐用度还可以提高2倍左右。涂层高速钢刀具的切削力可减小20%～40%，切削热可降低20%。

粉末冶金高速钢是用高压氩气或氮气雾化熔融的高速钢水，得到细小高速钢粉末，筛选后在真空（5.333Pa）状态下密闭烧结，使其密度达到65%，再在1100℃高温、300MPa高压下制成密度为100%的钢坯，然后锻轧成钢材。这样有效地解决了熔炼高速钢在铸锭时易产生粗大碳化物偏析的问题，而无论截面大小，其碳化物级别均为一级。它的强度、韧性分别是同化学成分的熔炼高速钢的2倍及2.5倍，由于碳化物晶粒较细，耐磨性依然很好，其高温热硬度也比熔炼高速钢提高0.5～1HRC。对于小尺寸刀具而言，其耐磨性提高1.5～2倍；对于大尺寸刀具而言，其耐磨性提高20%～30%。因此，粉末冶金高速钢具有良好的力学性能，适合制造间断切削条件下易崩刃的刀具、强度高而切削刃又必须锋利的刀具及在高压动载荷下使用的刀具，如插齿刀、滚刀、铣刀。

高速钢的主要牌号、热处理、硬度及用途如表4－7所示。

表4-7　常用高速钢的牌号、热处理、硬度及用途（摘编自 GB/T 3080—2001、GB 9943—1988）

牌　号	热处理温度/℃		退火硬度 HB	淬火回火 HRC	应用举例
	淬火	回火			
W18Cr4V	1270~1285	550~570 3次	≤255	≥63	用于制造工作温度在600℃以下仍能保持切削性能的刀具，如车、刨、铣、铰、拉刀、钻头、各种齿轮刀具及丝锥、板牙等
W18Cr4V2Co5	1280~1300	540~560 3次	≤269	≥63	用于制造高速切削刀具、自动化机床的刀具，供切削较高强度材料用
W6Mo5Cr4V2	1210~1230	550~570 3次	≤255	≥63	用于制造各种工具，例如钻头、丝锥、铣刀、铰刀、拉刀、齿轮刀具等
W6Mo5Cr4V3	1200~1230	540~560 3次	≤255	≥64	用于制造各类一般刀具，如车刀、刨刀、丝锥、钻头、成型铣刀、拉刀、滚刀、螺纹梳刀等
W9Mo3Cr4V	1220~1240	540~560 3次	≤255	≥63	用于制作锯条、大小钻头、拉刀、滚刀、铣刀、丝锥、插齿刀、滚压滚丝轮等工具。也适于制造高负荷模具，尤其是冷挤压模具等
W6Mo5Cr4V2Al	1220~1250	540~560 3次	≤269	≥65	用于制作各种拉刀、齿轮滚刀、插齿刀、车刀、镗刀、刨刀、扩孔钻等切削工具，用于加工高温合金、不锈钢和超强度钢等

4.3.4　合金模具钢

用来制造各种模具的钢称为模具钢。它是机械制造、汽车制造、航空航天、无线电仪表、电机电器等工业部门制造零件的主要加工工具。模具的质量直接影响着压力加工工艺的质量、产品的精度和生产成本，因此只有合理地设计模具材料的化学成分、组织结构，才能获得所需的力学性能。为此首先要对模具的工作条件、失效形式及钢材的性能要求进行综合分析，寻找失效的主要因素，确定合适的材料种类和热处理方案，以提高模具的使用寿命。根据工作条件的不同，我们将模具钢分为冷作模具钢和热作模具钢两类。

4.3.4.1　冷作模具钢

用于冷态金属成型的模具钢称为冷作模具钢，这类钢制模具工作时的实际温度一般不超过200~300℃。冷作模具钢包括制造冲裁用的模具（落料冲孔模、修边模、冲头、剪刀）、冷镦和冷挤压模具、压弯和拉丝模具等。

A　成分特点

冷作模具钢在工作时，由于被加工材料的变形抗力比较大，模具的工作部分要承受很大的压力、弯曲力、冲击力及摩擦力，因此，冷作模具的正常报废原因一般是磨损，也有因断裂、崩刃和变形过大而提前失效的。冷作模具钢与刃具钢相比，既有许多共同点，也有不同之处，因此，冷作模具钢种（成分）的选择以高碳成分为主。

对于一些尺寸较小、形状简单、负荷较轻的冷作模具，如小冲头和剪板机的剪刀等，可以选用碳素工具钢和低合金刃具钢材料。这类材料的成分特点、热处理工艺不再叙述。

对于尺寸较大、形状和受力较复杂的冷作模具，其成分特点表现为高碳、中高铬及少量中强碳化物形成元素，高的含碳量（一般多在1.0%以上，有时达2.0%）就是为了保证冷作模具钢具有高硬度和高耐磨性。另外也有选用高速钢的，主要是利用它的高淬透性和高耐磨性。

B 合金元素的作用

大量铬（Cr）加入并溶于固溶体后可以大大地提高钢的淬透性，同时，因含碳量较多，一部分铬还能与碳形成大量的特殊碳化物来提高钢的硬度和耐磨性。加入的其他钼（Mo）、钨（W）、钒（V）等中强以上碳化物形成元素，形成了难溶的碳化物，进一步细化晶粒，使碳化物分布均匀，可大大提高钢的耐磨性和韧性。

C 热处理工艺及组织

a 基本工艺

采用低合金刃具钢制造的模具，其热处理与低合金刃具钢相似。对于高碳、中高铬的冷作模具钢，由于含碳量和合金元素的含量较高，为莱氏体钢，因此在热处理前也要进行大锻造比反复锻造，并进行球化退火处理。最终热处理方案有两种。

（1）一次硬化法。在较低温度（950~1000℃）下淬火，然后低温（150~180℃）回火（如图4-17所示工艺曲线）。硬度可达61~64HRC，使钢具有较好耐磨性和韧性，适用于重载模具。

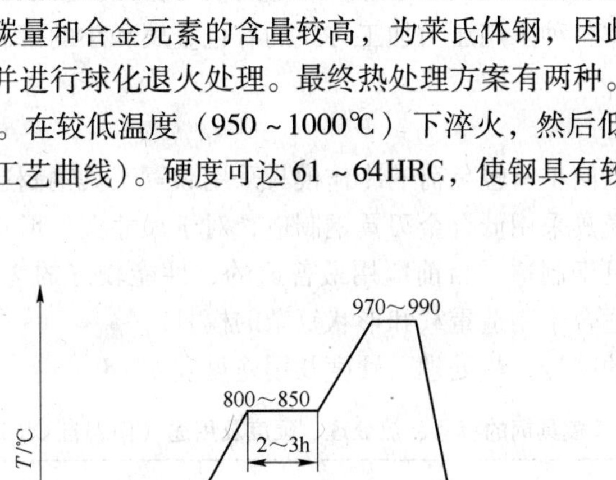

图4-17 冷作模具一次硬化工艺曲线

（2）二次硬化法。在较高温度（1100~1150℃）下淬火，然后于510~520℃之间多次回火（如图4-18所示工艺曲线）。通过产生二次硬化，使硬度达到60~62HRC，红硬性和耐磨性也较高，但韧性较差。适用于在400~450℃温度范围内工作的模具或者需要进行碳氮共渗的模具。

b 基本组织

冷作模具钢最终热处理后的组织为：回火马氏体+细小的碳化物+少量残余奥氏体。

D 性能特点及用途

冷作模具钢除要求具有高的硬度和高的抗弯强度以保证冲压过程的顺利进行外，与刃

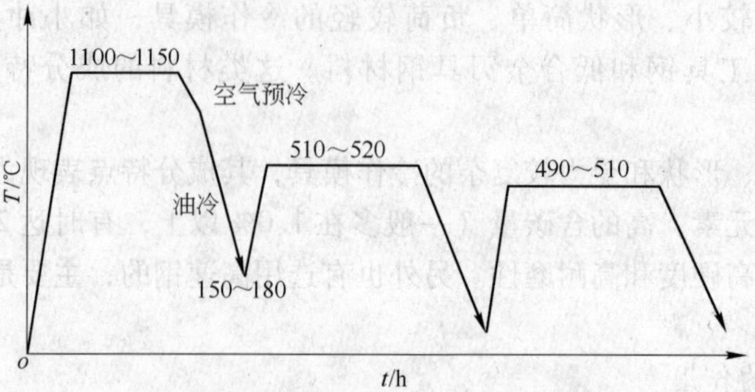

图4-18　冷作模具钢二次硬化工艺曲线

具钢的不同之处还在于模具形状及加工工艺复杂，摩擦面积大，磨损可能性大，所以要求其具有更高的耐磨性；由于模具工作时承受冲压力大，又因形状复杂易于产生应力集中，所以要求其具有较高的韧性；由于模具尺寸大、形状复杂，所以要求其有较高的淬透性、较小的变形及开裂倾向性。总之，冷作模具钢在淬透性、耐磨性与韧性等方面的要求要较刃具钢高一些，而在红硬性方面的要求较低或基本上没要求（因为是冷态成型）。因此，冷作模具钢适用于制作各种采用压力加工方式的有色金属和小的钢制零件在冷加工条件下的模具。

E　常用牌号

对于尺寸小、形状简单、轻负荷的冷作模具采用碳素工具钢制造；对于尺寸大、形状复杂、轻负荷的冷作模具采用低合金刃具钢制造；对于尺寸大、形状复杂、重负荷的冷作模具则需采用冷作模具钢制造。目前应用最普遍的、性能较好的为Cr12MoV钢。这种钢的热处理变形很小，适合于制造重载和形状复杂的模具。

常用冷作模具钢的牌号、热处理、硬度及用途见表4-8。

表4-8　冷作模具钢的牌号、热处理、硬度及用途（摘编自GB 1299—2000）

牌　号	淬火 温度/℃，冷却剂	回火 温度/℃	硬度 HRC	应　用　举　例
4CrW2Si	860~900，油	200~250	≥53	用于制造风动工具、錾子、冲裁切边复合模、冲模、冷切用的剪刀等冲剪工具
		430~470	≥44	
6CrW2Si	860~900	200~250	53~56	用于制造风动工具、凿子、冲击模具、冷剪机刀片、冲裁切边用凹模和空气锤用工具等
		430~470	40~45	
6Cr6Mo5Cr4V	1180~1200，油	560~580	≥60	用于制造冷挤压凹模和上下冲头等
9Mn2V	780~810，油	150~200	≥62	用于制造丝锥、板牙、铰刀、小冲模、冷压模、料模、剪刀等
9CrWMn	800~830，油	150~260	≥62	用于制造截面不大而形状较复杂的冷冲模，以及量规、样板等量具
Cr2MnSiWMoV	840~860，油	180~200	≥	代替Cr12MoV钢
Cr4W2MoV	860~980，油	260~300	≥60	用于制造各种冲模、冷镦模、落料模、拉延模、冷挤压凹模和搓丝板等
	1020~1040，油	500~540	60~62	

续表 4-8

牌　号	淬火 温度/℃，冷却剂	回火 温度/℃	硬度 HRC	应 用 举 例
Cr6WV	950~970，油	150~210	≥58	代替 Cr12MoV 钢
Cr12	950~1000，油	200~450	≥60	用于制造受冲击荷载较小，且要求高耐磨性的冷冲模和冲头，剪切硬且薄的金属的冷切剪刃、钻套、量规、拉丝模、压印模、搓丝板、拉延模和螺丝滚模等
Cr12MoV	1020~1040，油	150~425	≥55	用于制造断面较大、形状复杂、耐磨性要求高、承受较大冲击负荷的冷作模具，如冷切剪刀、切边模、滚边模、量规、拉丝模、搓丝板、螺纹滚模、冲孔凹模、钢板深拉伸模以及要求高耐磨的冷冲模和冲头等
	1115~1130，硝盐	210~510	≥60	

4.3.4.2　热作模具钢

用于热态金属成型的模具钢称为热作模具钢，如制造各种热锻模、热挤压模、压铸模的钢种等。热作模具钢的工作特点是与热态金属直接接触，锻模的模腔表面温度可达300~400℃，热挤压模的模腔表面温度可达500~800℃，黑色金属压铸模的模腔表面温度可达1000℃以上。因此，热成型加工会带来模腔表面金属受热使模腔表面硬度和强度显著下降，模腔表面金属在承受反复热、冷的作用下出现热疲劳等问题。

A　成分特点

热作模具钢的含碳量一般为0.3%~0.6%，目的是保证热作模具在具有较高的强度、硬度的同时，保持足够的韧性和较高的热疲劳抗力。加入的合金元素主要有非碳化物形成元素镍（Ni）和硅（Si），碳化物形成元素锰（Mn）、铬（Cr）、钨（W）、钼（Mo）和钒（V）等。

B　合金元素的作用

合金元素可以进一步强化铁素体。镍在强化铁素体的同时还能增加钢的韧性；铬和镍或铬和锰、钨、硅的加入可提高钢的相变温度，使热模面在交替受热与冷却过程中，不致发生体积变化较大的相变，从而提高热疲劳抗力；加入的铬、钼、钨等元素可以产生二次硬化，提高回火稳定性，钒能细化晶粒、提高耐磨性，钼还能防止产生第二类回火脆性。

C　热处理工艺及组织

热处理工艺及组织具体如下：

（1）基本工艺。热锻模钢的热处理与调质钢相似。在毛坯锻造后进行退火预先处理，最终热处理是淬火后中温或高温回火（如图4-19所示最终热处理工艺曲线）。大型热锻模热处理加热时要进行预热，冷却时缓冷，防止出现淬火裂纹；热压模淬火后要在略高于二次硬化峰值的温度（600℃左右）下回火，且为了保证热硬性，还要进行多次回火。

（2）基本组织。通常情况下，热作模具钢经淬火及中温或高温回火后的组织分别为回火托氏体或回火索氏体组织。但热压模钢经淬火和多次高温回火后，其组织形态类似于高速钢，为回火马氏体、粒状碳化物和少量残余奥氏体。

D　性能特点及用途

热作模具钢的力学性能特点是高的红硬性和高温耐磨性，高的热疲劳抗力以及高的热

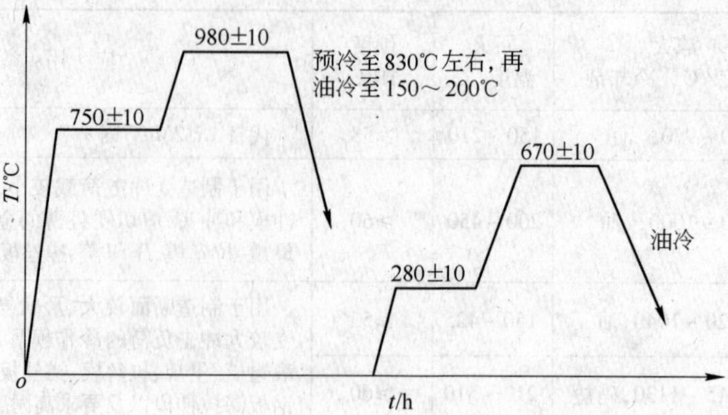

图 4－19　5Cr2NiMoVSi 钢制模具最终热处理工艺曲线

强性和足够的韧性，同时还要求有抗氧化性和良好的导热性等物理性能。对于大型的热锻模，还要求有高的淬透性。热作模具钢适用于制作在各种热加工条件下工作时型腔表面温度达 600℃ 以上的热锻模、热压模、热挤压模和压铸模等。如钢制零件的坯料加工锻压模、大型有色金属的压铸模等。

E　常用牌号

对于韧性要求较高而热硬性要求不高的热作模具，典型钢种有 5CrMnMo 钢和 5CrNiMo 钢（其在截面尺寸较大时使用）等。对于受冲击载荷较小，但对热强度要求较高的热作模具，常用钢种有 3Cr2W8V 钢、4Cr5MoSiV 钢等。

热作模具钢的主要牌号、热处理、硬度及用途见表 4－9。

表 4－9　热作模具钢的牌号、热处理、硬度及用途（摘编自 GB 1299—2000）

牌　号	淬火温度/℃，冷却剂	供货硬度 HB	应　用　举　例
5CrMnMo	820～850，油	241～197	适于用作边长小于或等于 300～400mm 的中、小型热模锻
5CrNiMo	830～860，油	241～197	适于用作形状复杂、冲击负荷重的各种中、大型锤锻模
3Cr2W8V	1075～1125，油	≤255	适于用作在高温、高应力下工作但不受冲击的压模，如平锻机上的凸凹模、镶块、铜合金挤压模等，还可用作热剪切刀
5Cr4Mo3SiMnVAl	1090～1120，油	≤255	用于制作热挤压冲头、槽用螺栓热模锻、冷镦模、冲孔凹模、冲击钻头等
3Cr3Mo3W3V	1060～1130，油	≤255	适于用作镦锻、辊锻、精锻、压力机等热作模具
5Cr4W5Mo2V	1100～1150，油	≤269	用于制造中小型精锻模、平锻模、热切边模等热挤压模具
8Cr3	850～880，油	255～207	用于制造受冲击、振动较小，工作温度低于 500°C，耐磨损的模具，如热切边模、成型冲模、螺栓热顶锻模等
4CrMnSiMoV	870～930，油	241～197	用于制作锤锻模、压力机锻模、校正模、弯曲模等
4Cr3Mo3SiV	1010 盐浴或 1020 炉控，空，550 回火	≤229	用于制作热滚锻模、塑压模、热锻模、热冲模等

续表 4-9

牌号	淬火温度/℃，冷却剂	供货硬度 HB	应用举例
4Cr5MoSiV	1000 盐浴或 1010 炉控，空，550 回火	≤235	适于制造热挤压模、螺栓模、热切边模、锤锻模、铝合金压铸模等
4Cr5MoSiV1	1000 盐浴或 1010 炉控，空，550 回火	≤235	用作模锻锤锻模、铝合金压铸模、热挤压模具、高速精锻模具及锻造压力机模具等
4Cr5W2VSi	1030~1050，油	≤229	用于制作热挤压用的模具和芯棒，铝及锌等金属的压铸模、热顶锻结构钢和耐热钢用的工具

4.3.5 合金量具钢

量具是用来度量工件尺寸的工具，如卡尺、千分尺、螺旋测微仪、块规、塞规等。由于量具在使用过程中经常受到工件的摩擦与碰撞，而量具本身必须具备非常高的尺寸精确性和恒定性，因此要求量具材料具有高的硬度和高的耐磨性，以保证在长期使用过程中不致被很快磨损而失去其精度；其次要求量具材料具有很高的尺寸稳定性，以保证量具在使用和存放过程中保持形状和尺寸的恒定。此外，还要求量具具有一定的抗腐蚀性能、一定的韧性及良好的磨削加工性。

4.3.5.1 热处理特点

量具钢由于要求具有高硬度和高耐磨性，通常选择高碳钢材料。因此，其热处理基本上与刃具钢一样，需进行球化退火、淬火及低温回火。在淬火和低温回火时要采取措施提高组织的稳定性，以保证尺寸的稳定。影响量具尺寸稳定性的因素有以下几个方面：

（1）残余奥氏体转变引起的尺寸膨胀；

（2）马氏体继续分解引起的尺寸收缩；

（3）淬火及磨削过程中残余应力未彻底消除而引起的变形。虽然这些变形都很小，但对于高精度的量具而言是不允许的，必须要在量具使用前彻底消除。

在保证硬度的前提下，为了提高量具的尺寸稳定性，可尽量降低淬火温度，以减少残余奥氏体量。通常是在淬火后立即进行 -70 ~ -80℃的冷处理，使残余奥氏体尽可能地转变为马氏体，然后再进行低温回火。此外，精度要求高的量具，在淬火、冷处理和低温回火后，还需在 120~130℃温度下进行几至几十小时的时效处理，使马氏体正方度降低、残余奥氏体稳定和残余应力消除。为了去除磨削加工过程中产生的应力，还要在 120~150℃温度范围内保温 8h，进行第二次（或多次）时效处理（如图 4-20 所示）。

4.3.5.2 常用材料

量具钢没有专门的钢种。尺寸小、形状简单、精度较低的量具常用高碳钢制造；复杂的精密量具一般用低合金刃具钢或滚动轴承钢制造，如 CrMn 钢、CrWMn 钢、GCr15 钢等；渗碳钢及氮化钢可在渗碳及氮化后制作精度不高，但耐冲击性的量具；在腐蚀介质中使用的量具则可用不锈钢（如 68Cr17、30Cr13）制作。

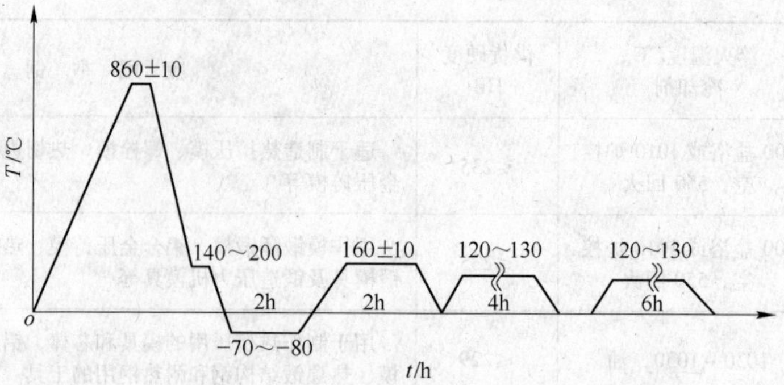

图 4-20　GCr15 钢块规热处理工艺示意图

常用合金量具钢的选用及用途见表 4-10。

表 4-10　常用合金量具钢的选用及用途

用　途	选用钢举例	
	钢类别	钢牌号
精度不高、耐冲击的卡板、样板、直尺	渗碳钢	15 号、20 号、15Cr
块规、螺纹塞规、环规、样柱、样套	低合金工具钢	CrMn、9 CrWMn、CrWMn
块规、塞规、样柱	滚动轴承钢	GCr15
各种要求精度的量规	冷作模具钢	9Mn2V、Cr12MoV、Cr12
要求精度和耐腐蚀性的量具	不锈钢	30Cr13、68Cr17

4.4　特殊性能钢及应用

特殊性能钢是指具有特殊的物理或化学性能，用来制造除要求具有一定的力学性能外，还要求具有特殊性能的零件的一类钢。其种类很多，机械制造行业中主要使用的是不锈耐酸钢、耐热钢、耐磨钢等。

不锈耐酸钢是指具有抗腐蚀性能的一类特殊性能的钢种，它包括耐酸钢和不锈钢。所谓耐酸钢是指在各种强腐蚀介质中能耐蚀的钢，腐蚀速度小于 0.1 毫米/年的耐酸钢称“完全耐蚀”，腐蚀速度小于 1 毫米/年的耐酸钢称为“耐蚀”。而通常意义上的不锈钢是指能抵抗大气及弱腐蚀介质腐蚀的钢种，腐蚀速度小于 0.01 毫米/年的不锈钢称“完全耐蚀”，腐蚀速度小于 0.1 毫米/年的不锈钢称为“耐蚀”。所以说不锈钢不一定耐酸，但耐酸钢肯定是不锈钢。因此，不锈钢并不是不被腐蚀，只不过被腐蚀的速度较慢而已。

不锈钢对腐蚀介质具有选择性。在同一介质中，不同种类的不锈钢的腐蚀速度不大相同；而同一种不锈钢在不同的介质中的腐蚀行为也不完全一样。如不锈钢在氧化性介质中的耐蚀性很好，但在非氧化性介质中的耐蚀性就不好。因此，掌握好各类不锈钢的耐蚀特点，对于正确选择和使用不锈钢是很重要的。本节主要介绍不锈耐酸钢耐蚀的基本原理，合金化原理，常用的不锈耐酸钢的成分、组织、性能特点、热处理工艺及应用等内容。

4.4.1 金属的腐蚀原理

4.4.1.1 金属腐蚀的类型

所谓腐蚀（或锈蚀）是指金属表面受到外部介质作用而被逐渐破坏的现象。腐蚀可分为化学腐蚀和电化学腐蚀两类。

A 化学腐蚀

化学腐蚀是指金属与干燥气体和非电解质溶液之间发生化学反应而产生的腐蚀，腐蚀过程不产生电流。钢在高温下的氧化和脱碳属于典型的化学腐蚀。

B 电化学腐蚀

电化学腐蚀是指金属与电解质溶液（即酸、碱、盐溶液）之间发生电化学反应而产生的腐蚀，腐蚀过程产生电流。大部分金属的腐蚀属于电化学腐蚀。

4.4.1.2 电化学腐蚀的基本原理

不同的金属有不同的电极电位，当两类电极电位不同的金属相互接触（或有导体连接），并存在于电解质溶液中时，将形成原电池。因为电化学作用，电极电位低的金属成为阳极并不断失去电子而产生腐蚀，电极电位较高的金属为阴极而不被腐蚀，如图 4－21 所示。

在同一合金中，因组成合金的固溶体和金属化合物的电极电位不同，在电解质溶液存在的情况下，也会产生电化学腐蚀。如图 4－22 所示，碳钢组织中的珠光体是由电极电位较低的铁素体和电极电位相对较高的渗碳体组成，在电解质溶液存在时，铁素体将成为阳极而被腐蚀。所以当合金为多相组织时，如果不同的组织组成相间存在着电极电位差，则组织的弥散度越大，形成的微电池就越多，电化学腐蚀就越严重，即合金中不同组织、成分、应力区域之间都可能构成原电池，因此在实际使用这些合金时都必须考虑腐蚀问题。

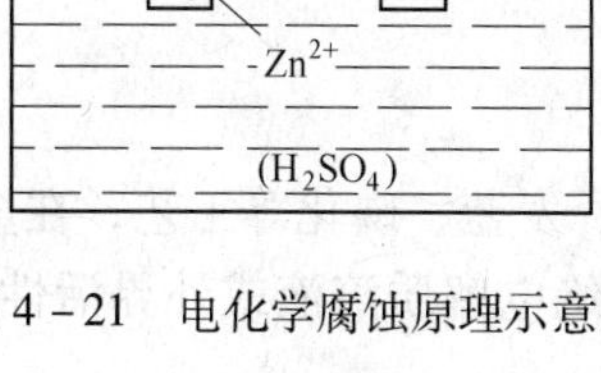

图 4－21 电化学腐蚀原理示意图

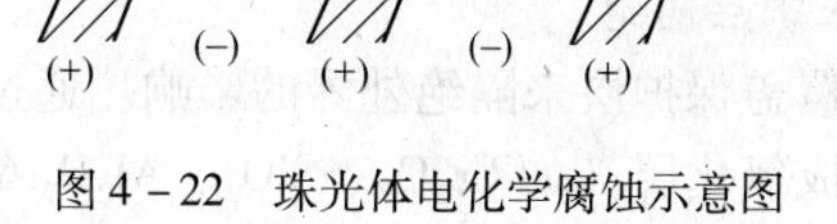

图 4－22 珠光体电化学腐蚀示意图

4.4.1.3 电化学腐蚀的形式

电化学腐蚀的形式有很多种，如均匀腐蚀、点腐蚀、晶间腐蚀、应力腐蚀等，这些腐蚀对金属材料的力学性能危害较大，在应用时应特别注意。

A　晶间腐蚀

晶间腐蚀是指在多晶体中沿着晶界发生的腐蚀。这种腐蚀通常是由表面开始，逐渐向内部发展，发生晶间腐蚀时，零件的外形并无变化，但晶粒之间的结合已遭到破坏，严重地降低了力学性能，是危害性很大的一种腐蚀。

B　应力腐蚀

应力腐蚀是指在拉应力（包括零件内部残余拉应力）和腐蚀介质的共同作用下引起的破裂过程。零件在冷加工、焊接、热处理操作过程和使用过程中，当存在残余应力或承受拉应力时，都有可能产生应力腐蚀。

C　疲劳腐蚀

疲劳腐蚀是指在腐蚀环境中，由于金属材料受交变应力作用而产生裂纹所引起的破坏过程。疲劳腐蚀的发生可能是由疲劳引起裂纹，而腐蚀促进裂纹进一步发展；也可能是首先在金属材料表面形成腐蚀，从而促进疲劳裂纹产生，然后又进一步促使其发展。

4.4.1.4　防止电化学腐蚀的基本思路

从电化学腐蚀的基本原理可以得出，产生电化学腐蚀必须同时具备 3 个条件：

（1）两金属材料（或同一金属材料的两相）的电极电位有差异；

（2）两金属材料相互接触（或有导体介质连接）；

（3）存在电解质溶液。

因此，防止金属材料产生腐蚀的基本思路就是限制产生腐蚀的 3 个条件同时存在。由于碳钢室温下的两个基本相（铁素体和渗碳体）的电极电位不同，很容易形成腐蚀，因此，改善碳钢耐蚀性的主要措施是进行合金化。

A　提高保护金属的电极电位

通过加入合金元素，大幅度提高电极电位较低的金属基体的电极电位。对于钢铁材料，主要是加入铬（Cr）元素，当溶于铁素体中的铬元素超过 11.7% 时，可以显著提高铁素体的电极电位（铁素体的电极电位由 -0.56V 提高到 +0.2V），从而使合金钢主要基体的抗腐蚀性能提高。

B　形成单相组织

通过加入合金元素使合金在室温状态下呈单相组织。对于钢铁材料，主要是通过加入锰（Mn）、镍（Ni）、钴（Co）等合金元素，扩大奥氏体区，在室温获得奥氏体钢；通过加入铬（Cr）、钼（Mo）、钨（W）、钒（V）、钛（Ti）、硅（Si）等合金元素，扩大铁素体区，在室温获得铁素体钢。

C　保护层隔绝

通过覆盖保护层来隔绝外界的影响。通过涂漆、电镀、发蓝、磷化等工艺，在金属材料表面形成氧化层（如 Cr_2O_3、SiO_2、Al_2O_3 氧化膜）来隔绝电解质溶液或外界活性元素，防止具备电化学腐蚀产生的条件或产生化学腐蚀。

4.4.2　常用不锈钢

不锈钢按成分可分为铬不锈钢、铬镍不锈钢和铬锰不锈钢；按金相组织状态可分为马氏体不锈钢、铁素体不锈钢、奥氏体不锈钢、双相不锈钢。

不锈钢的牌号编制原则原与合金工具钢基本相同，为了便于区别，国家标准对不锈钢牌号作了新的规定，并从 2009 年 1 月 1 日起实施。新标准编号的基本原则是“数字 + 字母 + 数字 + ……”，首位数字表示不锈钢的含碳量，为碳的质量分数的小数位数值。如 12Cr13 表示含碳量为 0.12%；10Cr17 表示含碳量为 0.10%；06Cr13Al 表示含碳量为 0.06%；022Cr12 表示含碳量为 0.022%。其后的“字母 + 数字”的含义同合金结构钢和合金工具钢。

4.4.2.1 马氏体不锈钢

马氏体不锈钢是指加热后发生相变，淬火冷却产生马氏体转变的不锈钢。

A 成分特点及作用

马氏体不锈钢的含碳量在 0.1% ~0.9% 之间，以保证不锈钢具有一定的强度和高的塑韧性；主加元素铬的含量在 12% ~18% 之间，其主要作用是当 $w(\mathrm{Cr}) \geq 11.7\%$ 的量溶于基体时，可大大提高基体的电极电位，同时少量的铬与碳形成碳化物保证了钢具有一定的强硬度。该类钢因只用铬合金化，在氧化性介质中耐蚀，在非氧化性介质中不能良好钝化，耐蚀性很差。

B 热处理工艺及组织

马氏体不锈钢的热处理与合金结构钢基本相同。其中，Cr13 型钢的淬火和回火温度都较一般合金钢高些。通过淬火获得马氏体组织后，应根据需要进行不同的回火处理。用作高强结构零件时需进行调质处理；用作弹簧元件时需进行淬火和中温回火处理；用作医疗器械、量具时需进行淬火和低温回火处理。

采用不同的热处理工艺后其组织不同，经调质处理后的组织是回火索氏体；经淬火中温回火后的组织是回火托氏体；经淬火低温回火后的组织是回火马氏体。

C 性能特点及用途

含碳量较低的马氏体不锈钢耐蚀性较好，且有较好的力学性能，主要用作耐蚀结构零件，如汽轮机叶片、热裂解设备配件等。含碳量较高的马氏体不锈钢因含碳量增加，强度和耐磨性提高，但耐蚀性降低，主要用作防锈的手术器械、刃具、轴承、量具等。

部分马氏体不锈钢的牌号、热处理、力学性能及用途如表 4 - 11 所示（由于不锈钢的国家新标准刚出台不久，在实际应用中旧标准还有广泛的使用基础，此表所列为旧标准数据）。

表 4 - 11 部分不锈钢的牌号、热处理、力学性能及用途（摘编自 GB 1220—1992）

类别	牌 号	热处理/℃		力学性能（不小于）					应 用 举 例
		淬火，冷却剂	回火	$\sigma_{0.2}$ /MPa	σ_b /MPa	δ_5 /%	ψ /%	硬度	
马氏体型	1Cr13	950 ~ 1000，油冷	700 ~ 750，快冷	345	540	25	55	HB 159	用于制造抗弱腐蚀介质并承受冲击载荷的零件，如汽轮机叶片、水压机阀、螺栓、螺母等
	2Cr13	920 ~ 980，油冷	600 ~ 750，快冷	440	635	20	50	HB 192	
	3Cr13	920 ~ 980，油冷	600 ~ 750，快冷	540	735	12	40	HB 217	

续表 4－11

类别	牌　号	热处理/℃		力学性能（不小于）					应　用　举　例
		淬火，冷却剂	回火	$\sigma_{0.2}$ /MPa	σ_b /MPa	δ_5 /%	ψ /%	硬度	
马氏体型	4Cr13	1050～1100，油冷	200～300，空冷	—	—	—	—	HRC 50	用于制造具有较高硬度和耐磨性的医疗器械、量具、滚动轴承等
马氏体型	9Cr18	1000～1050，油冷	200～300，油、空冷	—	—	—	—	HRC 55	用于制造不锈切片机械刀具，剪切刀具，手术刀片，高耐磨、耐蚀件
铁素体型	1Cr17	退火，780～850加热后空冷或缓冷		250	400	20	50	HB 183	制作硝酸工厂、食品工厂的设备
奥氏体型	0Cr18Ni9	固溶，1010～1150加热后快冷		205	520	40	60	HB 187	具有良好的耐蚀及耐晶间腐蚀性能，用于制作化学工业中需要良好耐蚀性的材料
奥氏体型	1Cr18Ni9	固溶，1010～1150加热后快冷		205	520	40	60	HB 187	用于制作耐硝酸、冷磷酸、有机酸及盐、碱溶液腐蚀的设备零件
奥氏体型	1Cr18Ni9Ti	固溶，920～1150加热后快冷		205	520	40	50	HB 187	具有较好的耐晶间腐蚀性，用于制作耐酸容器及设备衬里、抗磁仪表、医疗器械等

4.4.2.2　铁素体不锈钢

铁素体不锈钢是指加热后不发生相变，从高温到低温一直保持铁素体相的不锈钢。

A　成分特点及作用

铁素体不锈钢的含碳量小于 0.15%，可保证不锈钢具有很高的塑韧性；主加元素铬的含量在 12%～30%之间，其主要作用是当 $w(\mathrm{Cr})\geqslant 11.7\%$ 的量溶于铁素体时，可大大提高铁素体的电极电位，同时扩大铁素体相区，使得常温下获得单相铁素体组织。

B　热处理特点及组织

铁素体不锈钢由于要求获得以铁素体为主的单相组织，因此不需要进行热处理强化，但由于在加热过程中没有相变，铁素体晶粒很容易长大，出现粗晶，导致塑性、韧性较低，所以其热处理通常是加工成型后去应力退火（560～800℃加热后快冷）。对于含碳量较高的不锈钢，高温下可能存在部分 α 相转变成 γ 相，为防止出现奥氏体向马氏体的转变，可采取在 870～950℃加热后水冷。最终组织基本上是铁素体＋部分碳化物。

C　性能特点及用途

铁素体不锈钢不能利用马氏体来强化，其强度较低、塑性较好，抗大气与酸腐蚀的能力强，具有良好的高温抗氧化性，特别是抗应力腐蚀性能较好。主要用作耐蚀性要求很高而强度要求不高的构件，如化工设备、容器和管道、食品厂设备等。常用铁素体不锈钢的牌号、热处理、力学性能及用途如表 4－11 所示。

4.4.2.3　奥氏体不锈钢

奥氏体不锈钢是指加入大量的镍、锰等元素，使得在室温条件下为单相奥氏体组织的不锈钢。

A 成分特点及作用

奥氏体不锈钢的含碳量小于0.1%，以保证奥氏体不锈钢有较高的塑性和韧性；主加的合金元素铬（Cr）的含量大于18%，以提高基体的电极电位；镍（Ni）的含量大于8%或锰（Mn）的含量大于6%，以促进奥氏体的形成；辅加的少量强碳化物形成元素钛（Ti）可以阻碍奥氏体晶粒的长大。

B 热处理特点及组织

奥氏体不锈钢获得的是单相奥氏体组织，不需要通过热处理强化。由于存在大量的合金元素，为了防止在加热后冷却过程出现碳化物的析出，奥氏体不锈钢的热处理采取的是加热后水冷。为区别于碳素钢的淬火处理，我们将奥氏体钢在1000～1100℃之间加热后水冷的热处理过程称为固溶处理，奥氏体不锈钢固溶处理后的组织为单相奥氏体组织。

对于含钛或铌的钢，一般在固溶处理后要进行稳定化处理。通常是将钢加热到850～880℃，使铬的碳化物完全溶解，而钛等的碳化物不会完全溶解，然后缓慢冷却，让溶于奥氏体的碳化钛充分析出。这样，碳几乎全部形成碳化钛，不再可能形成碳化铬，因而能有效地防止晶间腐蚀的产生。

由于奥氏体不锈钢的塑性很高，产品通常采用冷加工方式成型，因此在加工后要进行去应力退火，一般是将钢加热到300～350℃以消除冷加工应力。

C 性能特点及用途

奥氏体不锈钢有着很高的塑性和韧性，有着很好的耐蚀性和耐热性，同时，由于奥氏体是铁在912℃以上形成的碳的间隙固溶体，无磁性，此组织特性使得该类不锈钢与铁素体不锈钢和马氏体不锈钢在物理性能上有所区别。奥氏体不锈钢在炼油、石化、化工等方面得到广泛的应用。常用奥氏体不锈钢的牌号、热处理、力学性能及用途如表4－11所示。

在不锈钢供销市场上，除了国标牌号被广泛使用外，还比较流行使用“美国试验与材料学会国际组织”（简称ATSM）标准规定的牌号。有关不锈钢新旧国标和美国（ATSM）标准之间的对照见表4－12、表4－13。

表4－12 非奥氏体不锈钢牌号对照表

马氏体不锈钢、奥氏体－铁素体不锈钢（6、7）			铁素体不锈钢		
中国标准（GB）		美国标准（ASTM）	中国标准（GB）		美国标准（ASTM）
旧标	新标		旧标	新标	
1Cr12	12Cr12	403	0Cr13Al	06Cr13Al	405
1Cr13	12Cr13	410	—	022Cr11Ti	409
2Cr13	20Cr13	420	00Cr12	022Cr12	410L
3Cr13	30Cr13	—	1Cr17	10Cr17	430
7Cr17	68Cr17	440A	1Cr17Mo	10Cr17Mo	434
0Cr26Ni5Mo2	—	329	—	022Cr18NbTi	—
00Cr18Ni5Mo3Si2	022Cr19Ni5Mo3Si2N	—	00Cr18Mo2	019Cr19Mo2NbTi	444

表 4-13　奥氏体不锈钢牌号对照表

中国标准（GB）		美国标准（ASTM）	中国标准（GB）		美国标准（ASTM）
旧 标	新 标		旧 标	新 标	
1Cr17Mn6Ni5N	12Cr17Mn6Ni5N	201		06Cr17Ni12Mo2	316
1Cr18Mn8Ni5N	12Cr18Mn9Ni5N	202	0Cr18Ni12Mo2Ti	06Cr17Ni12Mo2Ti	316Ti
1Cr17Ni7	12Cr17Ni7	301	00Cr17Ni14Mo2	022Cr17Ni12Mo2	316L
0Cr18Ni9	06Cr19Ni10	304	0Cr17Ni12Mo2N	06Cr17Ni12Mo2N	316N
00Cr19Ni10	022Cr19Ni10	304L	00Cr17Ni13Mo2N	022Cr17Ni13Mo2N	316LN
0Cr19Ni9N	06Cr19Ni10N	304N	0Cr18Ni12Mo2Cu2	06Cr18Ni12Mo2Cu2	—
0Cr19Ni10NbN	06Cr19Ni9NbN	XM21	00Cr18Ni14Mo2Cu2	022Cr18Ni14Mo2Cu2	—
00Cr18Ni10N	022Cr19Ni10N	304LN	0Cr19Ni13Mo3	06Cr19Ni13Mo3	317
1Cr18Ni12	10Cr18Ni12	305	00Cr19Ni13Mo3	022Cr19Ni13Mo3	317L
0Cr23Ni13	06Cr23Ni13	309S	0Cr18Ni11Ti	06Cr18Ni11Ti	321
0Cr25Ni20	06Cr25Ni20	310S	0Cr18Ni11Nb	06Cr18Ni11Nb	347

4.4.3　其他特性钢

其他特性钢主要包括耐磨钢和耐热钢。耐磨钢作为合金结构钢，在第 4.2.7 节已做介绍，不再赘述。

耐热钢是指在高温下具有高的热化学稳定性和热强性的特性钢，它包括抗氧化钢（或称高温不起皮钢）和热强钢两类。耐热钢常用于制造锅炉、汽轮机、动力机械、工业炉和航空、石油化工等工业部门中在高温下工作的零部件。这些部件除要求高温强度和抗高温氧化腐蚀外，根据用途不同还要求有足够的韧性、良好的可加工性和焊接性，以及一定的组织稳定性。

抗氧化钢一般要求较好的化学稳定性，但承受的载荷较低。热强钢则要求较高的热强性和相应的抗氧化性。

热化学稳定性包括抗氧化性、耐硫性、耐铅性和抗氢腐蚀性等，其中最重要的是抗氧化性。在高温空气、燃烧废气等氧化性介质中，金属表面将生成氧化物层，而金属的抗氧化性就取决于氧化物层的稳定性、致密度以及与基体金属的结合等。提高抗氧化性的途径主要是在金属表面形成一层连续致密的结合牢固的氧化膜，阻碍氧进一步的扩散，使内部金属不被继续氧化。

热强性是指金属在高温下的强度，其性能指标为蠕变极限和持久强度。所谓蠕变是指金属在高温、低于抗拉强度的应力作用下所发生的极其缓慢的塑性变形；在一定温度、一定时间内产生一定变形量的蠕变时所对应的应力称为蠕变极限；而在一定温度、一定时间内发生断裂时所对应的应力称为持久强度。提高热强性的途径主要有固溶强化、第二相强化和晶界强化。

耐热钢和不锈耐酸钢在使用范围上互有交叉，一些不锈钢兼具耐热钢的特性，既可用作不锈钢，也可作为耐热钢使用。耐热钢按组织的不同可分为珠光体钢、马氏体钢和奥氏体钢 3 类。珠光体耐热钢的常用牌号是 15CrMo 和 12CrMoV 两种，用于制造工作温度低于 600℃的结构件，如锅炉的炉管、过热器、石油热裂装置、气阀等。马氏体耐热钢的常用钢种为 Cr12 型和 Cr13 型钢，多用于制造在 600℃以下工作、受力较大的零件，如汽轮机叶片等。奥氏体耐热钢的热化学稳定性和热强性都比珠光体和马氏体耐热钢高，工作温度可达750~800℃，可用于制作一些比较重要的零件，如燃气轮机轮盘和叶片等。

4.5 铸铁

铸铁也是以铁和碳为主要构成元素的铁基合金。其化学成分一般为 $w(C)=2.0\%\sim4.0\%$、$w(Si)=1.0\%\sim3.0\%$、$w(Mn)=0.1\%\sim1.0\%$、$w(S)=0.02\%\sim0.25\%$、$w(P)=0.05\%\sim1.5\%$。为了提高铸铁的力学性能，有时在铸铁中添加少量的铬（Cr）、镍（Ni）、铜（Cu）、钼（Mo）等合金元素制成合金铸铁。所以铸铁又和钢不同，它是一种以 Fe、C、Si 为主要成分，且在结晶过程中具有共晶转变的多元铁基合金。由于存在共晶转变，因此铸铁的铸造性能优良，因而通常采用铸造方法生产出铸铁零件（简称铸件）使用，故这类铁碳合金称为铸铁。

铸铁是人类最早使用的金属材料之一。虽然铸铁的力学性能（抗拉强度、塑性、韧性）较低，但是由于其生产成本低廉，具有优良的铸造性、可切削加工性、减振性及耐磨性，因此到目前为止，在现代工业中铸铁仍是一种被广泛使用的金属材料。例如，按质量统计，在机床中使用的铸铁件约占60%~90%；在汽车、拖拉机中使用的铸铁约占50%~70%。高强度铸铁和特殊性能的合金铸铁还可代替部分昂贵的合金钢和某些有色金属材料。例如，机床床身、内燃机的汽缸体、缸套、活塞环及轴瓦、曲轴等都是由铸铁制造的。

4.5.1 铸铁的分类及碳的石墨化

4.5.1.1 铸铁的分类

A 按碳的存在形式

碳在铸铁中除了少部分溶于铁素体外，其余部分既能以化合状态的渗碳体（Fe_3C）形式存在，也能以游离状态的石墨（G）形式存在，据此可以把铸铁分为3大类。

（1）白口铸铁。碳除少量固溶于铁素体中外，其余的碳都以渗碳体（第二相）的形式存在于铸铁基体中，其断口呈银白色，故称白口铸铁。在 $Fe-Fe_3C$ 相图中讲述的亚共晶白口铸铁、共晶白口铸铁、过共晶白口铸铁就属于这类铸铁。由于这类铸铁中都存在共晶莱氏体组织，所以其性能硬而脆，很难切削加工，一般很少直接用来制造零件。

（2）麻口铸铁。碳除少量固溶于铁素体中外，一部分以游离状态的石墨（G）形式存在，另一部分以化合状态的渗碳体（Fe_3C）形式存在，在其断口上存在黑白相间的麻点，故称麻口铸铁。这类铸铁也具有较大的硬脆性，故工业上也很少使用。

（3）灰口铸铁。碳除少量固溶于铁素体中外，其余的碳全部以游离状态的石墨（G）形式存在，其断口呈暗灰色，故称灰口铸铁。由于灰口铸铁中的碳主要以石墨形式存在，使得灰口铸铁具有良好的切削加工性、减摩性、减振性等，而且熔炼的工艺与设备简单，成本低廉，所以在目前的工业生产中，灰口铸铁是最重要的工程材料之一。若按质量分数计算，其在各类机械中的应用约占40%~70%，在机床和重型机械中的应用则可达60%~90%。

B 按铸铁中石墨形态

根据铸铁中石墨形态的不同，可将铸铁分为如下几类：

（1）普通灰口铸铁（简称灰铸铁）。铸铁中的石墨呈片状存在。这类铸铁的力学性能虽然不高，但它的生产工艺简单、价格低廉，故在工业上应用最广。

（2）球墨铸铁。铸铁中的石墨呈球状存在。它不仅力学性能比灰铸铁高，而且还可以通过热处理进一步提高其力学性能，所以它在生产中的应用日益广泛。

（3）可锻铸铁。铸铁中的石墨呈团絮状存在。其力学性能（特别是韧性和塑性）较灰铸铁高，并接近于球墨铸铁。

（4）蠕墨铸铁。铸铁中的石墨呈蠕虫状存在。其力学性能介于灰铸铁与球墨铸铁之间。这种铸铁是20世纪70年代发展起来的一种新型铸铁。

C　按铸铁的化学成分

可分为常用铸铁和合金铸铁两类。常用铸铁也称为普通灰口铸铁，合金铸铁也称为特殊性能铸铁。

4.5.1.2　铸铁的石墨化

A　石墨的性能

石墨的晶格类型为简单六方晶格。如图4－23所示，原子呈层状排列，同一层的原子间距为0.142nm，结合力较强；而层与层之间的面间距为0.340nm，依靠较弱的金属键结合，故石墨具有不太明显的金属性能（如导电性），而且由于层与层间的结合力较弱，易滑动，故石墨的强度、塑性和韧性很低，硬度仅为3～5HBS。

B　铸铁的石墨化过程

铸铁中碳原子析出并形成石墨的过程称为石墨化。石墨既可以从液态和奥氏体中析出，也可以通过渗碳体分解来获得。灰铸铁和球墨铸铁中的石墨主要是从液态中析出；可锻铸铁中的石墨则完全是白口铸铁经长时间退火，由渗碳体分解而得到。铸铁的石墨化过程可以分为高温、中温、低温3个阶段。

高温石墨化阶段包括在低于液相线温度冷却时，自液态中析出“一次石墨”G_{I}和共晶成分液相在共晶温度（1148℃）下发生共晶反应结晶出共晶石墨G的过程。

中温石墨化阶段包括在低于共晶温度冷却时，沿奥氏体饱和溶解度线从奥氏体中析出“二次石墨”G_{II}的过程。

低温石墨化阶段包括共析成分的奥氏体在共析温度（727℃）发生共析转变析出G的过程。图4－24为石墨化三阶段示意图。

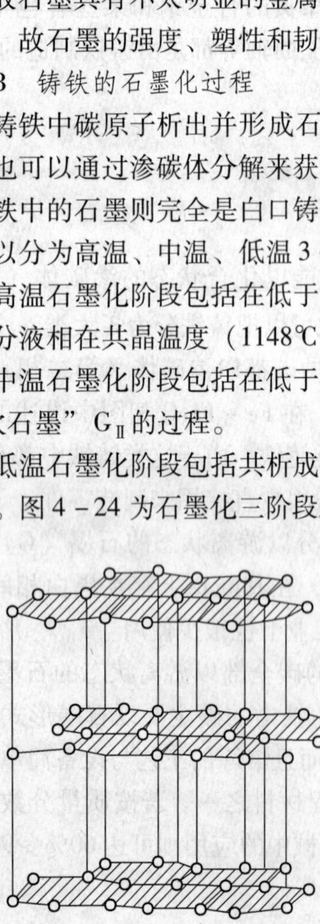

图4－23　石墨晶体结构示意图

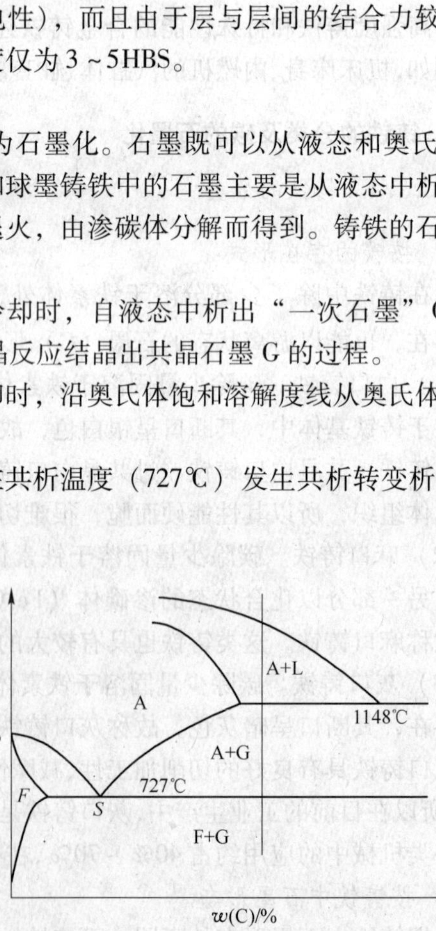

图4－24　铸铁石墨化阶段示意图

不同阶段的石墨化形成的组织是不同的。理论上，在共析线温度以下冷却至室温，还可能在铁素体中析出三次石墨，但因为数量极微，常忽略。由于碳原子的扩散能力随温度降低而减弱，故在高温、中温阶段石墨化过程比较容易进行，而在低温阶段石墨化过程难以进行。因此，若铸铁在高温、中温阶段的石墨化过程都得以实现，碳主要以 G 形式存在，将获得灰口铸铁；若铸铁只在高温阶段实现石墨化过程，而中温、低温阶段石墨化过程没有实现，则碳以 G 和 Fe_3C 两种形式存在，将获得麻口铸铁。

如果铸铁的冷却速度非常缓慢，转变过程近似平衡冷却过程，则铸铁中的碳全部以石墨的形式存在，此时铸铁的室温组织由铁素体与石墨（包括一次、共晶、二次、共析石墨）组成。但在实际生产中，由于化学成分、冷却速度等各种条件的不同，各阶段石墨化过程进行的程度也不同，从而可获得各种不同金属基体的铸态组织，如表 4－14 所示。

表 4－14 碳的石墨化过程对铸铁组织类型的影响

名 称	石墨化过程			显 微 组 织
	高温阶段	中温阶段	低温阶段	
灰口铸铁	完全石墨化	完全石墨化	完全石墨化	铁素体＋石墨
	完全石墨化	完全石墨化	部分石墨化	铁素体＋珠光体＋石墨
	完全石墨化	完全石墨化	未石墨化	珠光体＋石墨
麻口铸铁	部分石墨化	未石墨化	未石墨化	低温莱氏体＋珠光体＋石墨
白口铸铁	未石墨化	未石墨化	未石墨化	低温莱氏体＋珠光体＋渗碳体

C 影响石墨化的因素

由于铁的晶体结构与石墨的晶体结构差异很大，所以普通铸铁在一般铸造条件下只能得到白口铸铁，而不易获得灰口铸铁，因此，灰口铸铁的组织形态主要取决于碳石墨化的程度。

为了获得所需的不同形态的灰口组织，需要通过添加合金元素和改善铸造工艺等手段来控制铸铁的石墨化。实践证明，铸铁的化学成分和结晶时的冷却速度是影响石墨化和铸铁显微组织的主要因素。

a 化学成分的影响

碳是强烈促进石墨化的元素。在铸铁生产中，正确控制含碳量是获得所需组织和性能的重要措施之一。石墨来源于碳，随着含碳量的提高，铁液中的含碳量和未溶解的石墨微粒增多，有利于石墨形核，从而促进石墨化，如图 4－25 所示。但含碳量过高会促使石墨数量增多而降低铸铁的力学性能。因此，通常灰口铸铁的含碳量接近于 4.3%。

硅是促进石墨化的元素。硅与铁原子的结合力大于碳与铁原子之间的结合力，当硅溶于铁液和铁的固溶体中时，削弱了铁和碳原子之间的结合力，从而促使石墨化，如图 4－25 所示。硅还能降低铸铁的共晶成分和共析成分中的含碳量，因此铸铁中加入的硅可代替一部分碳，又不至于产生过多的石墨而导致铸铁力学性能降低。硅促进石墨化的作用约相当于碳所起作用的 1/3，为了综合考虑碳和硅的影响，常用碳当量（C_E）表示。碳当量是含硅量折合成的相当的含碳量与实际含碳量之和，即：$C_E = (w(C) + w(Si))/3$。

锰是阻碍石墨化的元素。锰能溶于铁素体和渗碳体，起固定碳的作用，从而阻碍石墨

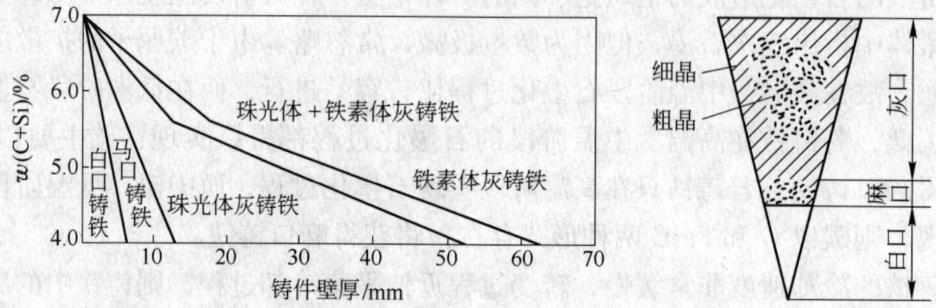

图 4－25　碳硅含量和冷却速度对铸件组织的影响

化，过高的含锰量易产生游离渗碳体，增加铸铁的脆性。但锰能与硫结合生成 MnS，消除硫的有害影响，所以锰是一个有益元素。

硫是阻碍石墨化的元素。硫阻碍碳原子的扩散，是一个促进白口铸铁形成的元素，而且降低铁液的流动性，恶化铸造性能，增加铸件的缩松缺陷。因此，硫是一个有害元素，其含量应控制在 0.15% 以下。

磷是促进石墨化不十分强烈的元素。磷在奥氏体和铁素体中的固溶度很小，且随铸铁中含碳量的增加而减小。当含磷量大于 0.2% 后，就会出现化合物 Fe_3P，它常以二元磷共晶（ + Fe_3P）或三元磷共晶（ + Fe_3P + Fe_3C）的形态存在。磷共晶硬而脆，当在铸铁组织中呈孤立、细小、均匀分布时，可以提高铸铁件的耐磨性。反之，若呈粗大连续网状分布时，将降低铸件的强度，增加铸件的脆性。通常灰口铸铁的含磷量应控制在 0.2% 以下。

b　冷却速度的影响

铸件的冷却速度对石墨化过程也有明显的影响，如图 4－25 所示。一般来说，铸件冷却速度越缓慢，即过冷度越小，越有利于按照 Fe－G 系状态图进行结晶和转变，即越有利于石墨化过程的充分进行。反之，铸件冷却速度越快，就越不利于石墨化的进行。在高温缓慢冷却的条件下，由于原子具有较强的扩散能力，当按 Fe－C 状态图进行转变时，铸铁中的碳也可从液态或渗碳体分解并以游离态的石墨相析出。但在共析阶段，由于温度较低，冷却速度即使不大，原子扩散也很困难，所以在通常情况下，共析阶段的石墨化（即低温阶段的石墨化）难以完全进行。铸件冷却速度是一个综合的影响因素，它与浇注温度、造型材料、铸造方法和铸件壁厚都有关系。

D　影响灰口铸铁性能的因素

当铸铁中的碳主要以石墨的形式存在时，灰口铸铁的基本组织就由钢的基体和石墨组成。因此，影响灰口铸铁力学性能的因素即为钢基体和石墨的性能。由于石墨的力学性能与钢基体的力学性能相比有着天壤之别，从力学性能的角度来看，可将存在于铸铁中的石墨近似地看成裂纹，因此，石墨的大小、数量、形态对铸铁的力学性能的影响起决定性作用。

灰口铸铁的抗拉强度、塑性和韧性的高低取决于石墨的性能，只有通过调整石墨的数量尤其是形态和分布，才能改善灰口铸铁的上述性能。而灰口铸铁的抗压强度和硬度受石墨的影响不大，主要取决于钢的基体，因此改变钢基体的组织能够有效地改善硬度。

4.5.2 普通灰口铸铁

灰口铸铁是价格最便宜、应用最广泛的一种铸铁，在各类铸铁的总产量中，灰口铸铁占80%以上。灰口铸铁中，石墨的形态、数量、尺寸大小以及分布状况对铸铁的性能影响很大，尤其是对力学性能的影响有很大差异。而石墨的形态、数量、尺寸大小以及分布状况主要受铸铁的化学成分及工艺过程的影响。

4.5.2.1 化学成分及组织

A 普通灰口铸铁的成分

在生产中，为浇注出合格的普通灰口铸铁件，一般应根据所生产的铸铁牌号、铸铁壁厚、造型材料等因素来调节铸铁的化学成分，这是控制铸铁组织的基本方法。普通灰口铸铁的成分的大致范围为：含碳量在2.5% ~4.0%之间，含硅量在1.0% ~3.0%之间，含锰量约为0.25% ~1.0%，含硫量约为0.02% ~0.20%，含磷量约为0.05% ~0.50%。成分在上述范围内的铁碳合金液体在进行缓慢冷却凝固时，将发生石墨化，析出片状石墨。其断口的外貌呈灰色，所以又称为灰铸铁。

B 普通灰口铸铁的组织

普通灰口铸铁的组织是由片状石墨和钢基体两部分组成的。根据不同阶段石墨化程度的不同，钢基体可分为铁素体、铁素体＋珠光体和珠光体3种，相应的便有3种不同基体组织的灰铸铁，它们的显微组织如图4－26所示。普通灰口铸铁的钢基体的组织和碳钢相似，当化学成分、工艺条件和热处理状态不同时，可以分别获得铁素体、珠光体、索氏体、托氏体、马氏体等钢基体组织，这些组织的力学性能也和碳钢类似。

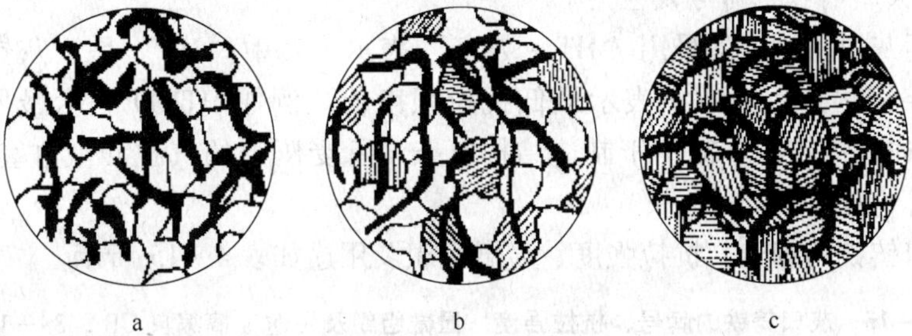

图4－26 普通灰口铸铁组织形态示意图

a—F＋G；b—F＋P＋G；c—P＋G

4.5.2.2 性能及应用

A 普通灰口铸铁的性能

a 力学性能

普通灰口铸铁的力学性能低，其抗拉强度和塑性、韧性远低于碳钢。普通灰口铸铁的组织由钢基体和片状石墨组成，其力学性能取决于钢基体组织的性能和片状石墨的数量、大小和分布。由于石墨的强度极低，在铸铁中相当于裂缝或空洞，减少了铸铁基体的有效承载面积，而且片状石墨端部易引起应力集中，因此，普通灰口铸铁的抗拉强度、塑性和韧性都远低于碳素铸钢，特别是塑性、韧性几乎为零。

虽然铁素体的强度、硬度低，塑性、韧性高，但片状石墨对铁素体基体的割裂，致使铁素体基体的灰铸铁的强度、硬度、塑性和韧性均很低；珠光体具有较高的强度、硬度和耐磨性，故珠光体基体的灰铸铁的强度、硬度和耐磨性均优于铁素体基体的灰铸铁，但塑性、韧性相差无几，所以珠光体基体的灰铸铁获得了较广泛的使用。在实际生产中,获得100%珠光体基体组织的灰铸铁是比较困难的,故通常灰铸铁铸态的基体组织都是珠光体 + 铁素体组织。

b　耐磨性与消振性

普通灰口铸铁的耐磨性与消振性好，其耐磨性优于碳钢。铸铁中石墨的存在使铸件在工作时，其工作表面的石墨易脱落而成为滑动面的润滑剂，从而能起减磨作用。此外，石墨脱落后所形成的显微孔洞能储存润滑油，而且显微孔洞还是磨损消耗后所产生的微小磨粒的收容所，所以灰口铸铁的耐磨性比钢好。

物体吸收振动能的能力称为减振性，减振性好的设备有利于工作过程的平稳进行，防止疲劳破坏。而灰铸铁的减振性比碳钢大 6 ~ 10 倍，所以，灰铸铁适宜用作减振材料，如用于机床床身，有利于提高被加工零件的精度。

c　工艺性能

普通灰口铸铁的工艺性能好。由于灰铸铁含碳量高，接近于共晶成分，故熔点比较低，流动性良好，铸造收缩率小（一般从铁液注入铸型凝固冷却至室温时，其收缩率为 0.5% ~1%），铸件内应力小，因此适宜于铸造结构复杂或薄壁的铸件。另外，由于石墨在切削加工时易于形成断屑，所以灰铸铁的可切削加工性优于钢，使得灰铸铁获得广泛应用。

B　普通灰口铸铁的牌号及应用

我国普通灰口铸铁的牌号用“HT + 数字”表示。其中“HT”是“灰铁”二字的汉语拼音首位字母，其后的数字表示最低抗拉强度值。例如 HT100 表示最低抗拉强度为 100MPa 的普通灰口铸铁。常用于制造结构复杂、承受压力的汽缸和汽缸套、机床床身、支架、卡盘等构件。

普通灰口铸铁的牌号、抗拉强度、显微组织及用途如表 4 - 15 所示。

表 4 - 15　灰口铸铁的牌号、抗拉强度、显微组织及用途（摘编自 GB 9489—1988）

牌号	铸件壁厚 /mm	抗拉强度 σ_b/MPa	显微组织		应用举例
			基体	石墨	
HT100	2.5 ~ 10	≥130	F	粗片状	用于制造手工铸造用砂箱、盖、下水管、底座、外罩、手轮、手把、重锤等
	10 ~ 20	≥100			
	20 ~ 30	≥90			
	30 ~ 50	≥80			
HT150	2.5 ~ 10	≥175	F + P	较粗片状	用于制造机械制造业的一般铸件，如底座、手轮、刀架等；冶金业中的流渣箱、渣缸、轧钢机托辊等；机车用一般铸件，如水泵壳、阀体、阀盖等；动力机械中的拉钩、框架、阀门、油泵壳等
	10 ~ 20	≥145			
	20 ~ 30	≥130			
	30 ~ 50	≥120			

续表 4－15

牌号	铸件壁厚/mm	抗拉强度 σ_b/MPa	显微组织		应用举例
			基体	石墨	
HT200	2.5～10	≥220	P	中等片状	用于制造一般运输机械中的汽缸体、缸盖、飞轮等；一般机床中的床身、机床等；通用机械中承受中等压力的泵体阀体；动力机械中的外壳、轴承座、水套筒等
	10～20	≥195			
	20～30	≥170			
	30～50	≥160			
HT250	4.0～10	≥270	细P	较细片状	用于制造运输机械中的薄壁缸体、缸盖、线排气歧管；机床中的立柱、横梁、床身、滑板、箱体等；冶金矿山机械中的轨道板、齿轮；动力机械中的缸体、缸套、活塞等
	10～20	≥240			
	20～30	≥220			
	30～50	≥200			
HT300	10～20	≥290	细P	细小片状	用于制造机床导轨、受力较大的机床床身、立柱机座等；通用机械中的水泵出口管、吸入盖等；动力机械中的液压阀体、蜗轮、汽轮机隔板、泵壳、大型发动机缸体、缸盖等
	20～30	≥250			
	30～50	≥230			
HT350	10～20	≥340	细P	细小片状	用于制造大型发动机汽缸体、缸盖、衬套；水泵缸体、阀体、凸轮等；机床导轨、工作台等摩擦件；需经表面淬火的铸件等
	20～30	≥290			
	30～50	≥260			

4.5.2.3 普通灰口铸铁的孕育处理及孕育铸铁

普通灰口铸铁的孕育处理是指在液态铁合金中加入一种作为形成非自发形核的物质（孕育剂或称变质剂），以促进非自发晶核的形成或激发石墨自身晶核的产生，增大晶核数量，使石墨的析出能在比较小的过冷度下开始进行。其结果是提高石墨析出的倾向，并得到均匀分布的细小片状石墨，从而使铸铁具有良好的力学性能和加工性能。通常把经过孕育处理的普通灰口铸铁称为孕育铸铁。

生产中，铸铁的孕育剂一般为硅铁合金或硅钙合金小颗粒或粉，将其加入到铸铁液内后立即形成 SiO_2 的固体小质点，铸铁中的碳以这些小质点为核心形成细小的片状石墨。常用的方法是将孕育剂放入包内，然后冲入铁液，这种方法的优点是操作简单，但孕育剂易氧化，烧损大，孕育至浇注的间隔时间长，孕育衰退严重。

铸铁经孕育处理后不仅强度有较大提高，而且塑性和韧性也有所改善。同时，孕育剂的加入还可使铸铁对冷却速度的敏感性显著减少，使各部位都能得到均匀一致的组织。所以孕育铸铁常用来制造力学性能要求较高、截面尺寸变化较大的铸件，如汽缸、曲轴、凸轮、机床床身等。

4.5.2.4 普通灰口铸铁的热处理

普通灰口铸铁的热处理只能改变其基体组织，而不能改变石墨的形态和分布。由于片状石墨对基体连续性的破坏严重，产生应力集中大，而灰铸铁的热处理不能从根本上消除片状石墨的有害作用，对灰铸铁强化效果不大，其基体强度利用率只有 30%～50%。因此灰铸铁热处理的目的主要是消除铸件内应力、改善切削加工性能和提高表面耐磨性。

A　去应力退火

去应力退火是将铸件缓慢加热到350～450℃以上，保温一段时间，使铸件各部位以及表面与内部的温度均匀后，缓冷至200℃左右出炉空冷。此时残余应力在此加热温度下得到松弛和稳定化，铸件的内应力基本得以消除。

B　高温退火

高温退火是将铸件加热至共析温度以上（850～900℃），保温2～5h，使渗碳体分解成石墨后，炉冷至250～400℃出炉空冷。灰铸铁件在成型铸造时，其表层和薄壁处因冷却速度较快易产生白口组织，使得铸件在该处的硬度较高，难以进行切削加工，需要通过高温退火来消除白口组织以降低硬度。

C　正火

正火是将铸件加热到850～900℃（若有游离渗碳体时应加热到900～960℃），保温一段时间后（根据加热温度、铸铁化学成分和铸件大小而定，一般为1～3h），采用空冷、风冷或喷雾的方式进行冷却。正火的目的是增加铸铁基体的珠光体组织，提高铸件的强度、硬度和耐磨性，并可作为表面热处理的预先热处理，改善基体组织。正火的冷却速度越快，基体组织中的珠光体量就越多，组织也越弥散，则强度、硬度就越高，耐磨性也越好。

D　表面淬火

表面淬火是将铸件表面快速加热到900～1000℃，然后进行喷水冷却，再进行低温回火处理。表面淬火+低温回火后，铸件表面获得一层淬硬层，其组织为回火马氏体+石墨。对于机床导轨、缸体内壁等铸件，因需要提高表面硬度和耐磨性，一般可采用高、中频淬火法对其进行表面淬火处理。表面淬火处理后，其表面硬度达50～55HRC，可使机床导轨的寿命提高约1.5倍。

4.5.3　球墨铸铁

孕育处理虽然细化了普通灰口铸铁的片状石墨，对力学性能的改善提供了一定的帮助，但若想大幅度地提高灰口铸铁力学性能，还是要通过改变石墨的形态来实现，而球状石墨则是最为理想的一种石墨形态。

4.5.3.1　化学成分及组织

A　球墨铸铁的成分

球墨铸铁化学成分的选择应当在有利于石墨球状化的前提下，根据铸件壁厚的大小、组织与性能等要求来决定。通常情况下，球墨铸铁成分的大致范围为：碳含量在3.8%～4.0%之间，硅含量在2.0%～2.8%之间，锰含量在0.6%～0.8%之间，硫含量小于0.04%，磷含量小于0.1%，同时还有作为球化剂的镁和稀土（RE）元素。与普通灰口铸铁相比，球墨铸铁的碳当量较高，一般为过共晶成分，这有利于石墨球化。球墨铸铁的碳当量一般控制在4.3%～4.6%范围内，碳和硅是主要元素，碳当量过低，往往会导致石墨球化不良；而碳当量过高，则易出现石墨漂浮现象。因此，球墨铸铁的碳当量一般选在共晶成分或略高于共晶成分，以利于石墨球化，且铁液的流动性也较好，铸造厚铸件形成缩孔、缩松的倾向也减小。

在球墨铸铁的成分中，磷是控制使用的元素，硫是限制使用的元素，镁及稀土元素是球化剂的残留元素。另外，由于球化剂的加入将阻碍石墨球化，并使共晶点右移造成流动性下降，所以必须严格控制其含量。

B 球墨铸铁的组织

球墨铸铁的组织是由球状石墨和钢的基体两部分组成的。根据不同阶段石墨化程度的不同，钢基体可分为铁素体，铁素体+珠光体和珠光体3种，相应的也有3种不同基体组织的球墨铸铁，它们的显微组织如图4-27所示。当球墨铸铁的化学成分、工艺条件和热处理状态不同时，可以分别获得铁素体、珠光体、索氏体、托氏体、下贝氏体、马氏体等钢基体组织，其力学性能也和钢的组织类似。

a b c

图4-27 球墨铸铁组织示意图

a—F+G；b—F+P+G；c—P+G

4.5.3.2 性能及应用

A 球墨铸铁的性能

由于球墨铸铁中球状石墨对钢基体的割裂、减小的有效承载面积以及容易引起的应力集中等要比普通灰口铸铁中的片状石墨小得多，将对钢基体力学性能的不利影响降到了最小，因此，球墨铸铁具有比普通灰口铸铁高得多的强度、塑性和韧性，同时保持了耐磨、减振、缺口不敏感等普通灰口铸铁的良好特性。另外，球墨铸铁还可以像钢一样通过各种热处理来改善钢基体组织类型和形态，从而进一步提高其力学性能。因此，球墨铸铁中钢基体强度的利用率可达90%，其他力学性能接近于同等组织的铸钢，而屈强比要高于碳钢一倍。

B 球墨铸铁的牌号及用途

我国球墨铸铁的牌号用“QT+数字-数字”表示。其中“QT”是“球铁”二字的汉语拼音的首位字母，后面两组数字分别表示球墨铸铁的最低抗拉强度值和具有的最小塑性。例如QT400-18，表示最低抗拉强度不低于400MPa、伸长率不低于18%的球墨铸铁。球墨铸铁主要用于制造受力复杂、结构较复杂（需通过铸造方法成型），强度、韧性和耐磨性要求较高的零件，如汽车和拖拉机底盘零件、柴油机和汽油机的曲轴、空压机和冷冻机的缸体及一些齿轮和主轴等。

球墨铸铁的牌号、组织、力学性能及用途如表4-16所示。

表 4-16 球墨铸铁的牌号、组织、力学性能及用途（摘编自 GB 1348—1988）

牌号	σ_b/MPa	σ_s/MPa	δ/%	硬度 HB	基体组织	应用举例
	最小值					
QT400-18	400	250	18	130~180	铁素体	用于制造汽车、拖拉机底盘零件；阀门的阀体和阀盖等
QT400-15	400	250	15	130~180	铁素体	
QT450-10	450	310	10	160~210	铁素体	
QT500-7	500	320	7	170~230	铁素体+珠光体	用于制造机油泵齿轮等
QT600-3	600	370	3	190~270	铁素体+珠光体	用于制造柴油机、汽油机的曲轴；磨床、铣床、车床的主轴；空压机、冷冻机的缸体、缸套等
QT700-2	700	420	2	225~305	珠光体	
QT800-2	800	480	2	245~335	珠光体或回火组织	
QT900-2	900	600	2	280~360	贝氏体或回火马氏体	用于制造内燃机曲轴、凸轮轴，高强度齿轮，如汽车后桥螺旋锥齿轮、大减速器齿轮等

4.5.3.3 球墨铸铁的球化工艺

球墨铸铁是用灰口成分的铁水经球化处理和孕育处理而得到的。在球墨铸铁的生产中，铁水在临浇铸前加入一定数量的球化剂（镁、稀土元素），使石墨在结晶时生长形成球状的工艺称为球化处理。由于球化剂是阻碍石墨化元素，因此必须加孕育剂促进碳的石墨化。球化处理和孕育处理是球墨铸铁生产中两个不可缺少的重要环节，它直接影响到球墨铸铁的组织和性能。

4.5.3.4 球墨铸铁的热处理

A 退火

球墨铸铁退火的主要目的是消除铸造工艺造成的内应力，改善可能出现的白口组织，获得铁素体基体的球墨铸铁。主要有以下几种方式：

（1）去应力退火。将球墨铸铁加热到 500~600℃ 保温 2~8h 后缓冷，以消除铸造应力。处理后的室温组织为原始组织。

（2）低温退火。当铸铁的铸态组织为 P+F+G 时，则加热到 720~760℃ 保温 3~6h 后，炉冷到 600℃ 后出炉空冷，使珠光体中的渗碳体分解为球状石墨。处理后的组织为铁素体+球状石墨。

（3）高温退火。当铸铁铸态组织中有白口组织时，需加热到 900~950℃ 保温 2~5h 后，炉冷至 600℃ 出炉空冷，使渗碳体分解为球状石墨。处理后的组织为铁素体+球状石墨。

上述退火工艺都是到 600℃ 左右出炉空冷，这是因为若在 550~450℃ 之间缓冷，会使韧性明显下降，脆性增加。

B 正火

球墨铸铁正火的目的是使铸态下基体的混合组织为珠光体，以提高铸铁的抗拉强度和耐磨性。通常分高温正火和低温正火两种。

（1）低温正火。将球墨铸铁加热到840～860℃保温1～4h后，出炉空冷。得到铁素体和珠光体基体组织，塑性、韧性提高，但强度较低。

（2）高温正火。将球墨铸铁加热到880～920℃保温1～3h后，出炉空冷、风冷或喷雾处理。得到细珠光体基体组织，使强度、硬度和耐磨性提高。

C 淬火处理

淬火处理主要有以下几种方式：

（1）调质处理。将球墨铸铁加热到860～920℃保温后油淬，然后在550～600℃回火，得到回火索氏体基体组织。目的是对受力复杂、力学性能要求较高的零件，如曲轴、连杆等，通过调质处理来提高综合力学性能。

（2）淬火＋低温回火。将球墨铸铁加热到860～920℃保温后油淬，然后在250～350℃回火，得到回火马氏体基体组织。目的是对需要高硬度的轴承类铸件，通过淬火＋低温回火来提高硬度和耐磨性。

（3）等温淬火。将球墨铸铁加热到860～920℃保温后迅速移至300～250℃的盐浴进行等温淬火，以获得下贝氏体基体。目的是对一些外形复杂、易变形或开裂的零件，如齿轮、凸轴等，通过等温淬火来提高力学性能。

4.5.4 可锻铸铁

4.5.4.1 可锻化工艺

可锻铸铁是由含碳量和含硅量不高的白口铸铁经长时间的可锻化退火（石墨化退火）而获得的。可锻铸铁的生产过程通常包括两个步骤：第一步，先将铁水浇铸成白口组织；第二步，进行长时间高温可锻化退火，使游离的渗碳体分解为团絮状的石墨。

4.5.4.2 成分及组织

A 可锻铸铁的成分

可锻铸铁的生产是由两个对成分要求相互矛盾的工艺所组成的。由于生产可锻铸铁的先决条件是浇注出白口铸铁，为了保证铸件浇铸后获得纯白口组织，可锻铸铁的碳、硅含量不能太高，以便使铸铁完全白口化；但碳、硅含量也不能太低，否则要延长石墨化退火周期，使生产率降低。因此可锻铸铁的化学成分大致为：含碳量在2.5%～3.2%之间，含硅量在0.6%～1.3%之间，含锰量在0.4%～0.6%之间，含磷量在0.1%～0.26%之间，含硫量在0.05%～1.0%之间。

B 可锻铸铁的组织

按热处理条件的不同，将可锻铸铁分为两类：一类是铁素体基体＋团絮状石墨的可锻铸铁，它是由白口组织的毛坯经高温石墨化退火而获得的，其断口呈黑灰色，俗称黑心可锻铸铁（或铁素体可锻铸铁）。这种铸铁件的强度与塑性均较普通灰口铸铁的高，非常适合铸造薄壁零件，是最为常用的一种可锻铸铁。另一类是珠光体基体或珠光体与少量铁素体共存的基体＋团絮状石墨的可锻铸铁件，它是由白口组织的毛坯经氧化脱碳而获得的，其断口呈白色，俗称白心可锻铸铁（或珠光体可锻铸铁），这种可锻铸铁很少应用。两种组织的形态如图4－28所示。

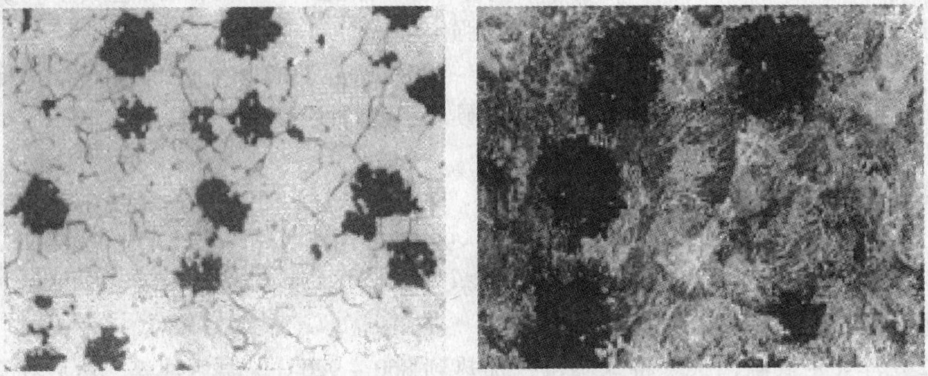

a　　b

图 4 - 28　可锻铸铁组织示意图

a—F + G；b—P + G

4.5.4.3　性能及应用

A　可锻铸铁的性能

可锻铸铁中的石墨呈团絮状分布，对金属基体的割裂和破坏较片状石墨小，石墨尖端引起的应力集中也较小，金属基体的力学性能能够较大程度地发挥作用。因此，可锻铸铁的力学性能介于普通灰口铸铁与球墨铸铁之间，且有较好的耐蚀性。值得注意的是，可锻铸铁的出现是在普通灰口铸铁之后，其塑性比普通灰口铸铁要好，人们称其为“可锻”，但实际上可锻铸铁的塑性还不足以进行压力加工变形，也即是不可锻造加工的。

B　可锻铸铁的牌号及用途

我国可锻铸铁的牌号用“KTH（Z） + 数字 - 数字”表示，其中“KT”是“可铁”二字的汉语拼音的首位字母，后面的字母“H”表示黑心可锻铸铁（铁素体可锻铸铁），“Z”表示白心可锻铸铁（珠光体可锻铸铁），后面两组数字分别表示最低抗拉强度值和具有的最小塑性伸长率。例如 KTH300 - 06 表示最低抗拉强度不低于 300MPa、伸长率不低于 6% 的铁素体可锻铸铁。

由于可锻化退火时间长，生产效率极低，使得其使用受到限制，故一般用于制造形状复杂，承受冲击、振动及扭转复合作用的铸件或薄壁铸件，如汽车和拖拉机的后桥壳、轮壳、转向机构等。可锻铸铁也适用于制造在潮湿空气、炉气和水等介质中工作的零件，如水暖材料的三通、低压阀门等。

可锻铸铁的牌号、力学性能及用途如表 4 - 17 所示。

表 4 - 17　可锻铸铁的牌号、力学性能及用途（摘编自 GB 9440—1988）

牌号	试样直径 /mm	力学性能（不小于）			硬度 HB	基体组织	应用举例
		σ_b /MPa	$\sigma_{0.2}$ /MPa	δ/%			
KTH300 - 06	12 或 15	300	168	6	120 ~ 150	F	用于制造管道弯头、接头、三通及中压阀门等
KTH330 - 08		330	—	8		F	用于制造扳手、犁刀、纺织机盘头等

续表 4-17

牌 号	试样直径 /mm	力学性能(不小于)			硬度 HB	基体组织	应 用 举 例
		σ_b /MPa	$\sigma_{0.2}$ /MPa	δ/%			
KTH350-10	12 或 15	350	200	10	120~150	F	用于制造汽车前后轮壳、铁道扣板、电机壳等
KTH370-12		370	226	12		F	
KTZ450-06		450	270	6	150~200	P	用于制造曲轴、凸轮轴、连杆、齿轮、活塞环、轴套、矿车轮等
KTZ550-04		550	340	4	180~250	P	
KTZ650-02		650	430	2	210~260	P	
KTZ700-02		700	530	2	240~290	P	

4.5.5 3 种铸铁力学性能的比较

对普通灰口铸铁、可锻铸铁和球墨铸铁力学性能的比较主要是从石墨的形状、大小、数量上比较它们分别对基体影响的程度。

(1) 3 种铸铁组织中石墨的形状不同。普通灰铸铁的石墨形状为片状；可锻铸铁的石墨形状为团絮状；球墨铸铁的石墨形状为球状。

(2) 3 种铸铁的力学性能不同。石墨的大小、形状、数量和分布不同，对基体力学性能的影响很大，表现为：球墨铸铁的力学性能大于可锻铸铁，而可锻铸铁的力学性能又大于普通灰口铸铁。

4.6 有色金属

工业生产中，通常把以铁为基的金属材料称为黑色金属，如钢与铸铁，把非铁金属及其合金称为有色金属材料，如铜、铝、铅、锌、镍、钛等金属及合金。有色金属材料与钢铁材料相比，具有许多特殊性能，是现代工业及日常生活中不可缺少的金属材料。本节主要介绍常用的有色金属及其合金的性能特点、热处理方法、牌号及应用等方面的内容。

4.6.1 铝及铝合金

铝是地球上蕴藏量第二多的金属元素，铝的总储量约占地壳总量的 7.45%。铝及铝合金的产量在金属材料中仅次于钢铁材料而居于第 2 位，是有色金属材料中用量最多、应用范围最广的材料。据调查,在铝合金市场中,有 23% 的铝基材料消耗于建筑业和结构业,有 22% 的铝基材料用于运输业,有 21% 的铝基材料用于容器和包装,有 10% 的铝基材料用于电气工业,而在航空工业中,铝基合金的用量在金属材料总用量中占有绝对优势。

4.6.1.1 工业纯铝

铝是元素周期表中排第 3 位的主族元素。纯铝是一种具有银白色金属光泽的金属，具有如下独特的性能和优点。

A 物理特性

纯铝是一种轻金属，密度较小，为 2.72g/cm^3，仅为铁的 1/3 左右；熔点较低，为

660.4℃；具有面心立方晶格结构，没有同素异构性；导电、导热性能很好，其导电性仅次于银和铜居第3位，电导率约为纯铜的62%，导热性比铁几乎大3倍（主要物理性能见表4－18）。可用来制造电线、电缆等各种导电制品和各种散热器等导热元件。

表4－18　纯铝的主要物理性能

性　能	参　数	性　能	参　数	性　能	参　数
晶体结构	fcc	熔点/℃	660.4	导热系数 $/W\cdot(cm\cdot K)^{-1}$	2.37（25℃）
固态密度 $/g\cdot cm^{-3}$	2.72	电阻率/$\Omega\cdot m$	2.655×10^{-8}	线膨胀系数/K^{-1}	2.3×10^{-5}（20℃）

B　化学性质

铝的化学性质很活泼，在空气中易与氧结合形成化合物（Al_2O_3），金属铝的表面生成一层极致密的化合物薄膜，可保护内层铝金属不再被继续氧化，所以金属铝在大气中具有极好的稳定性，表现出在大气和淡水中具有良好的耐蚀性。但铝的氧化物薄膜在碱和盐的溶液中抗蚀性低，在热的稀硝酸和硫酸中也极易溶解。

C　力学性能

固态纯铝的塑性极好，室温下，纯度为99.99%的纯铝的伸长率可达50%，但铝的强度很低，抗拉强度仅为50MPa。纯铝的低温性能良好，在0～－253℃之间塑性和冲击韧性均不降低。

D　工艺性能

纯铝因为有良好的塑性、较低的变形抗力、优良的压力加工性能，因此可采用锻、轧、挤压、拉拔等压力加工方法制成各种管、板、棒、线等型材。同时，纯铝还具有很好的焊接性能，可采用气焊、亚弧焊等焊接方法进行焊接。

上述主要性能特点决定了工业纯铝适于制作电线、电缆以及要求具有导热和抗大气腐蚀性能而对强度要求不高的一些用品或器皿。

4.6.1.2　铝合金的分类及热处理

工业纯铝的强度和硬度都很低，虽然可通过冷变形的方法进行强化，但仍不能直接用于制作结构材料，因此必须进行合金化。铝在合金化时，主加的合金元素有铜（Cu）、镁（Mg）、锌（Zn）、硅（Si）、锰（Mn）等，将这些元素单独或配合加入，可获得性能各异的铝合金，以满足各种工程应用的需求。辅加元素有铬（Cr）、钛（Ti）、锆（Zr）、镍（Ni）、钙（Ca）、硼（B）及稀土元素（RE）等，其目的是进一步提高铝合金的综合性能，并改善铝合金的某些工艺性能。

A　铝合金的分类

工程中常用的铝合金在固态下，其铝的合金化元素与铝均能形成类似图4－29所示的有限互溶的共晶型相图。根据该相图，通常将铝合金分为两大类，相图中，铝基固溶体（α）的最大饱和溶解度 *D* 成分点是这两类合金的理论分界线。将合金元素含量大于 *D* 点成分的铝合金称为铸造铝合金；合金元素含量小于 *D* 点成分的铝合金称为变形铝合金。

a　变形铝合金

变形铝合金是位于 *D* 点成分以左的铝合金，由于在室温或高温下可获得以铝基固溶

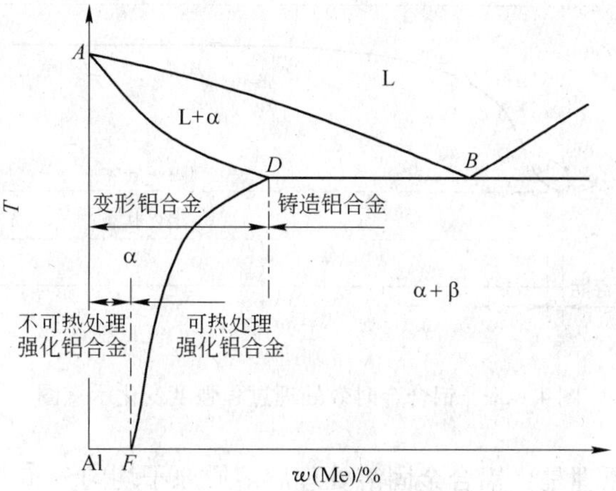

图 4-29 铝合金分类示意图

体为主的相，因而具有良好的塑性，可承受各类压力加工，故称之为变形铝合金。对于需经轧制或挤压成型的板材、管材或棒材等，均可选用该成分范围内的合金。

变形铝合金又可分为两类，凡合金元素含量在 *F* 点成分以左的铝合金，其固溶体溶解度不随温度而变化，故不能进行热处理强化，称之为不可热处理强化的铝合金。凡合金元素含量在 *F*~*D* 之间的铝合金，其固溶体溶解度随温度的变化而变化，故可进行热处理强化，称之为可热处理强化的铝合金。

b 铸造铝合金

铸造铝合金是合金元素含量大于 *D* 点成分的合金，由于有共晶组织存在，其流动性较好，且高温强度也较高，可以防止热裂现象，故适合于铸造，称之为铸造铝合金。

B 铝合金的强化

a 非热处理强化

由于固态铝没有同素异构转变，因此铝合金不能像钢铁材料那样借助于热处理进行基体的相变强化。所以，合金元素对铝合金的强化作用主要表现为溶入固溶体而形成的固溶强化、产生化合物而形成的弥散强化、限制晶粒的长大而形成的细晶强化，此外还有通过塑性变形而形成的形变强化等，这些强化原理已在第 2 章“金属学基础”中做了阐述。

除了上述基本强化方法外，对固溶体的溶解度随温度发生变化的一类铝合金，还可以采取热处理强化的方法进行强化，即铝合金的时效硬化。

b 铝合金的时效硬化处理

铝合金的时效硬化方法是淬火 + 时效。淬火是将铝合金加热到高温（超过该成分合金固溶体的溶解度曲线以上）保温后快冷，得到过饱和的 α 固溶体，此时，合金的强度、硬度并没有提高，但塑性、韧性很好，我们称这种处理为固溶处理。时效是将过饱和的 α 固溶体长时间的放置或加热到一定温度保温，此时不稳定的过饱和固溶体将分解出溶质原子，形成富集区，并产生晶格畸变，使得强度、硬度逐渐提高（如图 4-30 所示），并且塑性逐渐下降。我们称此过程为时效处理，在室温中进行的时效处理称为自然时效；通过加热进行的时效处理称为人工时效。

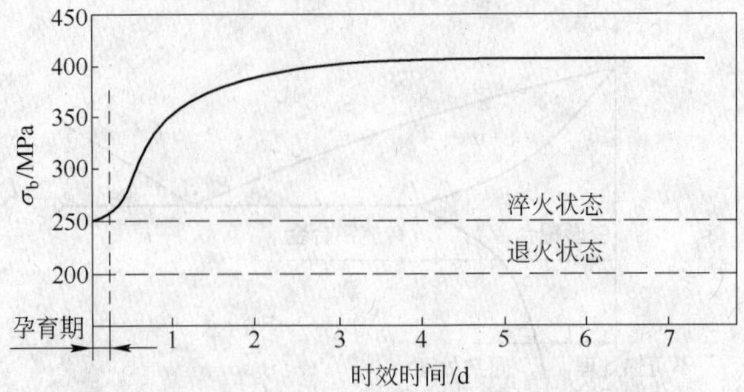

图 4 - 30　铝合金时效处理过程强度变化示意图

时效处理的基本原理是：铝合金固溶处理后溶质原子均匀分布，由此引起的固溶体晶格畸变小，强化效果不明显。在时效过程中，溶质原子经过热迁移在固溶体的某个部位富集，形成许多微小的富集区，区内固溶体晶格畸变严重，引起显著的固溶变化，导致强度提高。如果时效时间过长，富集区内的溶质原子就会脱溶形成第二相，导致富集区消失，强化效果也随即失去，这种现象称为过时效。

铝合金的热处理强化原理与钢不同。钢经淬火后得到马氏体组织，强度、硬度显著提高，但塑性、韧性下降。经过回火处理后，强度、硬度和塑性、韧性根据要求得到调整。而铝合金经固溶处理和时效硬化后的力学性能变化与钢经淬火和回火后的变化正好相反。

C　铝合金的非强化热处理

无论是何种类型的铝合金，在成型加工后都必须进行热处理以消除加工过程中产生的组织和性能上的缺陷。通常有以下几种热处理方式：

(1) 再结晶退火。将冷变形的铝合金加热到再结晶温度以上保温一定时间后空冷。其目的是消除加工硬化，改善合金的塑性，以便进一步进行塑性变形。

(2) 去应力退火。将冷变形的铝合金加热到再结晶温度以下某个温度保温后空冷。其目的是消除内应力，适当增加塑性，以利于随后进行小变形量的成型加工，同时保留加工硬化效果。这是不可热处理强化铝合金常用的热处理方法。

(3) 均匀化退火。将铸件加热到较高温度保温后炉冷或空冷。其目的是消除铝合金铸锭或铸件的成分偏析及内应力，提高塑性，降低加工及使用过程中变形开裂的倾向。对于要进行时效硬化的铸件，均匀化退火可与固溶 + 时效处理合并进行，原因在于淬火加热时即可均匀成分，人工时效处理即可消除应力。

4.6.1.3　变形铝合金

变形铝合金的牌号表示方法为旧国标（GB 340—1976）所制定。1997 年，变形铝合金的新国标（GB/T 16474—1996）正式发布。

根据 GB/T 16474—1996 规定，变形铝及铝合金牌号采用国际通用的四位数字体系牌号表示。但国内凡未经国际代号注册协会缔约国认可的变形铝及铝合金，则采用四位字符体系，其牌号的第一、三、四位为阿拉伯数字，第 2 位为英文大写字母（C、I、L、N、O、P、Q、Z 字母除外）。牌号的第 1 位数字表示铝及铝合金的组别，如表 4 - 19 所示。

除改型合金外，铝合金的组别根据主要合金元素（6×××系按 Mg_2Si）来确定。主要合金元素指极限含量的算术平均值为最大的合金元素，当有一个以上合金元素的极限含量算术平均值为最大时，应该按 Cu、Mn、Si、Mg、Mg_2Si、Zn、其他元素的顺序来确定合金组别。

表 4-19 铝及铝合金的组别与牌号系列规定表

组别	牌号系列
纯铝（铝含量不小于99.0%）	1×××
以铜为主要合金元素的铝合金	2×××
以锰为主要合金元素的铝合金	3×××
以硅为主要合金元素的铝合金	4×××
以镁为主要合金元素的铝合金	5×××
以镁和硅为主要合金元素并以 Mg_2Si 相为强化相的铝合金	6×××
以锌为主要合金元素的铝合金	7×××
以其他合金元素为主要合金元素的铝合金	8×××
备用合金组	9×××

1×××系列为铝的质量分数不小于99%的纯铝的牌号。按四位数字体系，牌号的最后两位数字表示最低铝质量分数中小数点后面的两位。牌号的第2位数字表示合金元素或杂质极限含量的控制情况。如果第2位为0，则表示其杂质极限含量无特殊控制，如果是1~9，则表示对一项或一项以上的单个杂质或合金元素的极限含量有特殊控制。当最低铝的质量分数精确到0.01%时，牌号的最后两位数字就是最低铝质量分数中小数点后的两位数字。如1095表示纯铝，其铝的质量分数为不小于99.95%。

2×××~8×××为铝合金的牌号，9×××为备用铝合金牌号。牌号的最后两位数字没有特殊的意义，仅用来区分同一组中不同的铝合金。牌号中第2位的英文字母表示原始合金的改型情况，如果第二位字母是A，则表示为原始合金；如果是B~Y中的一个字母，则表示为原始合金的改型合金。如2A12为原始铝铜合金，2B12为改型后铝铜合金。

变形铝合金根据其性能和用途的不同可分为防锈铝合金、硬铝合金、超硬铝合金及锻造铝合金4类。

A 防锈铝合金

防锈铝合金包括铝-镁系和铝-锰系。这类铝合金的主要特性是具有优良的抗腐蚀性能，并因此而得名。此外，防锈铝合金还具有良好的塑性和焊接性，适合于压力加工和焊接。这类合金不能进行热处理强化，因而强度、硬度比较低，为了提高其强度，可用冷加工方法使其强化。防锈铝合金由于切削加工工艺性差，一般适用于制造焊接管道、容器、铆钉以及其他冷变形零件。

B 硬铝合金

Al-Cu-Mg 系合金是使用最早、用途最广，具有代表性的一种铝合金。由于该合金具有强度和硬度高的特点，故称之为硬铝，属于可热处理强化的铝合金，其强化方式为自然时效。合金中加入铜和镁是为了形成强化相，含有少量的锰是为了提高抗蚀性能，而对时效强化不起作用。

硬铝具有相当高的强度和硬度，经自然时效后强度达到 380～490MPa（原始强度为 290～300MPa），提高了 25%～30%，硬度也明显提高（由 70～85HBS 提高到 120HBS），但与此同时仍能保持足够的塑性。

C　超硬铝合金

Al－Zn－Mg－Cu 系合金是变形铝合金中强度最高的一类铝合金。因其强度高达 588～686MPa，超过硬铝合金，故此而得名。由于铝合金中加入锌，除有时效强化相外，还有强化效果很大的 MgZn2 及 Al2Mg2Zn3。经过适当的固溶处理和 120℃左右的人工时效之后，超硬铝的抗拉强度可达 600MPa。这类铝合金的优点是具有良好的焊接性能，缺点也是抗蚀性差，一般也需包覆一层纯铝。该类超硬铝合金可用作受力较大，又要求结构较轻的零件，如飞机的大梁与起落架等。

D　锻造铝合金

锻造铝合金包括 Al－Si－Mg－Cu 合金和 Al－Cu－Ni－Fe 合金。它们含合金元素种类多，但含量少。锻造铝合金通常采用固溶处理和人工时效的方法强化。它们的热塑性优良，故锻造性能甚佳，且力学性能也较好。这类合金主要用于制造承受载荷的模锻件以及一些形状复杂的锻件。

表 4－20 列出了 4 类常用变形铝合金的新旧牌号对照以及主要热处理方法、力学性能特点和用途。

表 4－20　常用变形铝合金的新旧牌号对照、热处理、力学性能及用途

（摘编自 GB/T 3190—1996）

类别	牌号		热处理	力学性能			应用举例
	新标	旧标		σ_b/MPa	δ/%	HB	
防锈铝合金	5A05	LF5	退火	280	20	70	用于制造焊接油箱、油管、铆钉等中载零件
	3A21	LF21		130	20	30	用于制造焊接油箱、油管、铆钉等轻载零件及制品
硬铝合金	2A01	LY1	淬火＋自然时效	300	24	70	用于制造工作温度不超过 100℃的中强铆钉
	2A11	LY11		420	18	100	用于制造骨架、螺旋桨叶片、铆钉等中强零件
	2A12	LY12		470	17	105	用于制造 150℃以下工作的高强零件，如梁，铆钉
超硬铝合金	7A04	LC4	淬火＋人工时效	600	12	150	用于制造受力构件，如飞机大梁、起落架等
	7A09	LC9		680	7	190	用于制造受力构件，如飞机大梁、起落架等
锻铝合金	2A50	LD5	淬火＋人工时效	420	13	105	用于制造形状复杂、中等强度的锻件及模锻件等
	2A70	LD7		415	13	120	用于制造高温下工作的复杂锻件、内燃机活塞等
	2A14	LD10		480	19	135	用于制造承受高载荷的锻件和模锻件

4.6.1.4　铸造铝合金

由于形状复杂或体积庞大，很多重要的零件用其他方法不易制造或生产不经济，通常用铸造方法来生产。而对于选择铝合金作为零件的材料，采用铸造方法生产的有 Al－Si 系、Al－Cu 系、Al－Mg 系和 Al－Zn 系四大类铸造铝合金。因此，对于铸造铝合金，除了有一定的力学性能和耐蚀性要求外，还应具有良好的铸造性能。

铸造铝合金的牌号用“ZAl＋主要合金元素＋质量分数＋……”表示。如ZAlSi7Mg表示铸造铝合金中平均含硅(Si)量为7%，平均含镁(Mg)量小于1%。由于4个系列的铸造铝合金中，合金元素的含量较多，牌号相对复杂，为了简化表示方法，常用合金代号来加以区别。合金代号用“ZL＋三位数字”表示。第一位数字有1、2、3、4，分别表示铝硅(Al－Si)、铝铜(Al－Cu)、铝镁(Al－Mg)和铝锌(Al－Zn)4个系列合金；后面两位数字表示具体合金的顺序号。如ZAlSi7Mg的合金代号为ZL101；ZAlSi12的合金代号为ZL102。

在铸造铝合金中，铸造性能和力学性能配合最佳的是Al－Si系合金，俗称硅铝明。简单的Al－Si系铸造合金为ZL102，其含硅量在10%～13%。ZL102铸造后的组织为粗大的针状硅与铝基固溶体组成的共晶体（α＋Si），加上少量的板块状初晶硅。由于组织中粗大的针状共晶硅的存在，合金的力学性能不高，强度和塑性都较差。为此，需要采用变质处理来细化组织，以提高强度和塑性。ZL102铸造性能很好，焊接性能也好，密度小，并有相当好的抗蚀性和耐热性，但不能进行时效强化，强度较低，经变质处理后，抗拉强度最高不超过180MPa。该合金仅适于制造形状复杂但强度要求不高的铸件，例如仪表、水泵壳体以及一些承受低载荷的零件。

为了提高硅铝明的强度，通常在合金中加入一些能形成强化相的铜（Cu）、镁（Mg）等元素，从而获得既能进行变质处理，又能进行时效硬化的特殊硅铝明。如ZL107含有少量铜，能形成$CuAl_2$、Mg_2Si、Al_2CuMg等多种强化相，经淬火时效后可获得很高的强度和硬度。由于ZL108、ZL109的密度小，抗蚀性好，线膨胀系数较小，强度、硬度较高，耐磨性、耐热性以及铸造性能都比较好，是常用的铸造铝活塞材料。

铸造铝合金除Al－Si系之外，Al－Cu系铸造铝合金的强度较高，耐热性好，但铸造性能不好，有热裂和疏松倾向，耐蚀性较差。Al－Mg系铸造铝合金可进行时效处理，强度高，密度小，有良好的耐蚀性，但铸造性能不好，耐热性低。Al－Zn系铸造铝合金价格便宜，铸造性能优良，经变质处理和时效处理后强度较高，但抗蚀性差，热裂倾向大。常用铸造铝合金的牌号、合金代号、力学性能及用途见表4－21。

表4－21 常用铸造铝合金的牌号、合金代号、力学性能及用途（摘编自GB/T 1173—1995）

类别	牌号	合金代号	力学性能（不低于）			应用举例
			σ_b/MPa	δ/%	HB	
铝硅合金	ZAlSi12	ZL102	135～155	2～4	50	用于制造形状复杂的零件，如飞机、仪器零件、抽水机壳体
	ZAlSi9Mg	ZL104	195～235	1.5～2	70	用于制造在220℃以下工作，形状复杂的零件，如电机壳体、汽缸体等
	ZAlSi5Cu1Mg	ZL105	175～235	0.5～1	70～65	用于制造在250℃以下工作的形状复杂件，如汽缸头、机匣、液压泵壳等
	ZAlSi7Cu4	ZL107	245～275	2～2.5	90～100	用于制造强度和硬度要求较高的零件
	ZAlSi12Cu1Mg1Ni1	ZL109	195～245	0.5	90～100	用于制造较高温度下工作的零件，如活塞
	ZAlSi9Cu2Mg	ZL111	255～315	1.5～2	90～100	用于制造活塞及高温下工作的其他零件
铝铜合金	ZAlCu5Mn	ZL201	295～335	4～8	70～90	用于制造工作温度为175～300℃零件，如内燃机汽缸头、活塞等
	ZAlCu4	ZL203	205～225	3～6	60～70	用于制造中等载荷、形状比较简单的零件

续表 4 – 21

类别	牌号	合金代号	力学性能（不低于）			应用举例
			σ_b/MPa	δ/%	HB	
铝镁合金	ZAlMg10	ZL301	280	9	20	用于制造在大气或海水中工作，承受冲击载荷外形简单的零件，如舰船配件、氨用泵体等
	ZAlMg5Si1	ZL303	145	1	55	
铝锌合金	ZAlZn11Si7	ZL401	245	1.5	90	用于制造结构形状复杂的汽车、飞机、仪器零件，也可制造日用品
	ZAlZn6Mg	ZL402	235	4	70	

4.6.2 铜及铜合金

铜是人类历史上应用最早的金属，至今也是应用较为广泛的非铁金属材料，主要用于制造具有导电、导热、耐磨、抗磁、防爆等性能并兼有耐蚀性的器件。

4.6.2.1 工业纯铜

纯铜是一种具有紫色金属光泽的金属，因此又将工业纯铜称为紫铜，是人类最早使用的金属之一，具有以下性能特点。

A 物理特性

密度较高，为 8.92g/cm^3，熔点为 1083℃，具有面心立方晶格结构，导电、导热性能很好，其导电性仅次于银居第二位（主要物理性能如表 4 – 22 所示），在电气工业及动力机械工业中获得广泛的应用。铜具有抗磁性，因而又用于制造抗磁性干扰的仪器、仪表零件，如罗盘、航空仪器和瞄准器等零件。

表 4 – 22 纯铜的主要物理性能

性能	参数	性能	参数	性能	参数
晶体结构	fcc	熔点/℃	1083	导热系数 /W·(cm·K)$^{-1}$	3.86（25℃）
固态密度 /g·cm^{-3}	8.92	电阻率/Ω·m	1.737×10^{-8}	线膨胀系数 /K^{-1}	1.67×10^{-5}（20℃）

B 化学性能

纯铜在大气、淡水或非氧化性酸液中具有很高的化学稳定性，耐腐蚀；但在海水中抗蚀性较差，在氧化性酸、盐中极易被腐蚀。

C 力学性能

纯铜的强度较低但塑性较高，退火态时抗拉强度为 200 ~ 250MPa，伸长率为 45% ~ 50%；经加工硬化后的抗拉强度为 400 ~ 500MPa，而伸长率仅有 5%。纯铜中的杂质铅（Pb）和铋（Bi）能与铜形成熔点（共晶温度分别为 326℃ 和 270℃）很低的共晶体（Cu + Pb）和（Cu + Bi），分布在铜的晶界上，在进行热加工时（温度为 820 ~ 860℃），因共晶体熔化，破坏了晶界的结合，使铜在高温下发生脆性断裂（称为热脆）。硫、氧与铜也能形成共晶体（Cu + Cu_2S）和（Cu + Cu_2O），但因共晶温度很高，分别为 1067℃ 和 1065℃，因此不会引起热脆。然而，由于硫化亚铜、氧化亚铜都是脆性化合物，在冷加工时易产生脆性破裂（称为冷脆）。另外，氧化铜吸氢产生 H_2O，造成内应力，使铜内部产生裂纹形成氢脆。

D 工艺性能

纯铜溶液黏稠，流动性差，所以难以浇铸出造型复杂的大件容器。但纯铜具有良好的塑性，可以进行冷、热塑性加工。

由于铜具有上述特点，故在电气仪表、造船及机械制造等行业中获得了广泛应用。但铜的储量较小，价格昂贵，属于应该节约使用的材料。铜及其合金中，有80%是加工成各种形状供应，而且50%以上的铜及其合金制品是作为导电材料使用。

E 工业纯铜的分类

工业纯铜按氧的含量和生产方法的不同可分为如下3种：

(1) 韧铜。含氧量为0.02%～0.1%的纯铜，用符号“T+数字”表示。常有T1、T2、T3、T4等，其中顺序号越大，纯度越低。T1、T2主要用作导电材料和熔制高纯度铜合金，T4用作一般铜材。工业纯铜的牌号、成分及用途见表4-23。

表4-23 工业纯铜的牌号、成分及用途

类别	牌号	含铜量/%	杂质含量/%		杂质总量/%	应用举例
			Bi	Pb		
1号铜	T1	99.85	0.002	0.005	0.05	用作导电材料和配制高纯度合金
2号铜	T2	99.90	0.002	0.005	0.1	用作导电材料，如制作电线、电缆等
3号铜	T3	99.70	0.002	0.01	0.3	一般用铜材，如电器开关、垫圈、铆钉、油管等
4号铜	T4	99.50	0.003	0.05	0.5	一般用铜材，如电器开关、垫圈、铆钉、油管等

(2) 无氧铜。含氧量极低，不大于0.003%。这种铜是在碳和还原性气体的保护下进行熔炼和铸造的，牌号有TU1、TU2，“U”表示无氧，1号和2号无氧铜主要用作电真空器件。

(3) 脱氧铜。用磷或锰脱氧的铜分别称为磷脱氧铜或锰脱氧铜，用符号TUP或TUMn表示，前者主要用于焊接结构方面，后者主要用于真空器件方面。用真空去氧得到的无氧铜称真空铜（TK）。

4.6.2.2 铜合金的分类

铜合金是在纯铜的基础上加入适量的合金元素而形成的具有金属特征的固态物质。常用的铜合金元素有镍（Ni）、锌（Zn）、锡（Sn）、铝（Al）、锰（Mn）、铁（Fe）、铍（Be）、钛（Ti）、锆（Zr）、铬（Cr）等。合金元素的固溶强化及第二相强化作用，使得铜合金既提高了强度，又保持了纯铜的特性，因而在机械工业中得到了广泛应用。

A 按成分分类

铜合金根据成分不同可分为如下3种：

(1) 白铜。以镍作为主要合金元素的铜合金称为白铜。

(2) 黄铜。以锌作为主要合金元素的铜合金称为黄铜。

(3) 青铜。以除镍和锌以外的其他合金元素为主要元素的铜合金统称为青铜，并依据主添加元素命名为某青铜，如锡青铜、铝青铜、铍青铜等。

B 铜合金的强化方法

纯铜的强度不高，通过形变强化虽可以提高铜的强度，但其塑性将大大下降。因此对于有一定强度要求的结构材料，通常需对铜合金采取合金化的方法使强度得到提高。铜合金的强化方法主要有以下几种方式：

（1）固溶强化。最常用的固溶强化元素为锌（Zn）、硅（Si）、铝（Al）、镍（Ni）等，这些元素溶于铜中形成具有面心立方结构的固溶体，从而产生固溶强化的效果。

（2）热处理强化。铍（Be）、硅（Si）等元素在铜中的溶解度随温度的降低而减小。因此，这类合金元素加入铜中后，可通过时效硬化来提高铜合金的性能。

（3）过剩相强化。当合金元素的含量超过最大溶解度后，会出现硬而脆的金属化合物（过剩相）。过剩相的出现虽然降低了塑性，但数量少时可提高铜合金的强度，数量多时，却会使强度降低。

4.6.2.3　白铜

白铜是以镍为主加元素的铜合金。铜和镍都具有面心立方晶格结构，其电化学性质和原子半径也相差不大，在固态下，铜与镍可以无限互溶，由此而形成的各种比例的铜－镍合金均为单相组织。作为单相组织，它有较好的强度和优良的塑性，能进行冷、热变形。但白铜不能进行热处理强化，而主要是通过固溶强化和形变强化来提高力学性能。工业用铜－镍合金根据其合金元素种类的不同可分为普通白铜和特殊白铜两大类。

A　普通白铜

铜－镍二元合金称为简单白铜或普通白铜。牌号用“B＋数字”表示，“B”为“白”字汉语拼音的首位字母，其后的数字为镍的质量分数，如 B5 表示含镍量为 5% 的白铜。简单白铜具有高的抗腐蚀疲劳性，也具有高的抗海水冲蚀性和抗有机酸腐蚀性。另外，还具有优良的冷、热加工性能。常用的简单白铜牌号有 B5、B19 和 B30 等，广泛用于制造在蒸汽、海水和淡水中工作的精密仪器、仪表零件、冷凝器、蒸馏器及热交换器管等。

部分白铜的牌号、力学性能及用途见表 4－24。

表 4－24　部分白铜的牌号、力学性能及用途

类别	牌号	力学性能			应用举例
		加工状态	σ_b/MPa	δ/%	
普通白铜	B30	软	380	23	用于制造船舶仪器零件、化工机械零件
		硬	550	3	
	B19	软	300	30	
		硬	400	3	
	B5	软	200	30	
		硬	400	10	
锌白铜	BZn15－20	软	350	35	用于制造潮湿条件下和强腐蚀介质中工作的仪表零件
		硬	550	2	
锰白铜	BMn3－12	软	360	25	主要用于制造弹簧
		硬	—	—	
	BMn40－1.5	软	400	—	主要用于制造热电偶丝
		硬	600	—	

B 特殊白铜

在铜－镍二元合金的基础上加入其他合金元素的铜基合金，称为特殊白铜。牌号用“B＋字母＋数字－数字”表示。其中字母为所加特殊合金元素的化学符号，符号后的两个数字分别表示镍和特殊合金元素的质量分数。如 BMn3－12 表示含镍 3% 和含锰 12% 的锰白铜。

（1）锌白铜。锌在铜镍合金中起固溶强化作用，还能提高耐蚀性。其中应用最广的是 BZn15－20，有相当好的耐蚀性和力学性能，成本也较低。

（2）锰白铜。组织为单相固溶体，塑性高，容易进行冷、热压力加工。锰白铜具有高的电阻和低的电阻温度系数。BMn40－1.5 称康铜，具有电阻高和电阻温度系数小的特点，是制造精密仪器的优良材料；BMn43－0.5 称考铜，与康铜一样，具有电阻高和电阻温度系数小的特点，用于制造工作温度高的变阻器、热电偶（与铁或镍铬合金配对）和补偿导线等。

4.6.2.4 黄铜

黄铜是以锌为主加元素的铜合金。黄铜具有良好的塑性和耐腐蚀性，良好的变形加工性能和铸造性能，且色泽美观，因而在工业上应用广泛。黄铜按化学成分的不同可分为普通黄铜和特殊黄铜两类。

A 普通黄铜

普通黄铜是铜锌二元合金，其相图如图 4－31 所示。锌在铜中的溶解度很大（室温下可达 39%），且在铜中的溶解度随温度的降低而增大，因此黄铜有着良好的固溶强化效果。锌在铜中的固溶体具有面心立方晶格结构，因而具有良好的塑性。黄铜的含锌量对其力学性能有很大的影响，如图 4－32 所示。

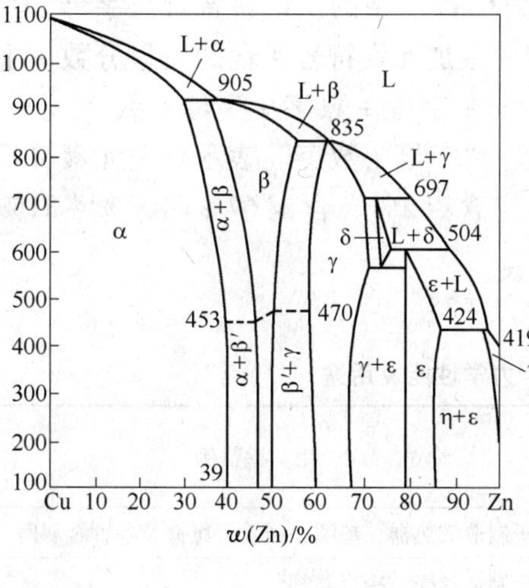

图 4－31 Cu－Zn 合金相图

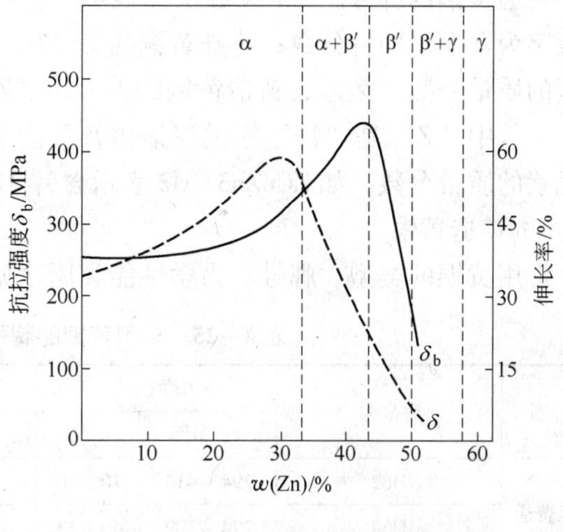

图 4－32 锌对黄铜性能的影响示意图

当锌含量小于 39% 时，黄铜合金中的锌全部溶于铜中，形成单相固溶体（α）组织，称为 α 黄铜（或称单相黄铜）。锌的溶入能起到固溶强化的作用，使合金的强度不断提高，塑性也有所改善，当含锌量为 30% 时，强度和塑性达到最优值。当锌含量为 39% ～

45%时，黄铜合金为（α + β′）组成的两相组织，称为α + β′黄铜（或称双相黄铜），其中β′相是以电子化合物CuZn为基的有序固溶体。当进一步增加锌的含量，由于化合物相的出现，合金的塑性开始下降，而合金的强度却继续升高，当含锌量增加到45%时，强度达到最大值，而塑性急剧下降。当含锌量达到47%时，铜合金全部转变为β相，而β相是以电子化合物CuZn为基的无序固溶体。此时，强度和塑性均很低，已无实用价值。因此，工业上使用的黄铜中的实际含锌量大多不超过47%，这样工业黄铜的组织只可能是单相或两相，分别为单相黄铜和双相黄铜。

B　特殊黄铜

为了获得更高的强度、抗蚀性和更好的铸造性能，通常需要在铜锌合金中加入铝、铁、硅、锰、镍等元素，形成各种特殊黄铜。

(1) 铅黄铜。铅能改善切削加工性能，并能提高耐磨性。压力加工铅黄铜用于制造要求有良好切削加工性能及耐磨的零件，铸造铅黄铜可以制作轴瓦和衬套。

(2) 铝黄铜。铝能提高黄铜的强度和硬度，并能在黄铜表面形成保护性的氧化膜而改善黄铜在大气中的抗蚀性。铝黄铜可制作海洋船舶零件及其他机器的耐蚀零件。

(3) 硅黄铜。硅能显著提高黄铜的力学性能、耐磨性和耐蚀性。硅黄铜具有良好的铸造性能，并能进行焊接和切削加工。硅黄铜主要用于制造船舶及化工机械零件。

(4) 锰黄铜。锰能提高黄铜的强度，而不降低塑性，也能提高黄铜在海水中及过热蒸汽中的抗蚀性。锰黄铜常用于制造海洋船舶零件及轴承等耐磨部件。

(5) 铁黄铜。黄铜中加入铁，同时加入少量的锰，可起到提高黄铜再结晶温度和细化晶粒的作用，使力学性能提高，同时使黄铜具有高的韧性、耐磨性及在大气和海水中优良的抗蚀性。铁黄铜用于制造受摩擦及受海水腐蚀的零件。

C　黄铜的牌号及用途

普通黄铜的牌号用“H + 数字”表示，“H”为“黄”字的汉语拼音首位字母，其后的数字为含铜量的百分数；特殊黄铜的牌号用“H + 主加元素符号 + 铜的质量分数 + 主加元素的质量分数”表示；铸造黄铜的牌号用“Z + Cu + 字母 + 数字 + 字母 + 数字 + ……”表示，其中“Z”是“铸”字的汉语拼音首位字母，“字母 + 数字”表示合金元素符号和该元素的质量分数。如ZCuZn31Al2表示含锌31%、含铝2%、含铜67%（100% − 31% − 2%）的铸造黄铜。

常用黄铜的类型、牌号、力学性能和用途见表4 − 25。

表4 − 25　常用黄铜的牌号、力学性能及用途

类别	牌号	力学性能		应用举例
		σ_b/MPa	δ/%	
加工普通黄铜	H62	294 ~ 412	40 ~ 10	用于制造散热器、垫圈、弹簧、螺钉及各种金属网
	H68	294 ~ 392	40 ~ 13	用于制造弹壳、冷凝器等
	H80	265 ~ 392	50 ~ 3	用于制造镀层及装饰品；造纸工业用金属网
加工特殊黄铜	HPb59 − 1	343 ~ 588	25 ~ 3	用于热冲压及切削方法制作的零件
	HMn58 − 2	382 ~ 588	30 ~ 3	用于制造海轮制造业用零件及电信器材
	HSn62 − 1	294 ~ 392	35 ~ 5	用于制造船舶零件

续表 4-25

类别	牌号	力学性能		应用举例
		σ_b/MPa	δ/%	
铸造黄铜	ZCuZn38	≥295	≥30	用于制造一般结构件及耐蚀件，如法兰、阀座、螺杆、螺母、支杆、手柄等
	ZCuZn38Mn2Pb2	245～345	10～18	用于制造一般用途结构件，船舶、仪表上外形简单的铸件，如套筒、衬套、滑块、轴瓦等
	ZCuZn31Al2	295～390	12～15	用于压力铸造，如电动机、仪表等压铸件及船舶、机械制造业的耐蚀零件
	ZCuZn16Si4	345～390	15～20	用于制造接触海水工作的管配件，水泵、叶轮、旋塞及在空气、海水、油、燃料中工作的铸件

4.6.2.5 青铜

青铜是以除镍和锌以外的其他合金元素为主加元素的铜合金。根据加工工艺的不同，青铜可分为加工青铜和铸造青铜两类。根据主加元素的不同，青铜又可分为许多种，现介绍常用的3种青铜。

A 锡青铜

以锡（Sn）为主加元素的铜合金称为锡青铜，工业用锡青铜中的锡含量一般为3%～14%。锡能溶入铜中，形成固溶体，具有优良的塑性，适宜冷、热加工成型。当含锡量小于6%时，合金呈单相固溶体，锡青铜的强度、硬度随含锡量的增加而显著地提高，塑性变化不大，适宜进行冷、热压力加工，常以线、板、带材供应；当含锡量超过6%时，就可能出现共析体，为硬脆相，因组织中出现硬脆相，合金的塑性急剧降低，已不宜承受压力加工，只能用作铸造合金；当含锡量超过20%时，不仅塑性极低，且强度急剧降低，在工业上无实用价值，以前只用来铸钟，有“钟青铜”之称。

锡青铜的铸造性能并不理想，这是因为它的结晶温度区间大，流动性差，易产生偏析和形成分散缩孔，同时由于锡在铜中不易扩散，在实际铸造生产条件下不易获得平衡组织。但锡青铜的收缩率很小，是有色金属中铸造收缩率最小的合金。可用来生产形状复杂、尺寸精度要求高、气密性要求不太高的铸件。在锡青铜中，还常加入其他合金元素以改善锡青铜的铸造、切削、耐磨等性能。

由于锡青铜组织中的共析体均匀分布在塑性好的固溶体中，从而形成了坚硬相质点均匀分布在塑性好的基体上的耐磨组织，因此，锡青铜的减摩性很好，被广泛用来制造齿轮、轴承、蜗轮等耐磨零件。锡青铜在大气、海水、淡水和蒸汽中的抗蚀性比黄铜高，广泛用于制造蒸汽锅炉、海船的铸件。但锡青铜在亚硫酸钠、氨水和酸性矿泉水中极易被腐蚀。

B 铝青铜

以铝（Al）为主要合金元素的铜合金称为铝青铜。铝青铜的强度和抗蚀性比黄铜和锡青铜还高，它是锡青铜的代用品，常用来制造弹簧、船舶零件等。

铝青铜与上述介绍的铜合金的明显不同是可通过热处理进行强化，其强化原理是利用淬火获得类似钢的马氏体的介稳组织，使合金强化。铝青铜有良好的铸造性能。在大气、海水、碳酸及大多数有机酸中具有比黄铜和锡青铜更高的耐蚀性。此外，铝青铜还有耐磨损、冲击时不发生火花等特性。但铝青铜也有缺点，如体积收缩率比锡青铜大，铸件内容易产生难熔的氧化铝，难于钎焊，在过热蒸汽中不稳定等。

C　铍青铜

以铍(Be)为主加元素的铜合金称为铍青铜。工业用铍青铜中的铍含量一般在1.7% ~ 2.5%之间。由于铍溶入铜中形成固溶体，其溶解度随温度的下降而急剧下降，室温时其溶解度仅为0.16%，因此铍青铜是典型的时效硬化型合金。其时效硬化效果显著，经淬火时效后，抗拉强度可由固溶处理状态的450MPa提高到1250 ~ 1450MPa，硬度可达350 ~ 400HBS，远远超过其他所有铜合金，甚至可以和高强度钢相媲美。

铍青铜具有高的弹性极限、屈服极限和疲劳极限，其耐磨性、抗蚀性、导电性、导热性和焊接性均非常好。此外，铍青铜还具有无磁性、受冲击时不产生火花、良好的冷热加工性能和铸造性能等特点。铍青铜主要用于制造各种重要用途的弹簧、弹性元件、钟表齿轮、航海罗盘仪器中的零件、防爆工具和电焊机电极等。铍青铜的主要缺点是价格太贵，生产过程中有毒，故使其应用受到很大的限制。一般铍青铜是以压力加工后的固溶处理态供应，机械制造厂在使用时可不再进行固溶处理而仅进行时效即可。

D　青铜的牌号及用途

加工青铜的牌号用“Q + 主加元素符号 + 主加元素的质量分数 + 其他元素的质量分数”表示，其中“Q”是青字的汉语拼音首位字母。如QSn4 - 3，表示含锡为4%、其他元素含量为3%、含铜为93%（100% -4% -3%）的锡青铜。铸造青铜的牌号用“Z + Cu + 字母 + 数字 + 字母 + 数字 + ……”，其中“Z”为“铸”字的汉语拼音首位字母，“字母 + 数字”为主加元素符号和该元素的质量分数，其后的“字母 + 数字”为辅加元素的符号和该元素的质量分数。如ZCuSn10Pb1表示含锡10%、含铅1%、含铜89%（100% - 10% - 1%）的铸造锡青铜。常用青铜的牌号、力学性能及用途见表4 - 26。

表4 - 26　常用青铜的牌号、力学性能及用途

类别	牌号	力学性能		应用举例
		σ_b/MPa	δ/%	
锡青铜	QSn4 - 3	350 ~ 550	40 ~ 4	用于制造弹性件以及化工机械的耐磨、耐蚀件，抗磁零件
	QSn4 - 4 - 2.5	600	4	用于制造飞机、拖拉机、汽车用轴承和轴套的衬垫
	QSn6.5 - 0.4	400 ~ 700	65 ~ 10	用于制造造纸业用铜网，弹簧及耐磨件
铝青铜	QAl7	420 ~ 1000	70 ~ 4	用于制造弹簧及其他耐蚀弹性件
	QAl9 - 4	500 ~ 1000	40 ~ 5	用于制造船舶及电器零件，耐磨件
	QAl10 - 4 - 4	650 ~ 1000	40 ~ 10	用于制造高强度耐磨件及500℃以下工作的零件，其他重要耐磨耐蚀件
铍青铜	QBe2	500 ~ 1250	40 ~ 3	用于制造重要的弹性件，耐磨件及在高速、高压、高温下工作的轴承
	QBe1.7	440 ~ 1150	50 ~ 3.5	用于制造各种重要的弹簧和弹性元件
硅青铜	QSi3 - 1	400 ~ 700	50 ~ 5	用于制造弹簧及弹性件，耐蚀件，蜗轮、蜗杆、齿轮等耐磨件

续表 4 - 26

类别	牌号	力学性能		应用举例
		σ_b/MPa	δ/%	
铸造青铜	ZCuSn10Pb1	200 ~ 310	3 ~ 2	用于制造高载荷和高滑动速度下工作的耐磨件，如连杆、轴瓦、衬套、齿轮、蜗轮等
	ZCuPb15Sn8	170 ~ 200	5 ~ 6	用于制造表面高压且有侧压的轴承，冷轧机的铜冷水管，内燃机双金属轴瓦、活塞销等
	ZCuAl9Mn2	390 ~ 440	20 ~ 20	用于制造耐磨、耐蚀件，形状简单的大型锻件，管路配件

4.6.2.6 选择铜合金的原则

铜及其合金的性能特点是高导电性、导热性、耐蚀性、无磁性、中等强度、塑性优良、较好的工艺性等，这些都是选用铜及其合金的依据。

A 导热、导电性

纯铜具有极高的导热及导电性，是用作导体及散热器的极好材料。同时，由于铜的塑性高，易于做成细的导线及薄的板材。但铜合金的导电能力远低于纯铜，若将纯铜的导电能力看作 100%，黄铜的导电能力仅为纯铜的 30%；锡青铜的导电性更低，仅为 10%；铝青铜的导电能力虽然尚可，但仍不超过 35%。显然，这些合金虽可做导电零件，但作为导线是不合适的。

B 力学性能

提高铜合金强度的途径有合金化、冷加工及热处理。热处理虽然可以改善某些铜合金（铍青铜）的性能，但对大多数铜合金来说，强化铜合金的重要手段还是合金化和冷加工。与其他合金不同，当铜中加入某些合金元素时，不仅其强度明显提高，而且塑性也同时提高。以伸长率为例：纯铜的伸长率为 35% ~ 45%，黄铜（H70）的为 50%，锡青铜（QSn6.5 - 0.1）为 60%，而铝青铜（QAl5）的更高，可达 60% 以上。冲压加工后的铜合金经过适当的消除应力退火，可以在保持较高强度的情况下，改善其塑性，尤其可以获得较高的弹性极限，这对于其用作弹性元件是极为重要的。铜合金的疲劳强度较高，特别是铍青铜、磷锡青铜和白铜，由于这些合金具有高的疲劳强度，故适合制造仪表、弹簧等。

C 工艺性能

铜及其合金的工艺性能包括以下几方面：

(1) 冲压性。铜合金一般具有极高的塑性，适于冲压成型。例如三七黄铜就具有优良的冷冲压性，但变形量大时要进行中间退火。

(2) 铸造性。黄铜结晶温度区间很小，其熔点随含锌量的增加而降低。因此，黄铜的流动性好，形成疏松的倾向小；熔点低，熔炼方便。

(3) 切削加工性。铜合金的切削加工性较好，切削后表面粗糙度低。其中以含铅合金的切削性为最好（如易削黄铜）；其次是具有两相组织的铜合金（如锡青铜及高锡青铜）。对于大量切削成型的零件，采用易削黄铜是十分合适的。除此以外，铜合金能抵抗大气及海水的腐蚀（尤其是锡青铜），且色泽美丽，需镀铬或镀镍时，也不用垫层。在铜合金中，黄铜由于具有强度高、价格低和铸造性能良好等特点，因而较锡青铜、铝青铜的品种更多，产量更大，应用更广，但黄铜的耐磨性和耐腐蚀性不及青铜。

4.6.3　滑动轴承合金

滚动轴承在使用过程中,存在着承压面积较小、工作不平稳、噪声大以及维修时拆卸困难等缺点。为了解决滚动轴承的上述缺陷,使机器在工作过程有着更好的运行效果,人们根据轴承的工作特点,研究出不同于滚动轴承材料特征的新的轴承材料,即滑动轴承合金。滑动轴承是由轴承体和轴瓦两部分构成的,轴瓦可以直接由耐磨合金制成,也可以在钢基上浇注(或轧制)一层耐磨合金内衬。凡用来制造轴瓦及其内衬的合金材料,统称为滑动轴承合金。

4.6.3.1　滑动轴承合金的性能特点

滑动轴承除要经受交变载荷外，还会与轴颈发生滑动摩擦，因此根据轴承的工作条件，必须对轴承材料提出一定的组织和性能要求。滑动轴承合金不仅要求摩擦系数小，有良好的导热性和耐蚀性，还必须有足够的强度和硬度。但若滑动轴承合金的硬度过高，会加速轴的磨损，使价格昂贵的轴被损坏。

在实际工作中，为了保护轴不被损坏，要求轴瓦及其内衬具有合适的表面性能，以保证滑动轴承既耐磨又对轴的磨损小。这些性能包括抗咬合性、亲油性、嵌藏性和顺应性等。所以，滑动轴承合金应具有以下几方面的性能：

(1) 在工作温度下有足够的抗压强度和疲劳强度，以承受轴所施加的载荷；

(2) 有足够的塑性和韧性，以保证与轴配合良好并承受冲击和振动；

(3) 摩擦系数小，并能保持住润滑油，以减少对轴颈的磨损；

(4) 具有良好的磨合能力，以使载荷均匀分布；

(5) 具有小的膨胀系数和良好的导热性、耐蚀性，以防止轴瓦与轴颈强烈摩擦升温而发生咬合，并抵抗润滑油的侵蚀。

4.6.3.2　轴承合金的组织特点

轴瓦材料不能选用高硬度的金属，以免轴颈受到磨损；也不能选用软的金属，以防止承载能力过低，因此轴承合金应既软又硬。为了兼顾转动轴对轴承硬和软的性能要求,轴承合金需要具备软和硬共存的组织特点。在运转过程中,软的部分较快磨损呈凹陷,而硬质点相应地突出,如图4－33所示。这使轴与轴瓦的接触面积大大减小,有利于保存润滑油,因而摩擦系数减小,磨合能力良好,负荷均匀。目前轴承合金的组织特征大致归纳为两类。

A　软基体组织分布硬质点

合金组织由硬质点相和软基体相组成，如锡基、铅基合金及锡青铜等类型的合金。

锡基轴承合金的组织特点是由软基体和硬质点组成。这类合金与其他轴承材料相比，膨胀系数小，嵌藏性和减磨性较好，还具有优良的韧性、导热性和耐蚀性。适宜用作汽车、拖拉机、汽轮机的高速轴承。其缺点是疲劳强度较低、熔点低、工作温度不能超过120℃。

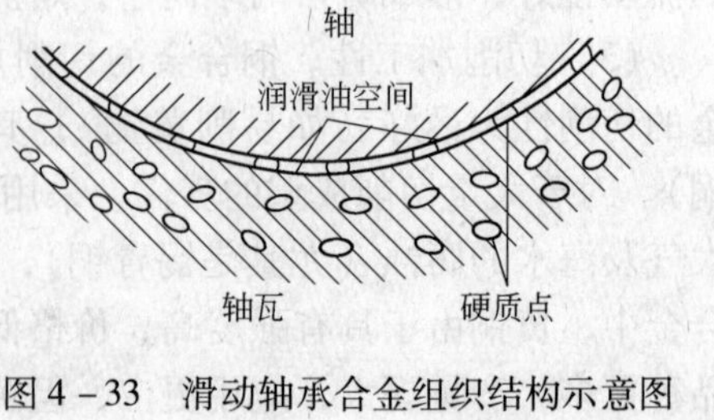

图4－33　滑动轴承合金组织结构示意图

铅基轴承合金是以铅－锑为基的合金。加入6%～16%的锡是为了提高合金的强度、硬度和耐磨性，锡还改善了金属的表面性能和耐蚀性。此外，为了消除相对密度偏析及形成高硬度质点 Cu6Sn5，还应加入少量的铜。铅基轴承合金可用于制造低速、低载荷或中等静载荷设备的轴承，可作为锡基轴承合金的部分代用品。铅的价格仅为锡的 1/10，因此，铅基轴承合金得到了广泛应用。

B　硬基体组织分布软质点

合金组织由较硬的基体和软质点相组成，如铝－锡、铝－石墨复合材料及铅青铜、灰铸铁等类型的合金。ZCuPb30 是典型的铜基轴承合金，其组织特征为在硬的铜基体上分布有软的铅质点，故有高的疲劳强度，且有高的导热性及耐热性，其工作温度可达 350℃。该合金本身强度较低，将它浇注在钢管或钢板上，可形成一层薄而均匀的内衬，使钢的强度和减磨合金的耐磨性很好地结合起来。同时，铅青铜与钢套的黏合性很好，不易剥落和开裂。故铜基轴承合金适宜用于制造在高温、高速、重载荷下工作的轴承（如柴油机、汽轮机或航空发动机上的轴承）。

小　结

1. 合金元素在钢中的主要作用

合金钢之所以比碳素钢有更好的性能和更广泛的应用，是因为合金元素在钢中发挥了很大的作用，通过本章的学习需要掌握合金元素在不同钢中的具体作用，例如：当合金钢中铬的含量小于 13% 时，其主要作用是溶于基体以提高钢的淬透性，同时，部分形成碳化物，提高回火稳定性；而当铬的含量大于 13% 时，其主要作用则是提高钢基体的电极电位，改善耐腐蚀性。中强碳化物形成元素钨、钼等通过形成碳化物来提高回火稳定性并产生二次硬化。强碳化物形成元素钒、钛等主要是通过形成碳化物，一方面阻碍奥氏体晶粒长大而细化晶粒，另一方面可提高钢的硬度及耐磨性。镍和锰除了可提高钢基体的强度外，还能形成单相奥氏体等。

合金元素在钢中对改善力学性能所起的主要作用可归结为以下几个方面：强化铁素体；细化晶粒；提高淬透性；提高回火稳定性；产生二次硬化。

2. 合金钢的分类

合金钢的种类很多，不同类型的合金钢中合金元素的作用不同、采取的热处理的方法不同，导致其力学性能或物理、化学性能的差异非常大，有着各自不同的应用范围。正确认识不同种类合金钢的性能、热处理方法，对合金钢的合理选择及准确应用是非常重要的。

类别　　牌号区别　　种　类

- 合金结构钢：碳含量的 10^4 倍（两位数字）
  - 普通低合金结构钢（$w(C)<0.2\%$，$w(Me)<3\%$）
  - 合金渗碳钢（$w(C)=0.1\%\sim0.25\%$）
  - 合金调质钢（$w(C)=0.25\%\sim0.5\%$）
  - 合金弹簧钢（$w(C)=0.5\%\sim0.75\%$）
  - 滚动轴承钢（$w(C)=0.95\%\sim1.15\%$）
- 合金工具钢：碳含量的 10^3 倍（一位数字）
  - 低合金刃具钢（$w(Me)<5\%$）
  - 高速钢（$w(C)=0.7\%\sim1.5\%$）
  - 冷作模具钢（$w(C)=1.4\%\sim2.3\%$，$w(Cr)>12\%$）
  - 热作模具钢（$w(C)=0.3\%\sim0.5\%$）
  - 量具钢
- 不锈耐酸钢：碳质量分数的小数位（多位数字，$w(Cr)\geqslant13\%$）
  - 马氏体不锈钢（$w(C)=0.1\%\sim1.0\%$，$w(Cr)\geqslant12\%\sim18\%$）
  - 奥氏体不锈钢（$w(C)<0.1\%$，$w(Cr)\geqslant16\%$，$w(Ni)\geqslant8\%$）
  - 铁素体不锈钢（$w(C)<0.15\%$，$w(Cr)\geqslant12\%\sim30\%$）

习 题

4-1 合金钢与碳钢相比，为什么它的力学性能好，热处理变形小？为什么合金工具钢的耐磨性、热硬性比碳钢高？

4-2 低合金结构钢中的合金元素主要是通过哪些途径起强化作用，这类钢经常用于哪些场合？

4-3 有两根直径 ϕ18mm×200mm 的轴，其中一根采用 20 号钢制成，经 920℃渗碳后直接淬火，并在 180℃回火处理，硬度为 58~62HRC；另一根用 20CrMnTi 钢也经 920℃渗碳后直接淬火，并经 -80℃冷处理后再进行 180℃回火处理，硬度为 60~64HRC。试问这两根轴的表面和心部的组织及性能有何区别？

4-4 渗碳钢主要适用于制造哪些零件，为什么渗碳钢中碳的质量分数均属于低碳（0.1%~0.25%）的范围，20CrMnTi 钢中合金元素的作用如何？

4-5 为什么滚动轴承钢的含碳量为高碳（0.95%~1.15%）的范围，而含铬量要限定在 1.65%以内，GCr15 钢制造精密零件时应如何选择热处理工艺？

4-6 铬轴承钢应采用哪种预先热处理和最终热处理？分别获得什么组织？

4-7 什么是红硬性（或热硬性）？试分析高速钢中碳与合金元素的作用及高速钢热处理工艺特点？

4-8 高速钢经铸造后为什么要反复锻造？在锻造后、切削加工前为什么必须退火，为什么高速钢的退火温度较低（略高于 A_{c3}，即 830℃），而淬火温度却高达 1280℃，淬火后为什么要经过 3 次 560℃的高温回火，能否改为一次长时间回火？高速钢在 560℃回火是否是调质处理，为什么？

4-9 直径为 25mm 的 40CrNiMo 棒料毛坯，经正火处理后硬度很高，很难切削加工，这是什么原因？试设计一个最简单的热处理方法以提高其机械加工性能。

4-10 为什么 Cr12 型模具钢要进行锻造，锻造后应该进行何种预先处理？

4-11 简述不锈钢的合金化原理，常用的不锈钢有哪几种？

4-12 12Cr13 钢和 Cr12 钢中，铬的质量分数均大于 11.7%，12Cr13 属于不锈钢，但为什么 Cr12 钢却不能用作不锈钢？

4-13 对于灰口铸铁来说，基体中珠光体的数量越多，珠光体片层越细，其强度越高，那么在生产中可采用哪些方法提高灰口铸铁中的珠光体数量？

4-14 现有两块金属，已知其中一块为 45 号钢，另一块为 HT150 灰口铸铁，请指出要鉴别它们应采用哪些方法？

4-15 指出下列各种钢号的种类、含碳量、力学性能特点、热处理工艺和主要用途。

牌 号	种类	含碳量/%	力性特点	热处理工艺	主要用途
16Mn（Q345）					
16MnV（Q395）					
20Cr					
20CrMnTi					
30CrMnSi					
40Cr					
50CrVA					
60Si2Mn					
GCr9					

续表

牌　号	种类	含碳量/%	力性特点	热处理工艺	主要用途
GCr15					
9SiCr					
CrWMn					
Cr12					
Cr12MoV					
W18Cr4V					
W6Mo5Cr4V2					
5CrMnMo					
5CrNiMo					
022Cr17					
10Cr17					
20Cr13					
68Cr17					
06Cr19Ni10					

4-16　要使球墨铸铁分别得到珠光体、铁素体和贝氏体的基体组织，热处理工艺上如何控制，依据是什么？

4-17　不同阶段石墨化程度对灰口铸铁的基体组织有何影响？

4-18　铸铁中促进石墨化的元素有哪些，为什么在灰口铸铁中应控制碳化物形成元素的数量？

4-19　在普通灰口铸铁中，为什么含碳量与含硅量越高时，铸铁的抗拉强度和硬度越低？

4-20　试说明为什么铸铁含碳量通常要选择接近共晶成分？

4-21　灰口铸铁的抗拉强度的高低主要取决于什么，硬度的高低主要取决于什么，用哪些方法可提高其抗拉强度和硬度？

4-22　为什么普通灰口铸铁不能进行改变基体的热处理，而球墨铸铁可以进行这种热处理？

4-23　普通灰口铸铁、球墨铸铁和可锻铸铁在组织上的根本区别是什么？试述石墨对铸铁性能特点的影响。

4-24　为什么可锻铸铁适宜制造壁厚较薄的零件，而球墨铸铁却不宜制造壁厚较薄的零件？

4-25　试说明紫铜、黄铜、白铜和青铜在成分上的区别。

4-26　铜合金的性能有何特点？铜合金在工业上的主要用途是什么？

4-27　铝合金能像钢一样进行马氏体相变强化吗？可以通过渗碳、氮化的方式进行表面强化吗？为什么？

4-28　铝合金的强化措施有哪些？

4-29　试从组织特征和性能变化规律两方面，比较“铝合金淬火+时效处理”与“钢的淬火+回火”的区别？

4-30　金属的减摩性与耐磨性有何区别，它们对金属组织与性能的要求有何不同，滑动轴承合金必须具备哪些特征，其组织有何特点？

5 热加工工艺基础

现代工业生产中所用的机械设备都是由一些符合技术要求的零部件组装而成的，但不管什么样的零部件，其加工工艺的第一步就是要选择并制备毛坯材料。毛坯的制备主要是通过4类不同的生产方式，即铸造、压力加工、焊接、粉末冶金（粉末原料经制坯、压制成型、烧结等工序后成型）。由于毛坯的制备主要是为最终的零部件加工提供必要的、合理的形状和一定的组织结构，总是希望能够迅捷、简化这一过程，因此，通常较多的采用热加工成型的方式。本章介绍几种常用的制备零部件毛坯的热加工方法。

5.1 铸造工艺基础

5.1.1 铸造工艺概述

5.1.1.1 铸造的含义

铸造是将液态金属浇注到与零件形状相适应的铸型空腔中，待冷却凝固后，获得所需零件或毛坯的加工方法。通常我们将用来铸造的金属材料称为铸造合金。

5.1.1.2 铸造的基本方法

铸造的方法主要包括两类，一是砂型铸造；二是特种铸造。特种铸造又根据采取的设备和方法的不同分为金属型铸造、压力铸造、低压铸造、离心铸造、熔模铸造等。

5.1.1.3 铸造的特点

使用铸造方法成型与其他成型方法相比具有如下特点：

(1) 能够制造各种尺寸和形状复杂的铸件；

(2) 对金属材料的适应性强。

(3) 铸件的形状和尺寸与零件接近，可节省材料和工时；

(4) 铸件的成本低；

(5) 劳动强度大，环境差，成品率较低。

由于具有上述特点，铸造方法已成为我们生产毛坯的主要工艺之一，广泛应用于机器制造业中。同时，随着技术的不断发展，上述铸造生产中劳动强度大、环境差、成品率较低的问题已逐步得到改善和解决。

合金在铸造成毛坯或零件时，除了需要根据不同的要求，采取一定的铸造方法外，还需要考虑铸件的结构工艺性和铸造合金的工艺性能。所谓结构工艺性是指在进行铸件结构设计时，在保证铸件的工作要求和力学性能的同时，铸件的结构与铸造工艺和合金铸造性能相适应的特性。而铸造合金的工艺性能（即铸造性能）是指合金在铸造过程中表现出的适应该工艺的能力，主要衡量指标有合金的流动性和合金的收缩性两种。因此，铸造工艺涉及的主要内容是铸造方法、铸造性能和铸件结构工艺性3方面内容。铸件结构工艺性的好坏是能否浇注出优良铸件的主要条件,是铸造专业学生学习铸造工艺学时的重要内容,本课程不作介绍。而铸造性能和铸造方法则是我们确定机械零件材料是否选择铸造加工方法和选择何种铸造加工方法的主要依据,是学习机械零件制造的基础,现分别介绍如下。

5.1.2 合金的流动性

5.1.2.1 合金流动性的含义

合金的流动性是指液态金属本身的流动能力。良好的流动性不仅易于铸造出薄而复杂的铸件，而且也有利于铸件在凝固时的补缩以及气体和非金属夹杂物的逸出和上浮，是保证铸件形状完整、轮廓清晰的基本条件。

液态合金的流动性在铸造过程中表现出来的是液态的充型能力，流动性差则液态合金的充型能力弱，使铸件产生浇不足、冷隔、气孔和夹渣等缺陷。所谓浇不足是指铸件的形状不完整；冷隔是指铸件上的某处由于两股或两股以上的金属液未熔合而形成的接缝；气孔是指铸件内金属液中的气体未排除而形成的微孔；夹渣是指铸件内金属液中的干沙粒和夹渣物未排除而形成的缺陷。

液态合金本身的流动能力通常用浇注的螺旋形试样的长度来衡量。如图5－1所示的螺旋形试样，其截面为等截面的梯形，试样上隔50mm长度有一个凸点，以便于计量其长度。不同的液态合金从浇口浇入后，沿螺旋形空腔流动的距离不一样，液态合金的流动性越好，其流动的距离就越长。

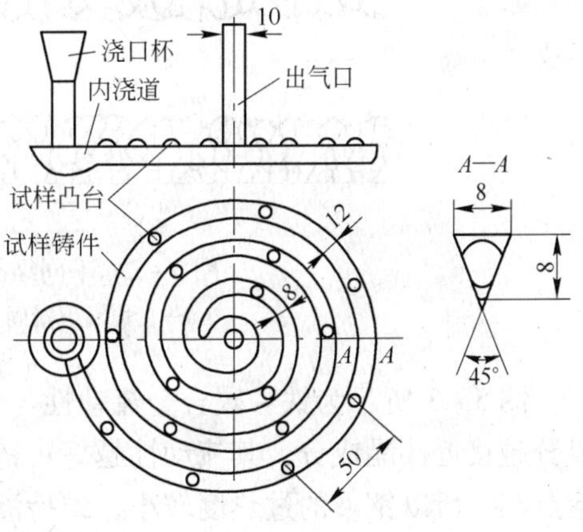

图5－1 螺旋形试样流动性测试示意图

5.1.2.2 影响合金流动性的因素

影响铸造合金流动性的因素有很多，既有合金本身流动能力不同产生的影响，也有铸造过程中工艺和结构对液态合金流动能力的影响，在实际应用时必须认真加以考虑。

A 合金的成分

不同种类的合金，其液态的流动能力不一样；同一合金的成分不同，其液态的流动能力也不相同。表5－1列出了一些常用铸造合金的流动性值，由表可看出铸铁和硅黄铜的流动性最好，铝硅合金的次之，铸钢的最差。

合金的成分和结晶特征对流动性的影响最为显著。共晶成分合金的结晶同纯金属一样，是在恒温下进行的。从铸型表面到中心，液态合金逐层凝固（如图5－2a所示），由于已凝固层的内表面光滑，对液态合金的流动阻力小，而且共晶成分合金的凝固温度最低，相同浇注温度下其过热度最大，延长了合金处于液态的时间，故流动性最好。其他成分的合金均是在一定宽度的温度范围内凝固的，即在其已凝固层和纯液态区之间存在一个液固两相共存的区域，使得已凝固层的内表面粗糙（如图5－2b所示）。所以非共晶成分的合金流动性变差，且合金成分偏离共晶点越远，其结晶温度范围越宽，流动性越差。

表 5-1　常用合金的流动性（砂型，试样截面 8mm×8mm）

合　金　种　类	铸型种类	浇注温度/℃	螺旋线长度/mm
铸铁 $w(C+Si)=6.2\%$	砂型	1300	1800
$w(C+Si)=5.9\%$	砂型	1300	1300
$w(C+Si)=5.2\%$	砂型	1300	1000
$w(C+Si)=4.2\%$	砂型	1300	600
铸钢 $w(C)=0.4\%$	砂型	1600	100
铝硅合金（硅铝明）	金属型（300℃）	680～720	700～800
镁合金（含 Al 及 Zn）	砂型	700	400～600
锡青铜（$w(Sn)\approx10\%$，$w(Zn)\approx2\%$）	砂型	1040	420
硅黄铜（$w(Si)=1.5\%\sim4.5\%$）	砂型	1100	1000

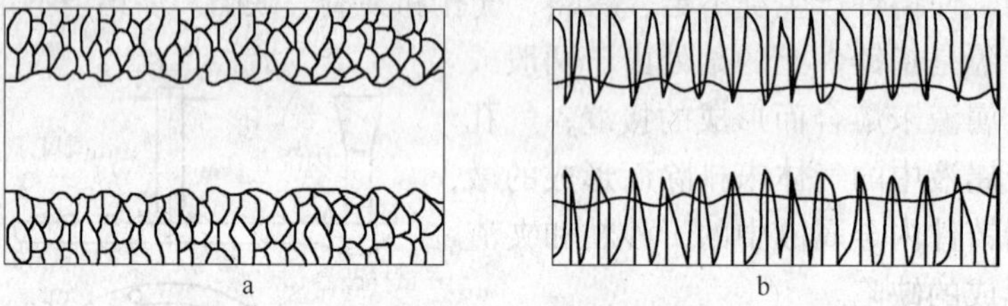

图 5-2　不同结晶特征合金的流动性示意图

a—在恒温下凝固；b—在一定温度范围内凝固

图 5-3 所示为铁-碳合金流动性与含碳量的关系图。由此图可看出，亚共晶铸铁的成分越接近共晶成分，其流动性越好；铸钢的流动性比铸铁差。这是因为，一方面铸钢的熔点高，所以钢液的过热度较小，维持液态流动的时间短；另一方面由于钢液的浇注温度较高，在铸型中散热很快，迅速结晶出的树枝晶会使钢液很快失去流动能力。

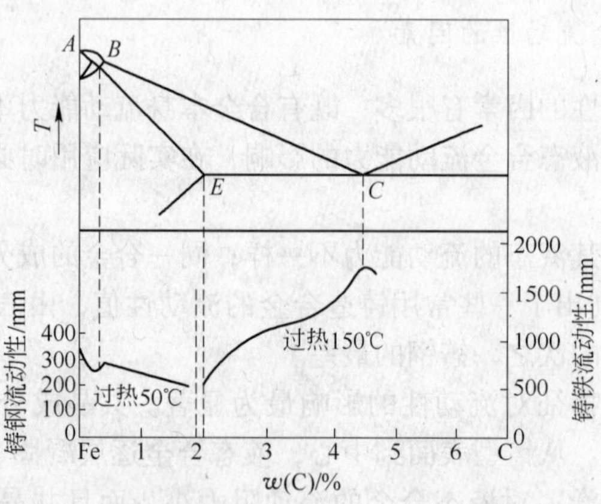

图 5-3　铁-碳合金的流动性与含碳量关系示意图

B　浇注条件

浇注条件主要包括浇注时金属液的温度和浇注口与铸型空腔因位置差形成的冲型压力

(或主动施加的压力)。

a 浇注温度

在一定范围内，提高液态合金的浇注温度能改善其流动性，从而提高其充型能力。因为浇注温度高，液态合金的过热度大，在铸型中保持液态流动的能力较强，且使液态合金的黏度及其与铸型之间的温度差减小，从而提高了流动性。因此，对薄壁铸件或流动性较差的合金可适当提高浇注温度，以防产生浇不足和冷隔等缺陷。

如果浇注温度过高，会使液态合金吸气严重、收缩增大，反而易使铸件产生其他缺陷，如气孔、缩孔、缩松、黏砂和晶粒粗大等。因此，对于浇注温度的选择应该是在保证液态合金流动性足够的前提下越低越好。通常灰铸铁的浇注温度为1200～1380℃；铸钢为1520～1620℃；铝合金为680～780℃。薄壁复杂件取上限温度值，厚件则取下限。

b 冲型压力

液态合金冲型时，在流动方向上所受压力越大，液态合金的流动性越好；反之，液态合金的流动性越差。砂型铸造时，由直浇口高度提供的静压力作为充型压力，所以直浇口的高度应适当。

C 浇注系统结构

铸造的浇注系统越简单，液态合金的流动性越好；反之，液态合金的流动性越差。

D 铸型条件

凡能增大液态合金流动阻力、降低流速和加快其冷却的铸型条件，均会降低合金的充型能力。如铸型型腔过窄、预热温度过低、排气能力太差及铸型导热过快等，均使液态合金的充型能力降低。

E 铸型结构

铸型的结构是由铸件结构决定的，形状简单、尺寸较大、壁厚较厚的铸型有助于液态合金的流动；反之，则不利于液态合金的流动，应采取适当提高浇注温度、提高充型压力和预热铸型等措施来改善其充型能力。

5.1.3 合金的收缩性

5.1.3.1 铸件的凝固

凝固一般是指物质从液态向固态转变的过程，对于金属铸件而言实际上就是结晶过程。铸件的凝固通常有3种方式，即逐层凝固、糊状凝固和中间凝固。铸件在凝固过程中，其断面上存在3个区域，即已凝固的固相区、液固两相并存的凝固区和未开始凝固的液相区。其中凝固区的宽窄对铸件质量影响较大（如图5－4b中S区），决定着铸件的凝固方式。

A 逐层凝固

纯金属或共晶成分的合金，凝固时铸件的断面上不存在液、固两相并存的凝固区，如图5－4a所示，已凝固层与未凝固的液相区之间界限清晰，随着温度的下降，已凝固层不断加厚，液相区逐渐减小，一直到铸件完全凝固，这种凝固方式称为逐层凝固。

B 糊状凝固

具有匀晶结晶过程的合金，如果合金的结晶温度范围很宽，且铸件断面的温度梯度较小，则在开始凝固的一段时间内，铸件表面不会形成坚固的已凝固层，而是液、固两相共

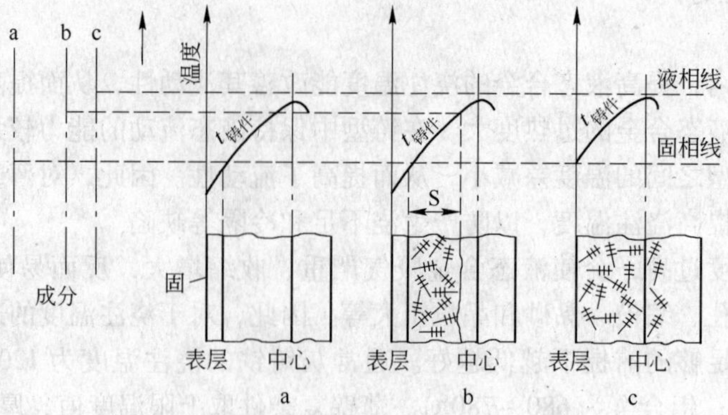

图 5 - 4　铸件的凝固方式示意图

a—逐层凝固；b—中间凝固；c—糊状凝固

存区贯穿铸件的整个断面，如图 5 - 4c 所示。这种凝固方式因先呈糊状，然后才整体凝固，故称为糊状凝固。

C　中间凝固

大多数铸造合金的凝固方式介于逐层凝固和糊状凝固之间，如图 5 - 4b 所示。即在凝固过程中，铸件断面上存在一定宽度的液固两相共存的凝固区，这种凝固方式称为中间凝固方式。

5.1.3.2　铸造合金的收缩

A　收缩的定义

收缩是指液态合金从浇注、凝固直至冷却至室温的过程中，铸造合金的体积或尺寸缩减的现象。铸造合金的收缩给铸造工艺带来许多困难，是形成缩孔、缩松、变形和裂纹等多种铸造缺陷的根本原因。

B　收缩的类型

铸造合金从以高温液态浇注到铸型中开始，直到冷却至室温，经历了 3 个阶段的收缩：

(1) 液态收缩。液态合金从浇注温度冷却到液相线温度之间的收缩称为液态收缩。表现为铸型内液态合金的液面下降。

(2) 凝固收缩。从液相线温度到固相线温度之间的收缩称为凝固收缩，也即凝固过程产生的收缩。共晶成分的合金或纯金属在恒温下结晶，凝固收缩较小；而有一定结晶温度范围的合金，随其结晶温度范围的增大，凝固收缩增大。

(3) 固态收缩。自固相线温度至室温间的收缩称为固态收缩，也即高温固态合金冷却至室温产生的收缩。

以上 3 个阶段收缩量的总和为铸造合金总收缩。由于液态收缩和凝固收缩主要表现为合金体积的缩减，常用体收缩率（即单位体积的收缩量）来表示；而合金的固态收缩主要表现铸件各方向上尺寸的缩小，常用线收缩率（即单位长度上的收缩量）来表示。

C　影响铸造合金收缩的因素

影响铸造合金收缩的因素如下：

(1) 化学成分。不同金属和合金的收缩率不同，同一合金不同成分的收缩率也不同。收缩率大的金属或合金，铸造后的收缩较大。

(2) 浇注温度。浇注温度越高，液态收缩越大，其他形式的收缩不变，总收缩增大。

(3) 铸件结构和铸型条件。复杂的铸件结构和铸型条件使得不同位置的冷却速度不同，导致收缩受阻，产生受阻收缩；铸件结构的变化也会产生机械阻力，导致收缩减小。

5.1.3.3　缩孔与缩松

铸造合金在冷却过程中受不同收缩阶段的影响，会产生许多缺陷。液态收缩和凝固收缩会产生缩孔和缩松；固态收缩会产生收缩应力和变形，甚至出现裂纹。

A　缩孔与缩松的产生

浇入铸型中的液态合金在随后的冷却和凝固过程中，若其液态收缩和凝固收缩引起的容积缩减得不到补充，则在铸件上最后凝固的部位会形成一些孔洞。其中容积较大的孔洞叫缩孔，细小且分散的孔叫缩松。

a　缩孔

缩孔一般出现在铸件上部或最后凝固的部位，形状多呈倒圆锥形，内表面粗糙，通常隐藏在铸件的内层，如图 5 - 5e 所示。铸造合金的结晶温度范围越窄，越倾向于逐层凝固，也就越容易形成缩孔。

液态合金在充满铸型后，由于铸型的冷却作用，靠近铸型表面的一层液态合金很快凝固，而内部仍然处于液态；随着铸件温度的继续下降，外壳的厚度不断增加，内部的液态合金因自身的液态收缩和补充外壳的凝固收缩，体积减小，从而引起液面下降，使铸件内部出现空隙。如此下去，铸件逐层凝固至完全凝固时，在其上部形成缩孔；继续冷却至室温，固态收缩会使铸件的外形尺寸略有缩小。图 5 - 5 示意了铸件在冷却收缩时形成缩孔的过程。通常，铸造合金的液态收缩和凝固收缩越大，缩孔的体积就越大。

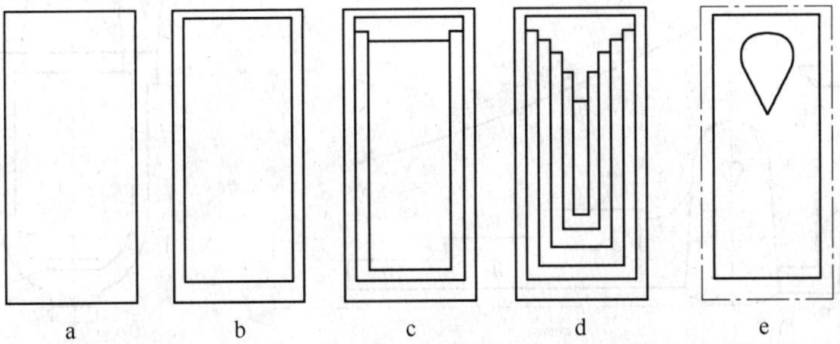

图 5 - 5　缩孔的形成过程示意图

b　缩松

缩松是由于铸件最后凝固的区域没能得到液态合金的补充而造成的分散、细小的缩孔。根据分布形态的不同，缩松分为宏观缩松和微观缩松两类。

宏观缩松是指用肉眼或放大镜可以看到的细小孔洞，通常出现在缩孔的下方，如图 5 - 6 所示。微观缩松是指分布在枝晶间的微小孔洞，在显微镜下才能看到。这种缩松的分布面更大，甚至遍及铸件整个截面，也很难完全避免。对于一般铸件也不将其作为缺陷对待，除非一些对致密性和力学性能要求很高的铸件。

总之，倾向于逐层凝固的合金，如纯金属、共晶成分的合金或结晶温度范围窄的合金，形成缩孔的倾向大，不易形成缩松；而另一些倾向于糊状凝固的合金，如结晶温度范围宽的合金，产生缩孔的倾向小，却极易产生缩松。因此缩孔和缩松可在一定范围内互相转化。

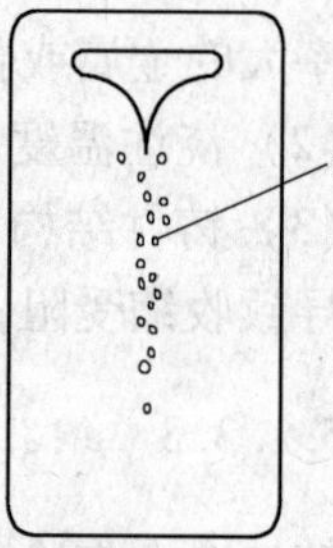

图5-6 宏观缩松示意图

B 缩孔和缩松的防止

在浇注过程中，通过实现“顺序凝固”，可获得无缩孔的铸件。所谓顺序凝固是指采用适当的工艺措施（设置冒口或安放冷铁），使铸件远离冒口或浇注口的部位最先凝固，易产生缩孔的厚大部位随后凝固，冒口或浇注口的部位最后凝固的方式。如图5-7左图所示，铸件部位Ⅲ最先凝固，其次是铸件部位Ⅱ和部位Ⅰ相继凝固，最后是冒口自身的凝固。这样，铸件最先凝固的部位Ⅲ由于冷却和凝固引起的体积缩减，可由较后凝固的部位Ⅱ的液态合金补充；部位Ⅱ的收缩由部位Ⅰ的液态合金补充；最后部位Ⅰ的收缩由冒口中的液态合金来补充，使铸件各部位的收缩均能得到补充，最终将缩孔转移至冒口中，去除冒口后即可获得致密的铸件。

为了实现顺序凝固，除在铸件的厚大部位设置冒口外，还可以采用安放冷铁等其他一些辅助措施。如图5-7右图所示，由于铸件上容易产生缩孔的厚大部位（即热节）不止一个，仅靠铸件顶部的冒口补缩，难以保证铸件底部厚大部位不出现缩孔，为此，在该处设置冷铁（通常采用钢、铸铁或铜等制成），以加快其冷却速度，使其最先凝固，从而实现自下而上的顺序凝固。由此可知，冷铁的作用是加快铸件某处的冷却速度，以控制或改变铸件的凝固顺序。

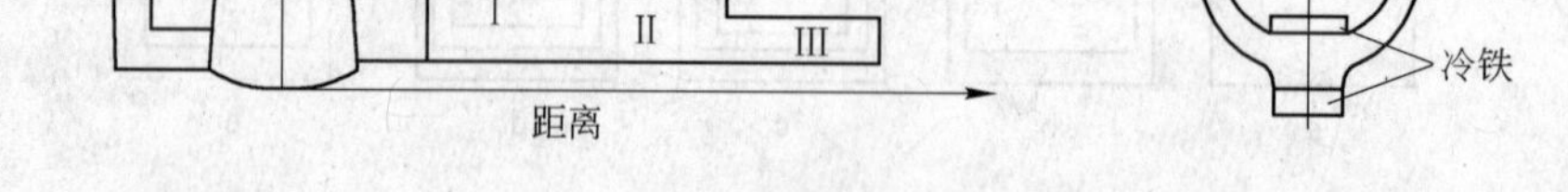

图5-7 顺序凝固示意图

5.1.3.4 铸造内应力、变形和裂纹

铸件完全凝固进入固态收缩阶段后，若铸件的固态收缩受到阻碍，将在铸件内部产生应力，称为铸造应力。它是铸件产生变形和裂纹的基本原因。

A 铸造应力的形成

按照应力产生的原因，将铸造应力分为热应力和机械应力两种。

a 热应力

热应力是由于铸件壁厚不均匀或各部分冷却速度不同，铸件各部分的收缩不同步而引起的内应力。它在铸件落砂后仍然存在于铸件内部，是一种残留应力。

下面以框形铸件为例,分析残留热应力的形成过程。如图5－8a所示的框形铸件,由一根粗杆和两根细杆组成。假设铸件完全凝固后,两杆从同一温度开始冷却,最后达到室温。在冷却过程中,细杆冷却速度快、收缩量大,而粗杆冷却速度慢、收缩量小,造成细杆先冷却到室温,并给粗杆以压应力,而自身则产生拉应力,如图5－8b所示。此时,粗杆因冷却速度较慢,仍处于较高温度,还有很好的塑性,细杆施与的压应力会因产生塑性变形而消除,细杆的拉应力也随之消除,如图5－8c所示。随后,在粗杆进一步冷却至室温过程中,粗杆的收缩将使细杆产生压应力,而粗杆自身产生拉应力,即为残留热应力,如图5－8d所示。

综上分析可知，铸件的壁厚不均匀或各部分冷却速度不同，会导致铸件内产生残留热应力，各部分形成残留热应力的形式的基本规律是：对于壁厚不均匀的铸件，其厚壁处受拉应力，薄壁处受压应力，且随着铸件壁厚差的增大，铸件的热应力也增大；对于表里冷却不均匀的铸件，冷却速度较慢的内部受拉应力，冷却速度较快的表面受压应力，且各部分冷却速度差得越大，铸件的热应力也越大。另外，铸造合金线收缩率的提高以及其弹性模量的增大，也将导致铸件热应力的增大。

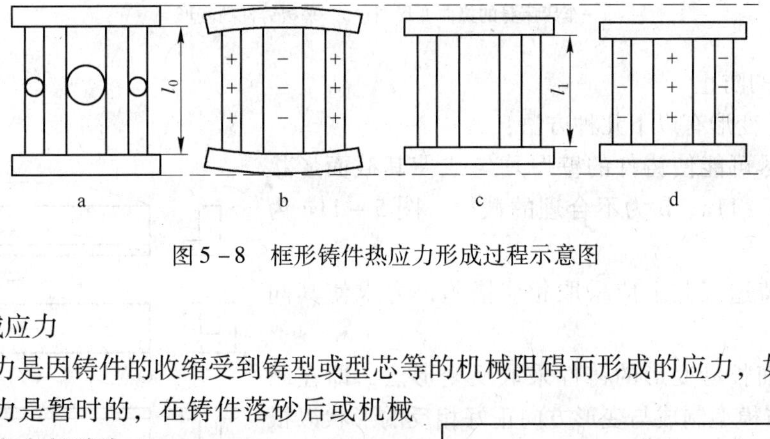

图5－8 框形铸件热应力形成过程示意图

b 机械应力

机械应力是因铸件的收缩受到铸型或型芯等的机械阻碍而形成的应力，如图5－9所示。这种应力是暂时的，在铸件落砂后或机械阻碍消失后会自行消失。

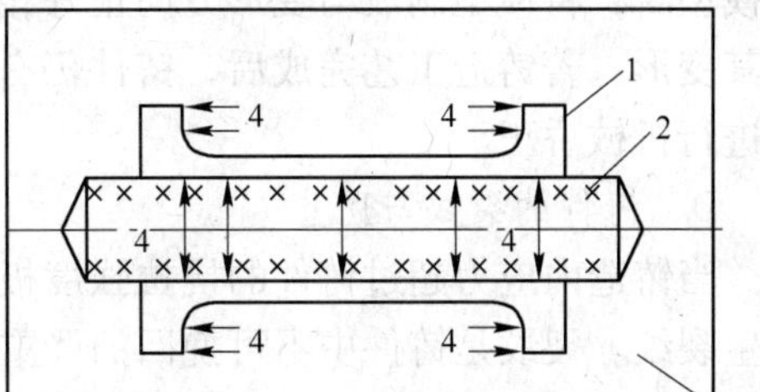

图5－9 机械应力形成示意图

1—铸件；2—型芯；3—铸型；4—阻力

B 残留热应力的预防或消除

预防铸件产生残留热应力的基本措施是减小铸件各部分之间的温度差，使其均匀冷却。例如：选择弹量模量较小的合金作为铸造合金；在设计铸件结构时，力求使铸件的壁厚均匀；对于壁厚不均匀的铸件，可以采用合理的铸造工艺使铸件实现同时凝固等。所谓同时凝固是指通过在铸件厚大的地方设置冷铁，使其冷却速度与其他较薄的部分的冷却速度相同，从而使铸件实现整体均匀冷却的凝固。

消除铸件残留热应力的方法是对其进行去应力退火处理。即将此铸件加热到塑性状态，保温一定时间后，缓慢冷却至室温，可基本消除其残留的铸造应力。

C　铸件的变形与防止

a　变形的产生

如前所述，具有残留内应力的铸件，厚的部位受拉应力，薄的部位受压应力。处于这种状态的铸件是不稳定的，将自发地变形以减小其内应力，使铸件趋于稳定状态。变形的结果是受拉应力的部位趋于缩短变形，受压应力的部位趋于伸长变形，以使铸件中的残余应力减小或消除。图 5 - 10a 所示为机床床身铸件，其导轨部分较厚，受拉应力；其床壁部分较薄，受压应力，于是床身向导轨方向弯曲，使导轨下凹。

图 5 - 10b 所示为一平板铸件，其中心部位散热较边缘要慢，所以受拉应力；边缘处则受压应力，且平板的上表面比下表面冷却得快，于是平板发生了如图 5 - 10 所示的变形。

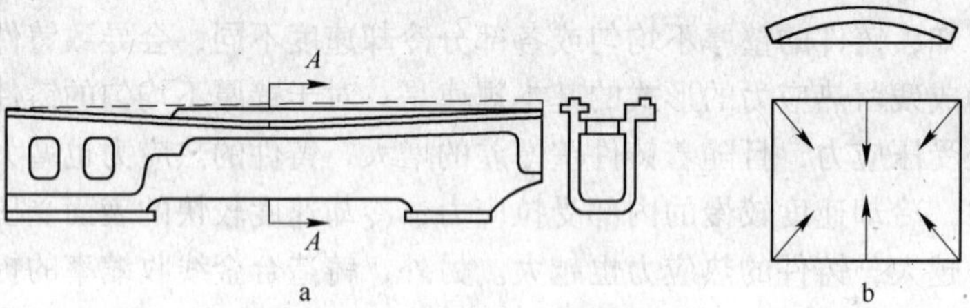

图 5 - 10　热变形形成示意图

a—车床床身的挠曲变形图；b—平板铸件的变形

b　变形的防止

防止铸件变形有以下几种方法：

（1）应尽可能使铸件的壁厚均匀或使其截面形状对称，如图 5 - 11a、b 为不合理的截面，图 5 - 11c 为合理的截面；

（2）在铸造工艺上应采取相应措施，力求使其同时凝固；

（3）对细长易变形的铸件采取反变形法，即在制造模型时，将模型制成与变形方向正好相反的形状以抵消其变形。若铸造工艺完成后，铸件仍有轻微变形，可以进行机械矫正。

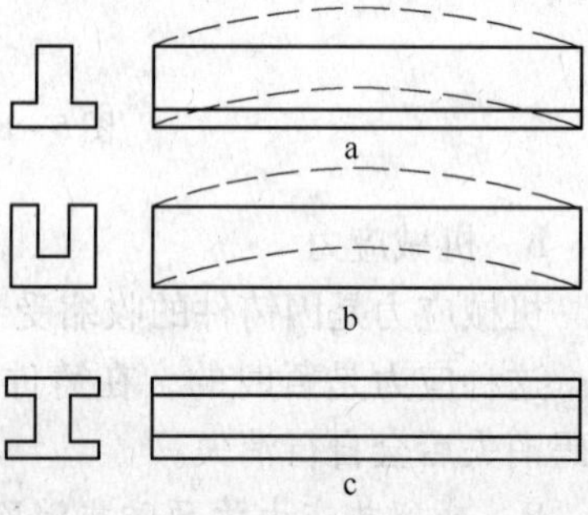

图 5 - 11　不同截面件的变形示意图

a，b—不合理截面；c—合理截面

D　铸件的裂纹与防止

当铸造内应力超过铸件的抗拉强度极限时，铸件便产生裂纹。裂纹是铸件中不可挽回的严重缺陷，必须设法防止。

a　裂纹的产生

按照裂纹的形成温度不同，将裂纹分为热裂和冷裂两种。

热裂是在铸件凝固末期的高温下形成的。其形状特征是：裂纹短、缝隙宽、形状曲折、缝内金属呈氧化色，且裂纹沿晶界产生，外形曲折。因为在凝固末期，铸件绝大部分已凝固成固态，但其强度和塑性较低，当铸件的收缩受到铸型、型芯和浇注系统等的机械阻碍时，将在铸件内部产生铸造应力，若铸造应力的值超过了铸件在该温度下的抗拉强度极限，即产生热裂。热裂是铸钢件、可锻铸铁件以及一些铝合金铸件中常见的缺陷，一般出现在铸件的应力集中部位，如尖角、截面突变处或热节处等。

冷裂是铸件在较低的温度下，即处于弹性状态时形成的裂纹。其形状特征是：裂纹细小、呈连续直线状、裂纹表面有金属光泽或呈微氧化色。冷裂纹是穿晶而裂，外形规则光滑，常出现在形状复杂、大型铸件的受拉应力的部位，尤其易出现在应力集中处。此外，一般脆性大、塑性差的合金，如白口铁、高碳钢及一些合金钢等也易产生冷裂纹。

b 裂纹的防止

防止热裂的方法有以下几种：

(1) 选择结晶温度范围窄的合金生产铸件。因为结晶温度范围越宽的合金，其液、固两相区的绝对收缩量越大，产生热裂的倾向也越大。如灰铸铁和球铁的凝固收缩很小，所以热裂倾向也较小，而铸钢、铸铝和可锻铸铁的热裂倾向则较大。

(2) 减少铸造合金中的有害杂质。如减少铁－碳合金中的磷、硫含量，可提高铸造合金的高温强度。

(3) 改善铸型和型芯的退让性。退让性越好，机械应力越小，形成热裂的可能性越小。具体措施是采用有机黏结剂配制型砂或芯砂，在型砂或芯砂中加入木屑或焦炭等材料可改善退让性。

(4) 减小浇口、冒口对铸件收缩的阻碍，内浇口的设置应符合同时凝固原则。

防止冷裂的方法是设法减小铸造应力和降低铸造合金的脆性。如尽量减小铁碳合金中的磷含量，可降低其脆性，且铸件在浇注之后，也勿过早落砂。

5.1.4 铸造合金的其他工艺性能

5.1.4.1 铸造合金的吸气性

A 吸气性的含义

各种铸造合金，尤其是有色金属合金，在液态时都有吸收气体的特性。气体在合金中的溶解度随温度的变化有一定的规律。合金在固态时，气体的溶解度很小，并随温度的升高增加得也很少；当合金达到熔点时，气体在液态金属中的溶解度急剧增加，因此在液态合金中溶解的气体要比在固态合金中溶解的气体多很多。

合金中所吸收的气体主要来源于炉料、各种辅助材料、炉气及坩埚等熔化工具。对于极易吸气的合金，如铝、镁合金，在浇注过程中，一切与气体、水分接触的机会均易导致吸气。液态金属吸气后，浇注的铸件极易形成气孔。

B 减少或避免液态合金吸气的措施

减少或避免液态合金吸气的措施具体如下：

(1) 严格控制炉料及辅助材料的质量。

(2) 做好熔炉及其他工具的预热等准备工作。

(3) 正确控制熔炼和浇注工艺。如尽量减少液态合金在高温下保温的时间，并避免其过热；对极易吸气的合金应在覆盖剂的保护下熔炼，并在熔炼后期进行除气处理。

(4) 对易吸气合金采用真空炉熔炼，并在真空室内浇注。

5.1.4.2　铸造合金的偏析性

所谓铸造偏析就是液态合金在铸型中凝固以后，铸件断面上各个部分及晶粒与晶界之间存在化学成分不均匀的现象。它有3种类型：晶内偏析、区域偏析和密度偏析。有时铸件上只存在某一种类型的偏析，有时则几种类型并存。由于偏析的存在，铸件断面上或晶粒与晶界处的力学性能也不一致，从而会影响到铸件的使用寿命。为此，在铸件的生产中，应尽量防止偏析的产生，通常采取高温扩散退火的方式予以消除。

5.1.5　砂型铸造工艺

砂型铸造是以型砂为造型材料，用人工或机器在砂箱内造出所需的型腔及必要的浇注系统的一类铸造成型方法。它适用于各种形状、尺寸及各类合金的铸件生产，其生产工艺过程如图5－12所示。

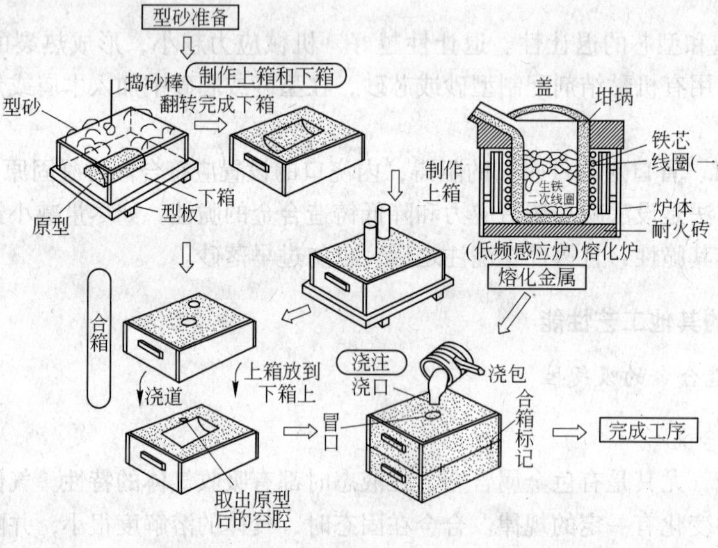

图5－12　砂型铸造生产工艺简图

5.1.5.1　砂型铸造的生产过程

A　型砂的制备

型砂（包括芯砂）是多种造型材料的混合物，主要由原砂、黏结剂（黏土、膨润土等）、水和附加物等组成。根据铸件对型砂的要求，需将上述造型材料按一定的比例均匀地混合，为了提高型砂和芯砂的性能，有时还加入少量煤粉、木屑等附加物，加入煤粉能防止铸件黏砂，使铸件表面光洁，加入木屑可改善铸型和型芯的透气性。

B　制造砂型

利用铸模或其他方法制成所需的砂型，这项工作叫做造型。实际生产中，铸件的形状、大小和技术要求等变化很大，因而造型方法也是多种多样的。

造型工作不仅要用经济、简便的方法把砂型制造出来，而且要根据具体的铸件，采取有效的措施，防止铸件产生缺陷。如浇注的金属液在型腔内流动时，温度要不断下降，如果浇口大小开得不合适，就有可能在金属液还未充满型腔时，就停止流动，使铸件某些部分，尤其是细薄或是棱角的部分浇不足。为了使金属液能很好地充满型腔，薄壁的铸件在造型时，浇口就要开得大些。

为防止铸件产生缩孔，造型时要考虑补缩的问题，最常用的方法就是设置冒口。当铸件凝固后继续收缩时，如果受到砂型和泥芯的阻碍，就可能产生裂纹，为此，造型时常需要采用一定的防裂措施。

C 熔炼

将固态的金属炉料熔炼成具有一定成分和温度的液态合金，这项工作叫做熔炼。熔炼金属的炉子类型有很多，如冲天炉、电炉、增锅炉等。熔炼铸铁的炉子中，最广泛使用的为冲天炉。

D 浇注

以合适的温度和速度将符合要求的金属液浇入砂型中，这项工作叫做浇注。浇注时，液态合金的倾出口要靠近浇口，位置不宜太高，否则金属液会从浇口溅出来。同时要使浇口保持注满状态，以保证液态金属中的熔渣在冷却过程中，及时从浇注系统中溢出，防止其存留在铸型中，使铸件产生夹渣缺陷。

E 落砂和清理

将铸件表面的型砂剥离并清除铸件上的浇冒口和表面黏砂等，这项工作叫落砂和清理。铸铁件的浇冒口可用敲断方法去除，铸钢件等的浇冒口常用气割方法去除。

铸件表面清理工作可用滚筒、抛丸等设备来完成。在缺乏设备或是对铸件上难以清理的部位，可用手锤、凿子和钢丝刷等来进行。锤击时应注意锤打的方向和力的大小，以免损坏铸件。

F 检验

根据铸件使用性能的要求，采取肉眼观察、测量、内部探伤等手段，对铸件的表面质量、尺寸形状和内部组织进行诊断，这项工作叫检验。通过检验最终确定合格的产品。

5.1.5.2 砂型铸造的特点

砂型铸造与其他铸造方法相比具有如下特点：操作灵活，可应用于各种造型方法，可生产各种尺寸和形状十分复杂的铸件；砂型只能使用一次，处理型砂的工作繁重，劳动强度大、条件差；铸件精度低、表面粗糙，内部质量差。

5.1.5.3 造型材料

用于制造砂型的造型材料称为型砂，用于制造砂芯的造型材料称为芯砂。

A 型砂性能要求

型砂的性能对铸件的产量和质量影响很大，良好的型砂应具备下列性能：

(1) 透气性。所谓透气性是指高温金属液浇入铸型后，型砂能让型腔内的气体透过、顺利排出的性能。型腔内充满的大量气体不能排除时，将会使铸件产生气孔、浇不足等缺陷。铸型的透气性受砂的粒度、黏土含量、水分含量及砂型紧实度等因素的影响。砂的粒度越粗、黏土及水分含量越低、砂型紧实度越低，透气性则越好。

(2) 强度。型砂抵抗外力破坏的能力称为强度。型砂必须具备足够高的强度才能在造型、搬运、合箱过程中不发生塌陷，浇注时也不会破坏铸型表面。型砂的强度也不宜过高，否则会因透气性、退让性的下降，使铸件产生缺陷。

(3) 耐火性。高温的金属液体浇进型腔后会对铸型产生强烈的热作用，因此型砂要具有抵抗高温热作用的能力，即耐火性。如果造型材料的耐火性差，铸件易产生黏砂。型砂中二氧化硅的含量越多，型砂颗粒越大，耐火性越好。

(4) 可塑性。型砂在外力作用下变形，去除外力后能完整地保持已有形状的能力称为型砂的可塑性。造型材料的可塑性好，造型操作方便，制成的砂型形状准确、轮廓清晰。

(5) 退让性。铸件在冷凝时体积发生收缩，型砂具有一定的被压缩的能力，称为退让性。型砂越紧实，退让性越差，型砂的退让性不好，铸件易产生内应力或开裂。在型砂中加入木屑等物可以提高退让性。

B 型砂的分类和应用

黏土砂型可分为湿型、干砂型和表面烘干砂型。三者之间的主要差别在于：湿型是造好的砂型不经烘干，直接浇入高温金属液体；干砂型是在合箱和浇注前将整个砂型送入炉窑中烘干；表面烘干砂型只在浇注前对型腔表层用适当方法烘干一定深度（一般为 5 ~ 10mm，大件在 20mm 以上）。

5.1.5.4 造型方法的选择

在造型时可采取的方法有手工造型和机器造型两种。手工造型没有机器造型产量高、质量好，但由于需要准备的工作量较少，灵活性和适应性较大，所以当铸件生产的批量不大时，常采用手工造型。机器造型主要在成批、大量生产时采用。

5.1.6 特种铸造方法

随着科学技术和生产水平的提高，人们对大量生产的同类型铸件的质量和稳定性提出了更高的要求。同时，还要求提高劳动生产率，降低成本，改善劳动条件。因此，普通的砂型铸造已经满足不了这样的需求，必须寻求其他更先进的铸造方法来满足。我们将许多与普通砂型铸造有区别的其他铸造方法通称为“特种铸造”。主要有下列几种：金属型铸造、压力铸造、低压铸造、离心铸造、熔模铸造（也称失蜡铸造）、消失模铸造、壳型铸造、连续铸造、真空吸铸、磁型铸造等。

上述铸造方法在提高铸件精度和表面质量、改善铸件力学性能、提高生产效率、改善劳动条件、降低生产成本等方面各有其优越之处。现将生产中常用的几种铸造方法分述如下。

5.1.6.1 金属型铸造

将液态金属浇注到用铸铁、铸钢或耐热钢制造的铸型空腔中，以获得铸件的铸造方法叫金属型铸造，如图 5 - 13 所示。铸造时可使用金属型芯和砂芯，因金属铸型可反复使用几百乃至上万次，故又称永久型铸造。

金属型铸造主要适用于大批量生产中、小型有色金属合金铸件，如铝合金、镁合金、

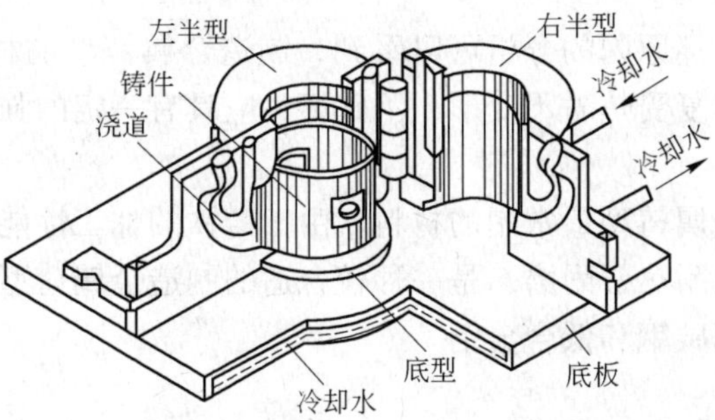

图 5-13 金属型铸造示意图

铜合金等。也可用金属型铸造生产形状简单的黑色金属铸件。在浇注低熔点的合金（如锡合金、镁合金等）时，可选用灰铸铁作铸型；浇注铝合金、铜合金时，可选用合金铸铁作铸型；浇注铸铁和钢时，则必须选用碳钢和合金钢作铸型。

A 金属型铸造的特点

金属型铸造与砂型铸造相比，在技术上与经济上有许多自身的特点，表现在：

（1）力学性能较高。相同的合金，金属型铸造的铸件的抗拉强度平均提高约 25%，屈服强度平均提高约 20%，其抗蚀性能和硬度亦显著提高。

（2）铸件的精度和表面质量好，而且质量和尺寸稳定。

（3）铸件的工艺收得率高。液体金属耗量减少，一般可节约 15% ~30%；不用砂或者少用砂，一般可节约造型材料 80% ~100%。

（4）生产效率高，铸件产生的缺陷减少，工序简单，易实现机械化和自动化。

（5）金属铸型的制造成本高。

（6）金属铸型不透气且无退让性，易造成铸件浇不足、开裂或产生白点等缺陷。

（7）金属铸型的工作温度、合金的浇注温度和浇注速度、铸件在铸型中停留的时间以及所用的涂料等，对铸件质量的影响甚为敏感，需要严格控制。

金属型铸造目前所能生产的铸件在重量和形状方面还有一定的限制，如对黑色金属而言，只能生产形状简单的铸件；铸件的重量不可太大；壁厚也有限制，铸件壁厚较小时无法铸出。因此，在决定采用金属型铸造时，必须综合考虑铸件形状和质量大小、足够的批量、完成生产任务的期限许可等因素。

B 金属型铸造工艺

金属型铸造工艺具体如下：

（1）金属铸型的预热。未预热的金属铸型不能进行浇注，这是因为金属铸型的导热性好，液体金属冷却快，流动性剧烈降低，容易使铸件出现冷隔、浇不足、夹杂、气孔等缺陷。未预热的金属铸型在浇注时，将受到强烈的热击，应力倍增，使其极易被破坏。因此，金属型在开始工作前，应该先预热。预热温度（即工作温度）根据合金的种类、铸件结构和大小而定，一般通过试验确定。通常金属型的预热温度不低于 150℃。

（2）金属的浇注。金属型铸造的浇注温度一般比砂型铸造的要高，可根据合金种类、铸件大小和壁厚通过试验确定。另外，因为金属铸型的激冷和不透气特性，在浇注过程中应尽量保证液流平稳，浇注时的速度应先慢、后快、再慢。

C　金属铸型材料的选择

从对金属铸型的破坏原因的分析可以看到，制造金属铸型的材料，应满足下列要求：耐热性和导热性好，反复受热时不变形，不破坏；应具有一定的强度、韧性及耐磨性，机械加工性好。

通常铸铁是制造金属铸型最常用的材料。由于铸铁的加工性能好、价格相对较低，一般工厂均能自制，并且耐热、耐磨，是一种较合适的制造金属铸型的材料。只有在对铸型的要求较高时，才选用碳钢和低合金钢。

5.1.6.2　压力铸造

压力铸造（简称压铸）是指在高压作用下，液态或半液态金属以较高的速度充填到铸型的型腔中，并在压力下凝固成型而获得铸件的方法，如图 5－14 所示。主要适用于大批量生产中、小型有色金属合金铸件，其中以锌合金、铝合金压铸件应用最为广泛。

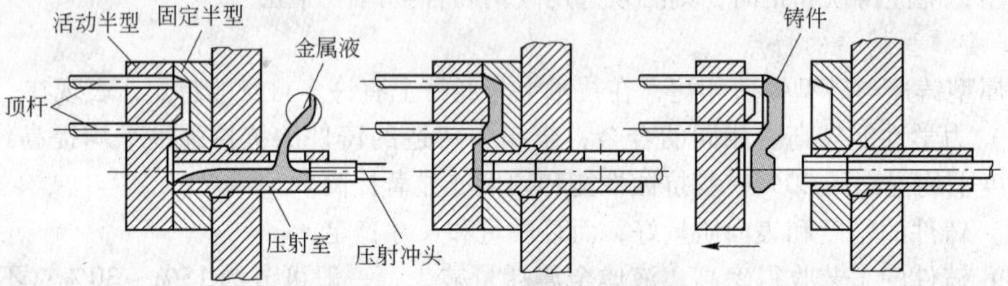

图 5－14　压力铸造方法示意图

A　压力铸造的特点

与其他铸造方法相比，压铸有以下特点：

（1）产品质量好。铸件尺寸精度高、表面粗糙度低；尺寸稳定，互换性好；可压铸薄壁复杂的铸件。

（2）组织细密，力学性能好。强度和硬度较高，但伸长率降低约 70%。

（3）生产效率高。机器生产效率高，铸型寿命长，易实现机械化和自动化。

（4）经济效果优良。由于压铸件具有尺寸精度高、表面粗糙度低等优点，一般不再进行机械加工而直接使用或加工量很小，所以既提高了金属利用率，又减少了大量的加工设备和工时，使得铸件价格相对便宜。另外还可以采用组合压铸，既节省装配工时，又节省金属。

（5）铸件易产生气孔。压铸时由于液态金属充填型腔速度高，流态不稳定，故采用一般压铸法时铸件易产生气孔，且不能进行热处理。

（6）不宜小批量生产。其主要原因是压铸型制造成本高，压铸机生产效率高，小批量生产不经济。

（7）难以压铸内凹复杂的铸件、高熔点合金（如铜、黑色金属），压铸型铸件的寿命较低。

B　压力铸造工艺规范

在压铸生产中，压铸机、压铸合金和压铸型是三大要素。压铸工艺则是将三大要素有机组合并加以运用的过程，使各种工艺参数满足压铸生产的需要。

（1）压力和速度。应根据不同合金和铸件结构特性确定，一般对于厚壁或内部质量要求较高的铸件，应选择较低的充填速度和高的增压压力，对于薄壁或表面质量要求高的铸件以及复杂的铸件，应选择较高的压力和高的充填速度。

（2）浇注温度。浇注温度过高，收缩大，铸件容易产生裂纹、晶粒粗大、黏型等缺陷；浇注温度过低，易产生冷隔、表面花纹和浇不足等缺陷。因此，确定浇注温度时应同时考虑压力、压铸型温度及充填速度。

（3）压铸型的温度。在连续生产中，压铸型的温度往往会升高，尤其是压铸高熔点合金时，压铸型的温度升高很快。温度过高除了会使液态金属产生黏型外，铸件冷却也会变得较缓慢，导致晶粒粗大。因此在压铸型温度过高时，通常采用压缩空气、水或化学介质等进行冷却。

（4）充填、持压和开型时间。充填时间是指自液态金属开始进入型腔到充满型腔所需的时间，其长短取决于铸件的体积大小和复杂程度。对大而简单的铸件，充填时间要相对长些；对复杂和薄壁铸件，充填时间要短些。持压时间是指从液态金属充填型腔到内浇口完全凝固时，继续在压射冲头作用下的持续时间，其长短取决于铸件的材质和壁厚。开型时间是指从压射终了到压铸打开的时间。开型时间过短，由于合金强度尚低，可能在铸件顶出和自压铸型落下时引起变形；但若开型时间太长，则铸件温度过低，收缩大，抽芯和顶出铸件时的阻力加大。

（5）压铸涂料选用。压铸过程中，为了避免铸件与压铸型焊合，减少铸件顶出的摩擦阻力和避免压铸型过分受热，需要对压铸机的压室、冲头的配合面及端面、铸型的成型面、浇道表面及活动配合部位根据操作工艺上的要求喷涂涂料。

（6）铸件清理。铸件清理包括切除浇口及飞边、表面清理及抛光等环节。清理后的铸件还可进行表面处理和浸渍，以增加光泽，防止腐蚀，提高气密性。

5.1.6.3 低压铸造

低压铸造是指液态金属在压力作用下充填型腔，以形成铸件的一种方法，如图 5 – 15 所示。由于所用的压力较低，所以叫做低压铸造。目前应用此法最多的是铝合金，有时也应用于铜合金和铸铁生产中。

A 低压铸造的特点

低压铸造的特点表现在以下几个方面：

（1）液态金属充型比较平稳，铸件成型性好。对于大型薄壁铸件的成型更为有利。

（2）铸件组织致密，力学性能高。

（3）金属液的工艺收得率高。一般情况下不需要冒口，使金属液的收得率大大提高，收得率一般可达 90%。

（4）劳动条件好，设备简单，易实现机械化和自动化。

（5）铸造周期长，生产率低。

（6）浇口方案的自由度小，因而限制了产品多样性。

（7）靠近浇口的组织较粗，下型面的力学性能不高。

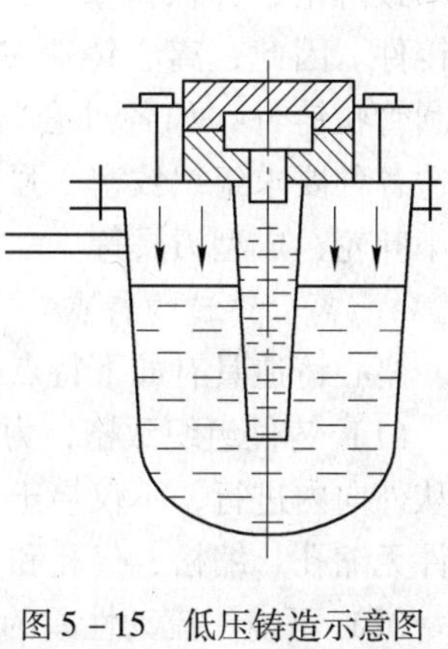

图 5 – 15 低压铸造示意图

B　低压铸造工艺规范

低压铸造的基本规范包括充型、增压、铸型预热温度、浇注温度以及铸型的涂料等。

(1) 充型、充型压力和充型速度。充型是指金属液在压力作用下充满铸型空腔的过程；充型压力是指使金属液充型上升到铸型顶部所需的压力；充型速度是指在充型阶段金属液面的升压速度。金属液在升液管内的上升速度应尽可能缓慢，以有利于型腔内气体的排出，同时也可使金属液在进入浇口时不致产生喷溅。

(2) 增压、增压速度和保压时间。金属液充满型腔后，需要继续增压，使铸件的结晶凝固在一定大小的压力作用下进行，这时的压力叫结晶压力。结晶压力越大，补缩效果越好，最后获得的铸件组织也越致密。型腔压力增至结晶压力后，在结晶压力下保持一段时间，直到铸件完全凝固时所需要的时间叫保压时间。如果保压时间不够，铸件未完全凝固就卸压，型腔中的金属液将会全部或部分流回，造成铸件“放空”报废，如果保压时间过久，则浇口残留过长，这不仅降低工艺收得率，而且还会造成浇口“冻结”，使铸件出型困难，故生产中必须选择一适宜的保压时间。

(3) 铸型温度及浇注温度。低压铸造可采用各种铸型，对非金属铸型的工作温度一般都为室温，无特殊要求；而对金属铸型的工作温度就有一定的要求。如低压铸造铝合金时，金属铸型的工作温度一般控制在 200 ~ 250℃，浇注薄壁复杂件时，可高达 300 ~ 350℃。对于合金的浇注温度，实践证明，在保证铸件成型的前提下，应该是越低越好。

(4) 涂料的使用。用金属铸型进行低压铸造时，为了提高其寿命及铸件质量，必须刷涂料，且涂料应均匀，涂料厚度要根据铸件表面粗糙度的要求及铸件结构来决定。

5.1.6.4　离心铸造

离心铸造是指将金属液浇入高速旋转（250 ~ 1500r/min）的铸型中，并使其在离心力作用下充型和凝固的铸造方法，其基本结构如图 5 - 16 所示。离心铸造的铸型可以是金属型，也可以是砂型。

当合金液体注入旋转的铸型空腔后，必须受到适当的离心力作用，才能使合金克服重力而不致淋落，并保持壁厚一致，从而获得优质的铸件。因此，离心铸造多用于浇注各种金属的圆管状铸件，如各种套、环、管等，也可以铸造各种要求组织致密、强度较高的成型铸件，如小叶轮、成型刃具等。

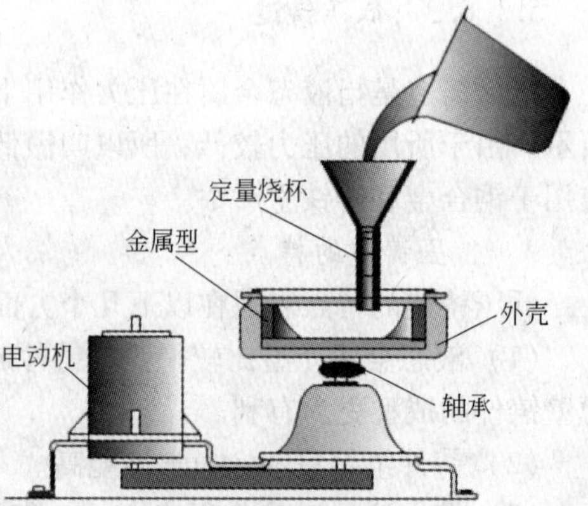

图 5 - 16　立式离心铸造示意图

A　离心铸造的特点

离心铸造具有如下特点：

(1) 铸件组织致密，力学性能好。金属液在离心力的作用下充型和凝固，铸件的凝固从外向内进行，不仅易于补缩，而且使气体、夹渣聚集在内表面便于消除。因此，离心铸件无缩孔、缩松、气孔和夹渣等缺陷。

(2) 可浇注流动性差的合金和壁薄的铸件。

(3) 便于铸造双层金属的铸件。如钢套镶铜轴承，可节约铜合金。

(4) 生产空心铸件无需型芯和浇注系统，节约了金属。

(5) 易产生密度偏析缺陷，且内表面粗糙。

B 离心铸造的工艺

离心铸造的基本工艺方法有立式离心铸造和卧式离心铸造两种。立式离心铸造机（见图5－16）的铸型绕垂直轴旋转，金属液的自由表面在离心力作用下呈抛物面，所以它主要用来生产高度小于直径的盘、环类铸件，也可用于浇注成型铸件。卧式离心铸造机（见图5－17）的铸型绕水平轴旋转，铸件各部分的冷却速度和成型条件相同，所以其壁厚沿径向和轴向都均匀。主要用来生产长度大于直径的套、管类铸件。

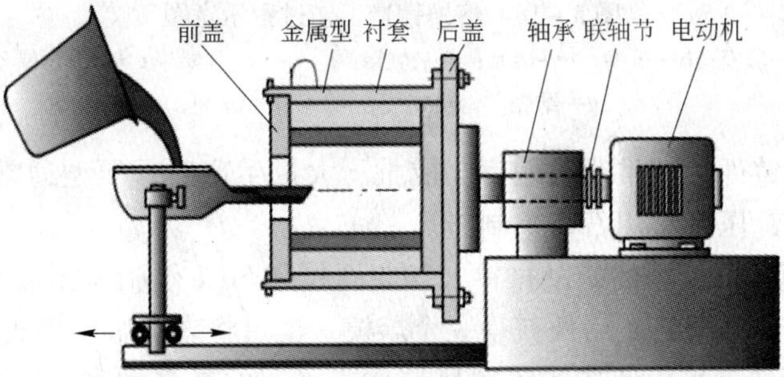

图5－17 卧式离心铸造示意图

5.1.6.5 熔模铸造

熔模铸造又名“失蜡法铸造”，是采用易熔的蜡质材料制成模型，然后用造型材料将其包覆若干层，待其干燥硬化后将蜡模熔化获得无分型面的壳型，经烘干后浇注金属液而获得铸件的铸造方法，如图5－18所示。熔模铸造适用于铸造形状复杂、机械加工困难的零件。目前应用最多的是制造汽轮机、燃气轮机和涡轮发动机的叶片与叶轮，切削刀具以及航空、汽车、拖拉机、机床小零件等碳钢和合金钢铸件。

A 熔模铸造的特点

熔模铸造具有如下特点：

(1) 铸件精度高，表面粗糙度低。采用熔模铸造获得的涡轮发动机叶片等零件，无需机加工即可直接使用。

(2) 适合于铸造各种合金的铸件。无论是有色合金还是黑色金属均能采用熔模铸造方法铸造，尤其是适用于熔点高、难切削的高合金铸钢件的制造，如耐热合金、不锈钢等。

(3) 可铸出形状较复杂、不能分型的铸件。铸件的最小壁厚可达0.3mm，可铸出最小孔径为0.5mm的小孔铸件。但铸件的质量一般不能超过25kg。

B 熔模铸造的工艺

熔模铸造的具体工艺如下：

(1) 制造母模。母模是铸件的基本模型，用来制造压型。

(2) 制造压型。压型是制造蜡模的模具，有很高的精度和低的表面粗糙度。制造压

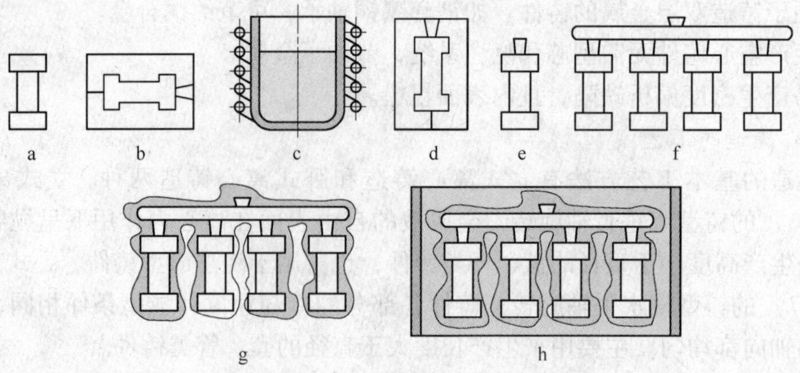

图 5－18　熔模铸造工艺过程示意图

a—母模；b—压型；c—熔蜡；d—铸造蜡模；e—单独蜡模；f—组合蜡模；
g—结壳，熔出蜡模；h—填砂，浇注

型时要考虑蜡模及铸件的双重线收缩率。成批、大量生产时，压型通常用金属材料制成；单件、小批生产时，压型常用石膏来制造。

（3）制造熔模。将糊状的蜡基材料（50% 石蜡和 50% 硬脂酸组成）在压力下充满压型，冷凝后取出，经修整毛刺后便获得一个熔模。也可将多个熔模焊成熔模组。

（4）型壳的制造。熔模铸造的铸型目前普遍采用的是多型壳。它是将熔模组浸涂耐火涂料后，撒上粒状耐火材料，再经干燥、硬化，如此反复多次，使耐火涂挂层达到需要的厚度为止，这样便在模组上形成了多层型壳，通常将其停放一段时间，使其充分硬化，然后熔化熔模组，使蜡基材料流出，便得到多层型壳。

（5）浇注及铸件清洗。经过金属液的浇注、落砂和清理等工序，最终获得铸件。

5.1.6.6　消失模铸造

消失模铸造（又称实型铸造）是将与铸件尺寸形状相似的泡沫模型黏结组合成模型组，刷涂耐火涂料并烘干后，埋在干石英砂中振动造型，在负压下浇注，使模型气化，液体金属占据模型位置，凝固冷却后形成铸件的新型铸造方法。消失模铸造具有铸件精度高、设计灵活、无型芯、清洁生产以及投资和成本低等优点。

消失模铸造是目前国际上最先进的铸造工艺之一，被誉为铸造史上的一次革命，是 21 世纪"绿色集约化铸造的主要途径"，在铸造生产中占有越来越重要的地位。然而，消失模铸造虽然有很广泛的适应性，但也存在着一定缺点和局限性，例如：必须批量生产才能体现很好的经济效益、对材质的适应性不广、铸件的大小受到限制、泡沫塑料模容易受力变形等；同时，与传统的铸造方法相比，它还有泡沫塑料模热解气化的问题。另外，消失模铸造中常见的铸造缺陷有皱皮、炭黑、变形、黏砂、塌箱、气孔、夹渣、冷隔以及铸钢件表面渗碳等，有待于完全认识和消除。

5.2　锻造工艺基础

5.2.1　压力加工概述

压力加工是金属坯料在外力作用下产生塑性变形，以获得所需形状、尺寸和力学性能要求的毛坯、零件或原材料的加工方法，又称金属塑性加工。压力加工具有结构致密，改善组织，提高强度、硬度和韧性；少或无切削加工，材料利用率高；可以获得合理的流线分布；生产效率高等优点。

压力加工方法根据加工温度与被加工金属材料的再结晶温度的比照，来确定加工类型，加工温度处于被加工金属的再结晶温度之上的压力加工称为热塑性加工；加工温度处于被加工金属的再结晶温度之下的压力加工称为冷塑性加工。压力加工的基本方法有轧制、锻压、挤压、拉拔和冲压等几类，现介绍如下。

5.2.1.1 轧制

轧制是指金属坯料从相向旋转的轧辊间的缝隙中通过而产生塑性变形，从而获得所需零件或毛坯的加工方法（轧制工艺原理如图5-19所示）。轧制工艺具有生产率高、产品质量好、成本低、可大量减少金属材料消耗等优点，尤其是热轧工艺充分利用了金属的高温特性，能有效改善金属及其合金的显微组织结构和加工性能，且生产规模大、生产效率高，特别适合采用大铸锭生产高质量冷轧坯料。

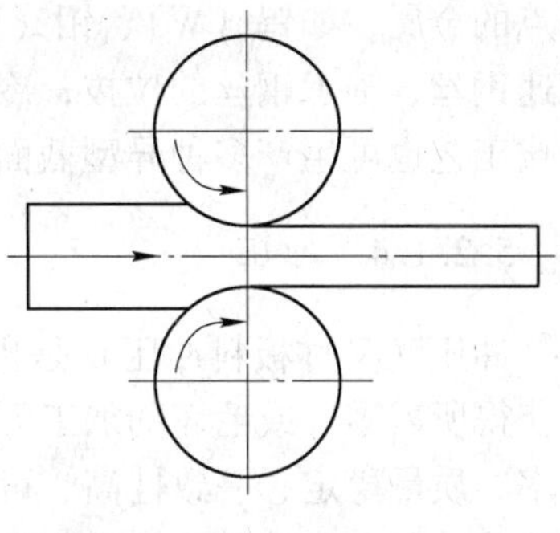

图5-19 轧制工艺原理示意图

轧制分为热轧和冷轧两类，应用于钢材和铜、铝、钛等有色金属和合金的加工，是生产钢材的主要工艺方法。轧制工艺可以生产管、棒、板、带、球以及异型截面的产品。

5.2.1.2 挤压

挤压是指金属坯料在挤压模内受压被挤出模孔而产生塑性变形，从而获得所需零件或毛坯的加工方法（挤压工艺原理如图5-20所示）。挤压工艺具有变形能力强、产品综合质量高（尺寸精度高、表面质量好、组织得到改善、力学性能较其他加工方法高）、产品范围广、操作简单灵活、生产效率高以及材料利用率高等优点。

根据金属流动方向与凸模运动方向的不同，挤压可分为正挤压（金属的流动方向与凸模运动方向相同，图5-20a）、反挤压（金属的流动方向与凸模运动方向相反，图5-20b）和复合挤压（金属的流动方向一部分与凸模运动方向相同、一部分与凸模运动方向相反，图5-20c）；根据工艺温度的不同又可分为热挤压、温挤压和冷挤压3种。热挤压广泛用于生产铝、铜等有色金属的管材和型材，以及难以用冷、温挤压加工的钢制零件等。挤压工艺可生产多种异型截面的产品。

5.2.1.3 拉拔

拉拔是指将金属坯料拉过拉拔模的模孔而使其产生塑性变形，从而获得所需零件或毛坯的加工方法（拉拔工艺原理如图5-21所示）。拉拔工艺具有所得产品尺寸精度高、表面粗糙度低、工具和设备相对简单、高效低能耗、无需切削加工等特点，适应于连续高速生产断面小的长制品。

拉拔工艺按工艺温度的不同分为热拔、温拔和冷拔3种类型，其中热拔主要是针对高

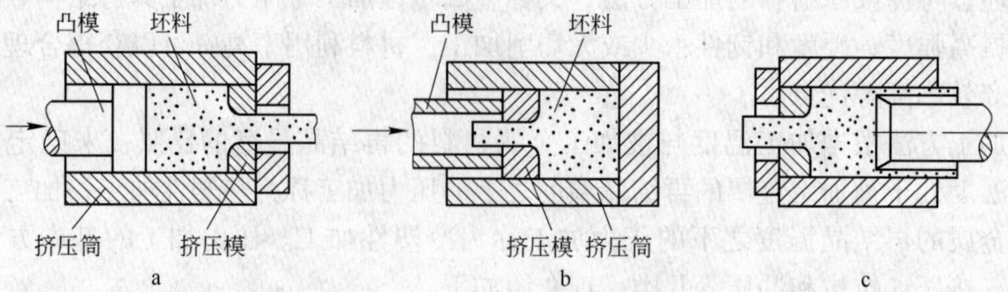

图 5－20　挤压工艺原理示意图

a—正挤压；b—反挤压；c—复合挤压

熔点的金属，如钨（W）、钼（Mo）等金属丝的拉拔；温拔主要是针对难变形的合金，如高速钢丝、轴承钢丝的拉拔；冷拔是金属管材、棒材、型材和线材的主要加工方法之一。拉拔工艺也可生产多种异型截面的产品。

5.2.1.4　冲压

冲压（又称板料冲压）是指常温下金属坯料在冲压模之间产生分离或塑性变形，从而获得所需零件或毛坯的加工方法，如图 5－22 所示。冲压工艺具有低消耗、低成本、高效率、质量稳定、一致性高、可生产薄壁和复杂零件等优点。冲压工艺可进行剪切、落料和冲孔的分离工艺，又可进行拉伸、弯曲和成型的变形工艺。

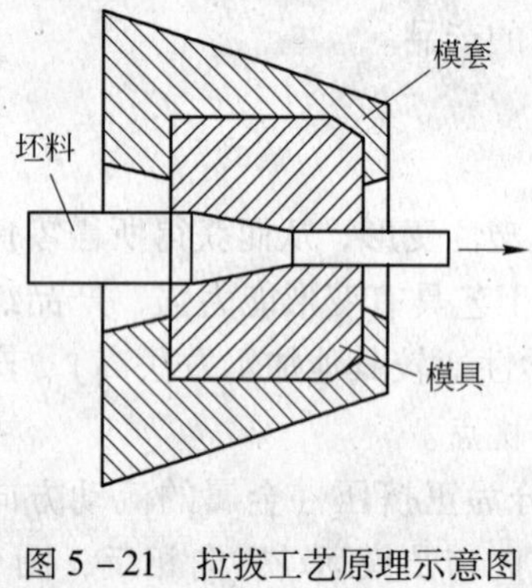

图 5－21　拉拔工艺原理示意图

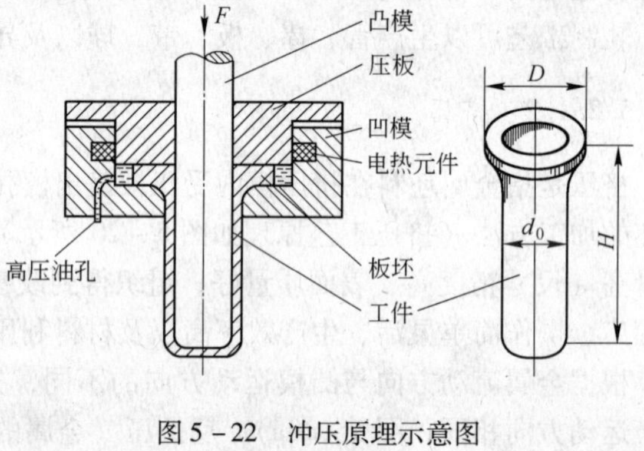

图 5－22　冲压原理示意图

5.2.1.5　锻造

锻造（又称锻压）是指金属坯料在上下砧铁之间受冲击力或压力作用产生塑性变形，从而获得所需零件或毛坯的加工方法。锻造作为机械零件毛坯加工的常用方法，为了提高工作效率，减小变形难度，通常都采取加热成型的方式。因此，机械零件的毛坯在进行锻造成型时必然存在着锻造加工方法的选择和毛坯材料与热有关的工艺性能问题。下面主要介绍锻造工艺性能及锻造工艺的特点。

5.2.2　金属的锻造工艺性能

5.2.2.1　金属可锻性的含义

金属材料在压力加工条件下获得优良零件难易程度的特性，称为压力加工性能，锻造工艺又称为可锻性。

5.2.2.2 可锻性的衡量指标

A 塑性

通常金属材料的塑性越好，在外力作用下可以产生较大的塑性变形而不会被破坏，因此可锻性越好。

B 变形抗力

金属材料的变形抗力越小，在外力作用下越容易产生变形、越容易任意变形，因此可锻性越好。

5.2.2.3 影响可锻性的因素

A 化学成分

不同成分的金属可锻性不同。通常纯金属的可锻性优于以该金属为基的合金；具有面心立方结构的金属，其可锻性优于体心立方结构的金属，而具有体心立方结构的金属，其可锻性又优于密排六方结构的金属；钢中含有强碳化物形成元素的，可锻性显著下降。

B 组织类型

同一金属的组织不同,其可锻性也有很大差别。纯金属或单相固溶体的可锻性好,而化合物的可锻性差;铸态柱状晶粒的可锻性不如等轴晶粒;细小均匀晶粒的可锻性优于粗大晶粒。

C 加工条件

a 变形温度

提高金属变形时的温度可以使原子动能增加，原子间的作用力削弱，滑移阻力减少，从而降低变形抗力和增大塑性，提高可锻性。然而，如果变形温度过高，晶粒会急剧长大而产生过热现象，导致可锻性下降；若出现晶间低熔点物质熔化的过烧现象，将使金属失去可锻性，造成金属的报废。因此，为了使金属具有良好的可锻性，必须严格控制金属的加热温度范围，确定金属的始锻温度和终锻温度。

b 变形速度

热加工过程的塑性变形使金属产生的加工硬化在回复再结晶后消失，此时，如果变形速度很快，加工硬化的组织不能充分回复再结晶，将会导致塑性下降、变形抗力提高，造成金属的可锻性下降。当然，变形速度很快也会使加工变形产生的热量来不及散失，导致金属温度升高，提高了塑性而使可锻性变好。因此，变形速度应适中。

c 加工方式

金属以不同的加工方式进行变形时,其应力状态是不同的,如挤压变形时的应力状态是三向受压,而拉拔变形时则为两向受压、一向受拉。实践表明:三个方向中压应力的数目越多,变形金属的塑性越好;拉应力的数目越多,塑性越差。当金属内部存在气孔、小裂纹等缺陷时,在拉应力的作用下缺陷处易产生应力集中,缺陷将扩展甚至破坏而使金属失去塑性。

5.2.3 锻造基本工艺

锻造作为机械零件加工常用的毛坯加工方式之一，与铸造相比有如下特点：

(1) 固态下高温受力成型，加工件的组织结构较好，因此力学性能较高。

（2）加工工艺相对简单，温度应力较低，产品的合格率较高。

（3）由加工设备成型，劳动强度较低，产品表面质量相对较好。

（4）能源消耗较少。

（5）设备投入较大，产品成本高。

（6）无法加工塑性差、结构复杂的零件。

锻造工艺根据使用设备和工具以及加工特点的不同，可分为自由锻造、模型锻造和胎模锻造 3 种。

5.2.3.1 自由锻造

自由锻造是指用简单的通用性工具或在锻造设备的上、下砧铁之间直接对坯料施加外力，使坯料产生变形，从而获得所需几何形状与内部质量的锻件的加工方法（如图 5－23 所示），又称自由锻。采用自由锻生产的锻件称为自由锻件，通常自由锻件的形状相对简单。

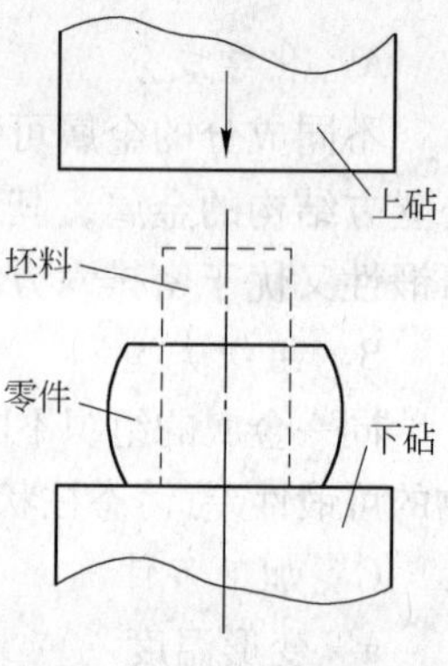

图 5－23　自由锻造加工示意图

A　自由锻的生产特点

自由锻所用的工具和设备较简单，通用性好，成本低，同铸造毛坯相比，自由锻消除了缩孔、缩松、气孔等缺陷，使毛坯具有更高的力学性能。因此，它在重型机器及重要零件的制造上有特别重要的意义。

自由锻与其他锻造方法相比，使用的都是通用的模具和工具，灵活性大，费用低，生产准备周期短，适合于单件、小批量生产。自由锻造也是大型锻件的主要生产方法之一，在重型的冶金机械、动力机械、矿山机械、破碎机械、锻压机械、船舶和机车制造工业中占有重要的地位。但自由锻造的生产率低，工人的劳动强度较大，锻件的精度差，加工余量大，因此自由锻件在锻件总量中所占的比重随着生产技术的进步而日趋减少。

B　自由锻的基本工序

自由锻的基本工序包括镦粗、拔长、冲孔、切割、弯曲、扭转、错移及锻接等。

（1）拔长。拔长也称延伸，是指将坯料横断面积减小、长度增加的锻造工序。拔长常用于锻造杆、轴类零件。

（2）镦粗。镦粗是指将毛坯高度减小，横断面积增大的锻造工序。镦粗工序主要用于锻造齿轮坯、圆饼类锻件。镦粗工序可以有效地改善坯料组织，减小力学性能的有向性。镦粗与拔长的反复进行，可以改善高合金工具钢中碳化物的形态和分布状态。

（3）冲孔。冲孔是指在坯料上冲出透孔或不透孔的锻造工序。冲孔的方法主要有两种：双面冲孔法和单面冲孔法。

（4）切割。切割是指将坯料分成几部分或部分地割开，或从坯料的外部割掉一部分，或从内部割出一部分的锻造工序。

（5）弯曲。弯曲是指采用一定的工模具将坯料弯成所规定的外形的锻造工序。常用的弯曲方法有锻锤压紧弯曲法和模弯曲法两种。

（6）扭转。扭转是指将毛坯的一部分相对于另一部分绕其轴线旋转一定角度的锻造工序。该工序多用于锻造多拐曲轴和校正某些锻件。

(7) 错移。错移是指将坯料的一部分相对另一部分平行错开一段距离，但仍保持轴心平行的锻造工序，常用于锻造曲轴零件。

(8) 锻接。锻接是指将坯料在炉内加热至高温后，用锤快击，使两者在固态结合的锻造工序。锻接的方法有搭接、对接、咬接等。

C 自由锻的应用

自由锻造分为手工锻造和机器锻造。手工锻造是靠手抡铁锤锻打金属使之成型，是最简单的自由锻。它是一种古老的锻造工艺，在某些零星修理或农具配件行业中仍然存在，但正逐渐被淘汰。

机器自由锻造是在锻锤或水压机上进行的。锤上自由锻时金属变形速度快，可以较长时间保持金属的锻造温度，有利于锻出所需要的形状。水压机上自由锻的锻压速度较慢，金属变形深入锻坯内部，主要用于钢锭开坯和大锻件（几吨以上）的制造，如冷、热轧辊，低速大功率柴油机曲轴，汽轮发电机和汽轮机转子，核电站压力壳筒体和法兰等，锻件质量可达250t。

自由锻的劳动强度比较大，只有实现辅助工作机械化，才能改善操作者的劳动条件，取得较好的经济效果。锻造机械化包括锻坯装出炉机械化、锻造操作机械化、坯料旋转调头机械化、工模具夹持机械化、胎模转换机械化、锻件尺寸测量和锻件搬运机械化等。为了提高锻件的质量和尺寸精度，自由锻造工序正向自动控制方向发展。

5.2.3.2 模型锻造

模型锻造又简称为模锻，是将加热后的坯料放置在固定于模锻设备上的锻模内锻造成型的一种方法，如图5－24所示。模锻可以在多种设备上进行，在工业生产中，锤上模锻大都采用蒸汽－空气锤，压力机上的模锻常用热模锻压力机。

A 模型锻造的特点

模锻的生产率和锻件精度比自由锻造高，加工余量小，节省材料，可锻造形状较复杂的锻件，但要有专用设备，且模具制造成本高，只适用于大批量生产。

B 模锻的基本工序

根据零件或毛坯的形状和尺寸的要求，要事先加工出与零件或毛坯相适应的模膛——锻模。按照零件或毛坯锻造所需要的基本步骤，在锻模上设计加工工序，如制坯模膛和模锻模膛，这些模膛包含了锻造加工的基本形式，如镦粗、拔长、弯曲等。依据锻造工序的复杂程度不同，模膛结构可分为单模膛锻模和多模膛锻模。图5－25为连杆多模膛模锻加工示意图。

5.2.3.3 胎模锻造

胎模锻造是自由锻和模型锻相结合的一种加工方法，即在自由锻设备上进行模型锻造。通常是先用自由锻制坯，然后在胎模中锻造成型，整个锻造过程都在自由锻设备上进行，胎模结构如图5－26a所示。胎模锻造时，下模置于气锤的下砧铁上，但不固定。坯料放在胎模内，合上上模，用锤头锻打上模，待上下模合拢后，便形成锻件。图5－26b所示为手锤锻件的胎模锻造过程。

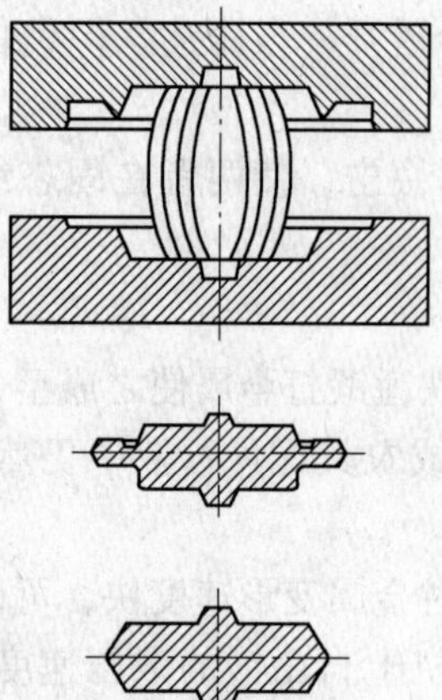

图 5－24　模型锻造加工示意图

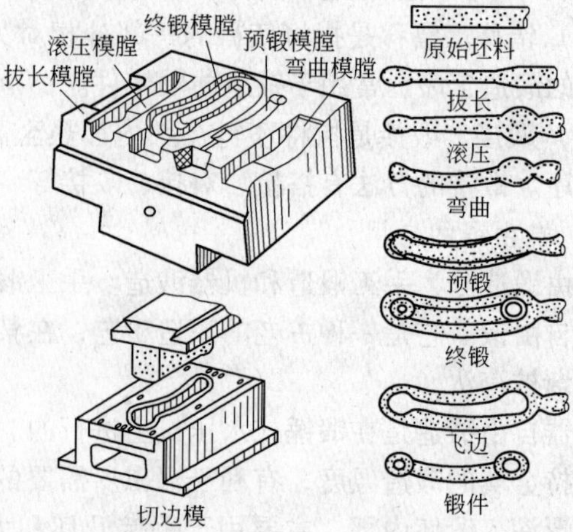

图 5－25　连杆多模膛模锻加工示意图

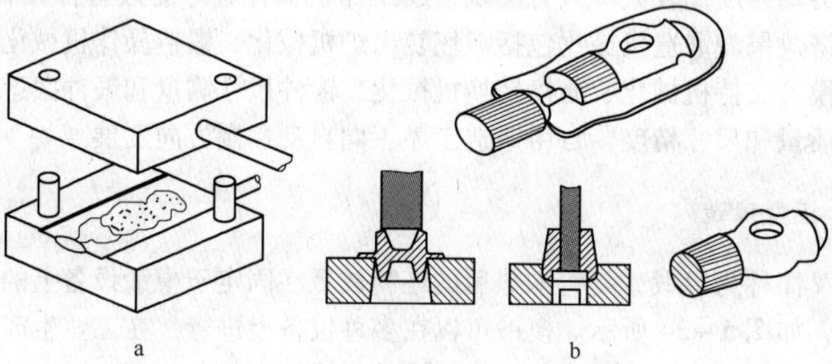

图 5－26　胎模锻造示意图

a—胎模结构；b—胎模锻造过程

胎模锻造采用了自由锻造和模型锻造相结合的方式，具有以下特点：锻件尺寸和形状可以局部用模具控制，与自由锻相比能够获得形状较为复杂、尺寸较为精确的锻件，并可减少后续的切削加工量和材料的消耗，提高生产率。胎模锻造与模锻相比，无需专用设备，所用模具一般比较简单，容易制造，工艺的万能性强。但胎模锻造的工序较多，金属留在模子中的时间较长，模具抬上抬下的劳动强度较大，生产率一般仍低于模锻，同时锻件的表面质量也比模锻差。

5.3　焊接工艺基础

5.3.1　焊接工艺概述

5.3.1.1　焊接的概念

焊接成型过程是将分离的金属用局部加热或加压等手段，借助于金属内部原子的结合与扩散作用牢固地连接起来，形成永久性接头的过程。焊接技术是人类文明发展的一个重要因素，焊接在现代工业生产中具有十分重要的作用。舰船的船体、高炉炉壳、建筑构架、锅炉与压力容器、车厢及家用电器壳体等都是用焊接方法制造的。因此，焊接在所有连接方法中占有最为重要的地位。

5.3.1.2　焊接的特点

焊接与其他成型方法相比有如下特点：

(1) 可以化繁为简、以小拼大，适合制造大型结构和复杂的机器部件；

(2) 设备相对简单、体积小，小型企业可以通过采用复合工艺生产大型零部件；

(3) 可以制成双金属层的复合容器以及对不同材料进行焊接拼装；

(4) 焊接件接头部位的组织和性能不均匀，焊接过程热影响较大。

5.3.1.3　焊接的分类

按照所使用的能源及焊接过程特点，一般将焊接方法分为熔化焊、压力焊和钎焊3大类：

(1) 熔化焊。熔化焊是指将两焊接金属的接头加热到熔化状态，同时加相同或相近成分的焊料，待凝固冷却后得到完整结构的一种焊接方法。

(2) 压力焊。压力焊是指将两金属的接头处加热、加压，使其塑性提高，通过原子的相互渗透扩散形成牢固接头的一种焊接方法。

(3) 钎焊。钎焊是指将低熔点的钎料与焊接接头一同加热，钎料熔化后冷凝而将处于固态的焊件连接起来的一种焊接方法。

5.3.2　常用的焊接方法

5.3.2.1　熔化焊

被焊接金属在加热的条件下，其原子的动能得到增强，可以大大促进原子间的相互扩散。当被焊接金属加热至熔化状态形成液态熔池时，原子之间可以充分扩散和紧密接触，使得冷却凝固后可形成牢固的焊接接头。因此，熔化焊是最常用的焊接方法，常见的电弧焊、气体保护焊、电渣焊、气焊等均属于熔化焊的范畴。

A　手工电弧焊

焊接过程利用电弧作为焊接热源的熔化焊方法称为电弧焊。用手工操纵焊条进行焊接的电弧焊方法，称为手工电弧焊，如图5－27所示。

手工电弧焊的特点是：设备简单，操作灵活，能进行全位置焊接，能焊接不同的接头、不规则焊缝。但手工电弧焊的生产效率低，焊接品质不够稳定，对焊工操作技术要求较高，劳动条件差。因此，手工电弧焊多用于单件小批生产和修复，一般适用于2mm以上各种常用金属的焊接。

B　埋弧自动焊

埋弧自动焊是电弧在颗粒状焊剂层下燃烧的一种自动电弧焊方法，如图5－28所示。埋弧自动焊也是一种电弧焊。

埋弧自动焊与手工电弧焊相比有生产率高、焊接品质高而且稳定、节省金属材料、劳动条件好等特点。埋弧自动焊适于焊接厚度大于3mm，特别是6～60mm之间的各种钢板结构，广泛应用于造船、车辆、容器制造、桥梁、重型机械、航空等工业部门。

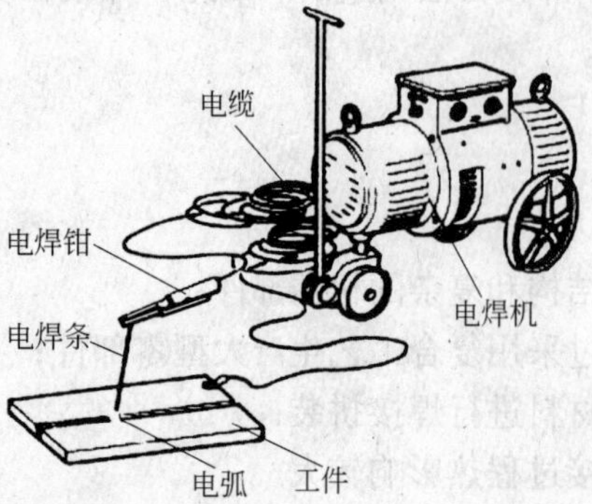

图 5 – 27　手工电弧焊示意图

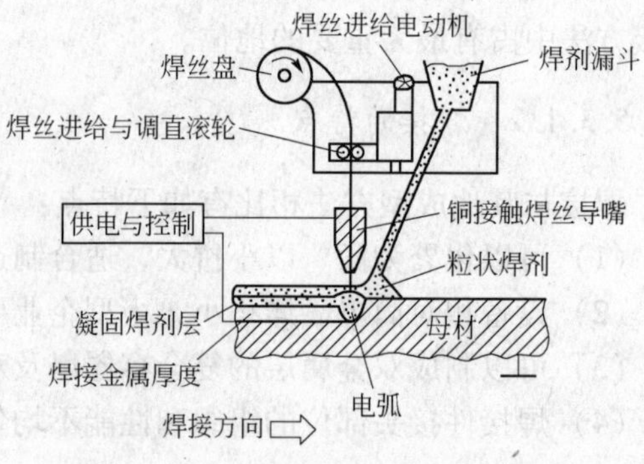

图 5 – 28　埋弧自动焊示意图

C　气体保护焊

气体保护电弧焊（也称气体保护焊）是利用外加气体作为电弧介质并保护电弧和焊接区的一种电弧焊方法，如图 5 – 29 所示。气体保护焊也是一种电弧焊，通常用作保护介质的气体有氩气和二氧化碳。

气体保护焊与手工电弧焊相比有生产率高、保护作用好、焊接质量好等优点，其中二氧化碳气体保护焊还有良好的经济性。主要用于焊接低碳钢和低合金结构钢构件，广泛应用于造船、汽车制造、工程机械等工业部门。

D　电渣焊

电渣焊是利用电流通过液态熔渣时所产生的电阻热作为热源的一种熔化焊方法，如图 5 – 30 所示。根据焊接时使用电极的形状，可将电渣焊分为丝极电渣焊、板极电渣焊和熔嘴电渣焊等。

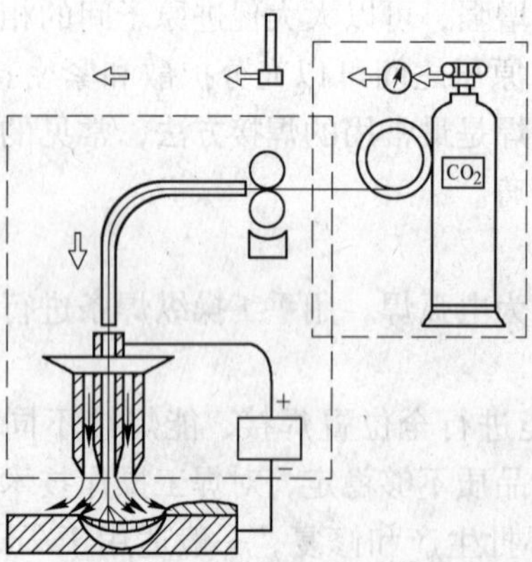

图 5 – 29　CO_2 气体保护焊示意图

图 5 – 30　电渣焊示意图

电渣焊具有生产效率高、成本低、焊接品质好、焊接应力小、热影响区大等特点，广泛用于焊接碳钢和低合金钢的大型锻件、铸件，也可焊接不锈钢，在锅炉、石油化工和重型机械等工业部门中已得到稳定的应用。

E　气焊

气焊是利用可燃气体混合燃烧时所产生的高温火焰作为热源的一种熔化焊方法，如图

5－31 所示。气焊最常用的气体是氧气与乙炔气的混合气体，调整氧与乙炔的比值，可以获得氧化性火焰、中性火焰以及还原性火焰。

气焊所用的设备较为简单，操作灵活方便，火焰易于控制，不需要电源。但气焊火焰的温度低，热量分散，加热速度缓慢，故生产率低，工件变形严重，焊接的热影响区大，焊接接头质量不高。所以气焊主要用于焊接厚度小于 3mm 以下的低碳钢薄板，铜、铝等有色金属及其合金，以及铸铁的焊补等。此外，气焊还适用于没有电源的野外作业。

5.3.2.2 电阻压力焊

电阻压力焊（又称电阻焊）是利用电阻热使焊接处温度升高、塑性提高，再施以压力而形成连接的一种焊接方法，如图 5－32 所示。电阻焊是一种压力焊，最常用的有点焊、缝焊及电阻对焊 3 种。点焊和缝焊是将焊件加热到局部熔化状态并同时加压；而电阻对焊是将焊件局部加热到高塑性状态或表面熔化状态，然后施加压力。

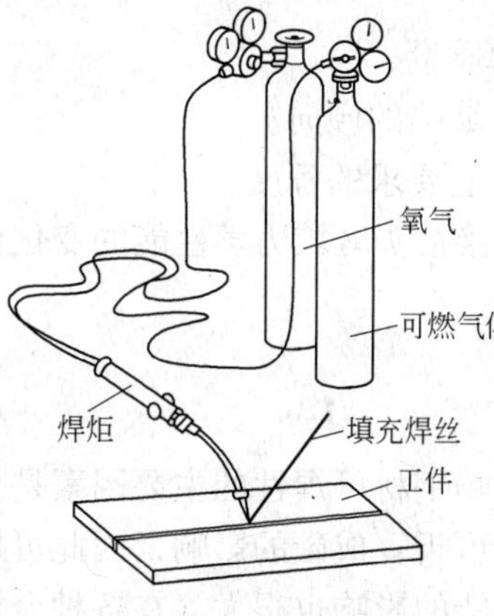

图 5－31 气焊示意图

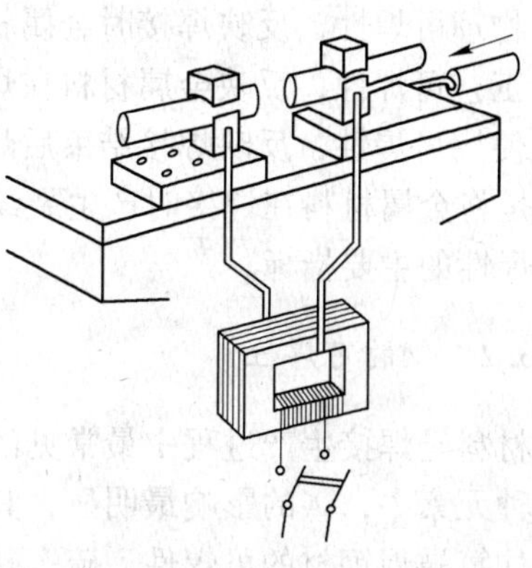
图 5－32 电阻压力焊示意图

电阻焊的主要特点是机械化及自动化程度高，焊接电压很低（1～12V），焊接电流很大（几十～几千安培），完成一个接头的焊接时间极短（0.01s～几秒），故生产率高。加热时，对接头施加机械压力，接头在压力的作用下焊合，焊接时不需要填充金属，但需强大的电流。

电阻焊的应用很广泛，在汽车和飞机制造业中尤为重要，例如新型客机上有多达几百万个电阻焊点。电阻焊在宇宙飞行器、半导体器件和集成电路元件等都有应用。因此，电阻焊是焊接的重要方法之一。

5.3.2.3 钎焊

与其他焊接方法相比，钎焊（见图 5－33）只需将熔点低于焊接金属的填充金属（通常称为钎料）熔化，因此焊件的加热温度相对较低，焊件的应力和变形较小，焊接过程对材料的组织和力学性能影响较小，易于保证焊件的尺寸。此外，钎焊还可以连接不同的金属或金属与非金属的焊件，焊接设备比较简单。钎焊的主要缺点是接头强度较低，钎焊接头工作温度

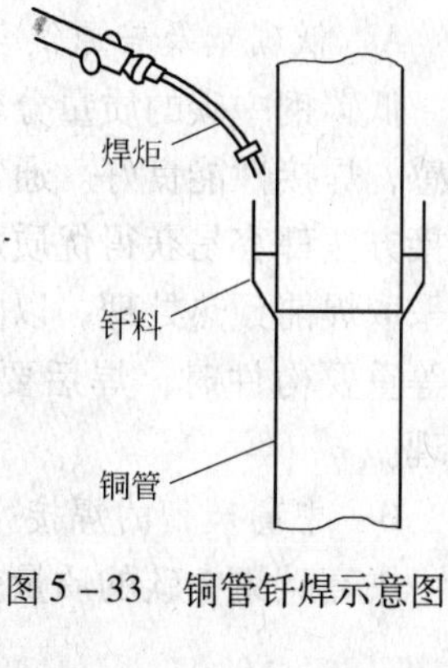

图 5－33 铜管钎焊示意图

不高，钎焊前对焊件的清洗和装配工作都要求较严。另外，由于钎料价格高，因此钎焊的成本较高。

5.3.3 金属材料的可焊性

5.3.3.1 可焊性的概念

金属材料的可焊性是指金属材料在一定的焊接工艺条件下获得优质焊接接头难易程度的特性。一种金属如果能用较普通又简便的焊接工艺获得优质接头，则认为这种金属具有良好的可焊性；反之，如果要用很复杂或特殊的焊接工艺才能获得优质接头，则认为它的可焊性差。

可焊性与焊接条件（焊接方法、焊接规范、焊接材料、结构形式等）有密切关系，同一金属材料在不同的焊接方法下表现出的可焊性可能不同。所以可焊性是一个相对的概念，要从以下 3 方面判定金属材料焊接性能的好坏：

（1）物理可焊性，反映焊接时金属材料晶内结合的质量；

（2）工艺可焊性，反映金属材料在焊接时产生工艺缺陷的倾向；

（3）使用可焊性，反映焊接结束后焊件满足使用性能要求的程度。

通常是将金属材料在焊接时产生裂纹的敏感性及焊接接头区域力学性能的变化作为评价材料可焊性的主要指标。

5.3.3.2 钢的可焊性

钢铁材料是焊接生产过程中最常见的焊接材料，影响钢材可焊性的主要因素是化学成分。在各种元素中，碳的影响最明显，其他元素的影响可折算成碳的影响，因此可用碳当量方法来估算被焊钢材的可焊性。硫、磷对钢材焊接性能的影响也很大，在各种合格钢材中，硫、磷都要受到严格限制。钢材可焊性的估算公式为：

$$C_E = w(C) + w(Mn)/6 + w(Cr + Mo + V)/5 + w(Ni + Cu)/15$$

随着钢碳当量的变化，钢铁材料的可焊性有如下基本规律：碳当量越低，钢材的塑性越好，淬硬倾向不明显，则可焊性良好。随着碳当量的增加，钢材的塑性下降，淬硬倾向明显，可焊性较差；当钢材的塑性较低，淬硬倾向很强时，则可焊性不好。因此，常用钢材中一般低碳及低合金钢的可焊性较好，中碳及中合金钢较差，高碳及高合金钢最差。

5.3.3.3 常用金属材料的焊接

A 低碳钢及普通低合金钢的焊接

低碳钢中碳的质量分数小于 0.25%，塑性好，一般没有淬硬倾向，对焊接热过程不敏感，焊接性能良好。通常情况下，低碳钢的焊接不需要采取特殊的技术措施，选用各种焊接方法都容易获得优质焊接接头。但是，在低温下焊接刚性较大的低碳钢结构时，应考虑采取焊前预热处理，以防止裂纹的产生；在焊接厚度大于 50mm 的低碳钢结构或压力容器等重要构件时，焊后要进行去应力退火处理；采用电渣焊的焊件，焊后要进行正火处理。

B 中高碳钢的焊接

中高碳钢中碳的质量分数大于 0.25%，因此，碳当量偏高，随着碳的质量分数增加，焊接性能逐渐变差。焊接中高碳钢时的主要问题是：焊缝易形成气孔、缝焊及焊接热影响区易产生淬硬组织和裂纹。因此，中高碳钢的焊接通常要采取焊前预热、中间热处理、焊后热处理等措施，以及选择热量集中、能量密度较大的焊接方法，如氩弧焊等。

C 奥氏体不锈钢的焊接

奥氏体不锈钢的焊接性能良好，焊接时一般不需要采取特殊技术措施，主要应防止晶界腐蚀和热裂纹的产生。奥氏体不锈钢的焊接方法有手工电弧焊、手工钨极氩弧焊、埋弧焊等。

为防止焊接接头出现晶界腐蚀，应该采取的技术措施是：

（1）合理选择母材；

（2）选择超低碳焊条，以减少焊缝金属的含碳量，减少和避免形成铬的碳化物，从而降低晶界腐蚀倾向；

（3）采取合理的焊接过程和规范；

（4）焊后进行热处理。

为防止焊接接头出现热裂纹，一般应采取的技术措施是：

（1）减少杂质来源，避免焊缝中杂质的偏析和聚集；

（2）加入一定量的铁素体形成元素，如钼（Mo）、铌（Nb）等，使焊缝成为奥氏体+铁素体双相组织，防止柱状晶的形成；

（3）采取合理的焊接过程和规范，如采用小电流、快速焊、不横向摆动等，以减少母材向熔池的过渡。

D 铸铁的焊补

铸铁含碳量高，组织不均匀，焊接性能很差，所以通常不应考虑选用铸铁作为焊接构件。但铸铁件生产中出现的铸造缺陷及零件在使用过程中发生的局部损坏和断裂，如能焊补，其经济效益也是显著的。补焊前要将铸铁工件整体或局部预热到600～700℃，焊后缓慢冷却，或将铸铁工件进行400℃以下低温预热后用手工电弧焊进行焊补。

E 铝及铝合金的焊接

铝及铝合金的焊接存在易氧化、易形成气孔、易变形开裂、操作难度大等问题，属于焊接性能较差的焊接材料。通常应采取措施，选择合适的焊接方法。铝和铝合金焊接常用氩弧焊、气焊、电阻焊和钎焊等方法。其中氩弧焊应用最广，气焊仅用于焊接厚度不大的一般构件。铝及铝合金的焊接无论采用哪种焊接方法，焊前都必须进行氧化膜和油污的清理，清理品质的好坏将直接影响焊缝品质。

F 铜及铜合金的焊接

铜及铜合金的焊接存在难熔合、易变形开裂、易形成气孔和产生氢脆等问题，属于焊接性差的焊接材料。目前焊接铜及铜合金较理想的方法是氩弧焊，对焊件品质要求不高时，也常采用气焊、手工电弧焊和钎焊等。为保证焊接质量，在焊接铜及铜合金时可采取适当的措施，例如：为了防止氧化亚铜的产生，采用磷青铜焊丝，利用磷进行脱氧；通过清除焊件和焊丝上的油、锈、水分，减少氢的来源，来避免气孔的形成；焊接厚板时可通过焊前预热来改善应力的分布状况，焊后锤击焊缝来减小残余应力，或焊后进行再结晶退火来细化晶粒。

5.4　热成型工件的质量控制

5.4.1　焊接加热对焊件质量的影响

焊接加热过程对焊件的影响相对铸造和锻造加热来说有很大的不同。铸造和锻造的加热对工件的整体有共同的热影响，在加热和随后的冷却过程中，只需要考虑工件的表面和内部可能出现的组织和性能变化，就可以对工件组织和性能的变化有一个整体的判断。而焊接加热由于是对被焊接的两个金属材料的连接处进行加热，金属材料的整体在不同位置上的温度是完全不同的，因此在焊接结束后，焊接件整体的组织和性能有很大的变化，有的区域组织和性能非常差，需要我们了解后在应用过程中加以注意。

5.4.1.1　焊接工件上温度的变化及分布

焊接过程是对两被焊接金属的接缝处进行加热或加压，由于金属具有良好的导热性，焊件接缝的高温热会传递扩散至周边，温度沿焊接金属接缝向周边逐渐下降。温度的变化会造成焊件接缝周边的金属组织和性能发生变化，我们将因焊接热造成焊接材料组织和性能变化的区域统称为焊接接头。

5.4.1.2　焊接接头金属的组织和性能变化

焊接接头的组织和性能因焊接形式的不同而各不相同，通常由焊缝和热影响区两部分组成。熔化焊的温度变化对组织和性能有很大影响，且由于其是主要的焊接方法，因此焊接接头有更明确的分法。如图 5－34 所示，被焊接的工件材料称为母材（或称基本金属），焊接中，母材局部受热熔化形成熔池，熔池不断移动并冷却后形成焊缝；焊缝两侧部分母材因焊接加热的影响而引起金属内部组织和力学性能变化的区域，称为焊接热影响区；焊缝和热影响区的分界线（区）称为熔合线（区）。所以熔化焊的焊接接头由焊缝、熔合线（区）和焊接热影响区 3 部分组成。

图 5－35 为碳钢焊接接头温度变化示意图。由示意图可看出，距焊缝越远，金属母材的温度越低。对于碳钢而言，由于其在固态下存在着相变，因此在相变温度区域内的金属母材部分（即热影响区）必然会发生相应的组织变化，由此导致相变温度区域内的金属母材产生力学性能的变化。下面就以亚共析碳钢为例，分析焊接接头的组织和性能因焊接加

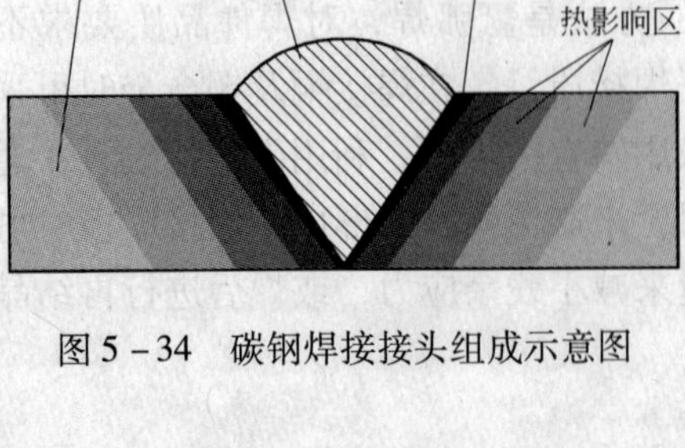

图 5－34　碳钢焊接接头组成示意图

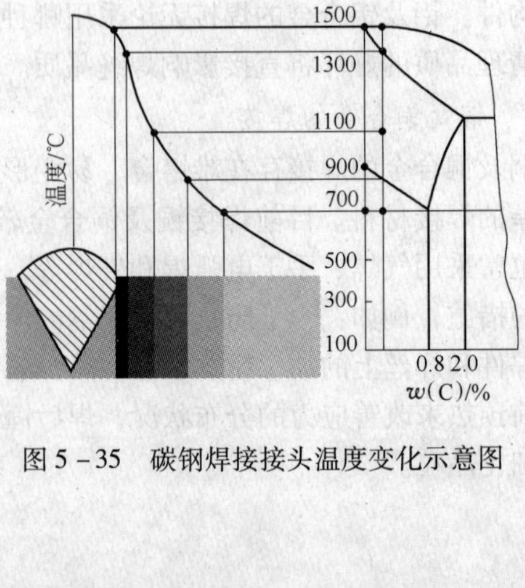

图 5－35　碳钢焊接接头温度变化示意图

热温度产生的变化。

A 焊缝的组织和性能

焊缝是熔池金属结晶形成的焊件结合部分。焊缝金属的结晶是从熔池底壁开始的，由于结晶时各个方向的冷却速度不同，因而形成的晶粒是柱状晶，柱状晶粒的生长方向与最大冷却方向相反，垂直于熔池底壁。

焊缝的组织类似于金属型的铸态组织，其晶粒粗大、成分偏析、组织不致密。但由于焊丝本身的杂质含量低及合金化作用，焊缝的化学成分优于母材，所以焊缝金属的力学性能一般不低于母材。

B 熔合区的组织和性能

熔合区是焊缝与母材交接的过渡区，这个区域的焊接加热温度在液相线和固相线之间，又称半熔化区。焊接过程中该区仅部分金属被熔化，熔化的金属在冷却过程中将凝固成铸态组织，而未熔化的金属因加热温度过高而成为异常粗大的晶粒组织。

熔合区的组织极不均匀、晶粒异常粗大，导致其塑性、韧性极差，是焊接材料产生裂纹和局部脆性破坏的源点。在低碳钢焊接接头中，尽管熔合区很窄（仅0.1～1mm），但仍在很大程度上决定着焊接接头的力学性能。

C 焊接热影响区的组织和性能

由于焊缝附近各点受热情况不同，其组织变化也不同，不同类型的母材金属热影响区各部位也会产生不同的组织和性能的变化。对于碳钢而言有以下几种变化：

(1) 过热区。处于熔合区温度以下远高于奥氏体相变的高温区，室温组织加热至此发生奥氏体转变并因过热而长大，组织为过热粗晶粒，因此，力学性能较低。

(2) 正火区。处于过热区温度以下完全奥氏体相变的温度区域，室温组织加热至此发生完全的奥氏体转变，组织为细小的晶粒，冷却（空冷）后为正火组织，因此性能优于母材。

(3) 部分相变区。处于 A_{c1}～A_{c3} 温度区域之间，室温组织加热至此发生部分奥氏体相变，晶粒粗细不均匀，因此，力学性能不均匀，性能稍差。

5.4.1.3 改善焊接接头组织和性能的方法

焊接热影响区在焊接过程中是不可避免的。低碳钢焊接时因其塑性很好，热影响区较窄，危害性较小，焊后不进行处理就能保证使用。但对重要的钢结构或用电渣焊焊接的构件，则必须充分注意到热影响区带来的不利影响，要用焊后热处理办法消除焊接热影响区的不利影响，以改善焊接接头的性能。

焊后不能进行热处理的金属材料或构件，可采用正确选择焊接方法和焊接过程的措施来减少焊接接头内不利区域的影响，达到提高焊接接头性能的目的。

5.4.1.4 焊接应力与变形

焊接过程中的热会使焊件产生应力，从而引起变形，甚至裂纹。如果焊接过程产生的应力过大，使焊件变形严重而又无法矫正，就会使焊件报废。因此，在设计和制造焊接结构时，应尽力防止产生超过允许数值的变形量和尽量减少焊接应力。

A　焊接应力和变形产生的原因

焊接过程中对焊件进行的局部不均匀加热，是产生焊接应力和变形的根本原因。当焊接材料因刚性不足，承受不了焊接应力时就会产生变形，通过变形来削弱应力。如果焊接应力超过焊接材料的强度极限，焊接件不仅发生变形，而且还会产生裂纹，尤其是低塑性材料更易开裂。

B　防止和减少焊接变形的措施

要防止和减少焊接变形，主要从焊接结构设计和焊接过程两方面来采取措施。

合理设计焊接构件是指在保证结构有足够承载能力的情况下，尽量减少焊缝数量、焊缝长度及焊缝截面积；要使结构中的所有焊缝尽量处于对称位置；对于厚大构件的焊接，应开两面坡口进行焊接，避免焊缝交叉或密集；尽量采用大尺寸板料及合适的型钢或冲压件代替板材拼焊，以减少焊缝数量，从而减少变形。

防止与减小焊接变形的工艺措施为：反变形法、加裕量法、刚性夹持法和选择合理的焊接工艺顺序。

对于即使焊前采用了预防变形的措施，焊后仍可能产生超过允许值的变形量的构件而言，为确保焊件的形状和尺寸要求，需要对已产生的变形进行矫正。焊接变形的矫正实质上就是使焊件结构产生新的变形，以抵消焊接时已产生的变形。生产中常用的矫正方法有机械矫正法、火焰加热矫正法。

5.4.2　热成型工件加热及冷却时产生的缺陷及防止方法

热成型工件加热及冷却时产生的缺陷主要有：氧化及烧损、过热及过烧、变形及开裂。

5.4.2.1　氧化及烧损

金属材料在加热时，其表层的金属或合金中的元素与介质（或气氛）中的氧、二氧化碳、水蒸气等发生反应生成氧化物膜的现象称为氧化；氧化过程的持续及高温的持续将使金属材料的表面产生剥落形成烧损。高温（一般570℃以上）工件氧化后尺寸精度和表面粗糙度恶化。对于淬透性差的钢件，氧化膜的存在使其易出现淬火软点。

钢在加热时，表层的碳与介质（或气氛）中的氧、氢、二氧化碳及水蒸气等发生反应，降低表层碳浓度的现象称为脱碳。表面脱碳的钢淬火后，其表面硬度、疲劳强度及耐磨性将会降低，而且表面形成的残余拉应力易形成表面网状裂纹。

防止氧化、烧损及减少钢件脱碳的措施有：工件表面喷涂涂料、用不锈钢箔包装密封加热、采用盐浴炉加热、采用保护气氛加热（如净化后的惰性气体、控制炉内碳势）、火焰燃烧炉（使炉气呈还原性）加热，也可通过快速加热、减少空气送量及燃料中的水和碳的含量加以控制。

5.4.2.2　过热和过烧

加热温度较高或在高温下保温时间过长，引起晶粒粗化的现象称为过热；加热温度过高不仅引起晶粒粗大，而且使晶界局部出现氧化或熔化，导致晶界弱化的现象称为过烧。粗大的晶粒会导致金属材料的强韧性降低，脆性转变温度升高。对于钢铁材料会增加淬火时的变形开裂倾向。

过热组织经退火、正火后，在正常情况下可重新使晶粒细化。过烧会使性能严重恶化，钢件淬火时形成龟裂，过烧组织无法恢复，只能报废，因此在工作中要避免过烧的发生。

5.4.2.3 变形和开裂

金属材料在加热成型后的冷却过程中，因工件内外散热速度的不同将产生应力、变形甚至开裂的原因，在5.1.1节做了阐述。需要说明的是，无论是铸造、锻造还是焊接，只要是进行了加热，在随后的冷却过程中都将产生应力、变形，甚至出现开裂的现象。因此在热成型加工时要特别注意温度变化对工件造成的此类影响。

5.4.3 锻造加工过程的质量控制

5.4.3.1 锻造温度对锻件质量的影响与控制

锻造温度是指从锻造加工开始到加工结束时的温度间隔范围。锻造加工开始时的温度称为始锻温度，锻造加工结束时的温度称为终锻温度。

锻造温度过高则易引起晶粒粗大或产生过烧，锻件易产生氧化和烧损，对于锻钢件还可能产生严重的脱碳倾向；而锻造温度过低则后续变形困难，终锻之前甚至出现加工硬化现象，导致变形过程难以进行或强制变形产生裂纹甚至拉裂的倾向。因此，锻造加工温度应该适中，既不能过高也不能过低，要根据锻件的高温组织状况、尺寸大小、环境温度以及锻造加工时间的长短来综合考虑。通常是保证始锻温度不足以使锻件产生过烧，终锻温度高于该锻件的再结晶温度，选择的锻造温度始终使锻件处于具有良好塑性的组织区域。

5.4.3.2 锻件流线组织的方向控制

如果锻件材料中存在高熔点的夹杂物，在锻造拔长过程中将会形成流线组织，使得锻件的力学性能产生有向性，且无法通过热处理等方法消除。因此，在锻造过程中，要尽可能地使产生的流线组织与使用过程中拉应力的方向一致。

5.4.3.3 高合金钢锻件共晶组织的控制

高合金钢中含有大量的合金元素，导致其铸态组织中存在大量的莱氏体，故被称为莱氏体钢。高合金钢中的莱氏体组织硬而脆，且无法通过热处理等方法消除，这给高合金钢的加工和使用带来困难。因此，要采用大锻造比反复锻造，来打碎高合金钢中的鱼骨状的莱氏体组织，并在随后的热处理中进行球化处理，充分发挥莱氏体中渗碳体高硬度的作用，最大限度地降低其脆性的影响。

小　结

本章着重介绍了机械零件毛坯加工的基本方法——铸造、锻造、焊接等的工艺特点和主要方法，同时介绍了工艺对材料适应性的要求——工艺性能。通过学习，需要了解不同热加工的工艺性能特征以及主要工艺类型的特点，同时要了解加工过程对材料组织和性能的热影响，防止在工艺过程中出现不必要的组织和性能的缺陷。

各工艺的工艺性能的主要指标有以下内容：

铸造性能（可铸性）的主要指标：流动性和收缩性；

锻造性能（可锻性）的主要指标：变形抗力和塑性；

焊接性能（可焊性）的相对衡量指标：物理可焊性、工艺可焊性和使用可焊性。

常用的材料成型方法比较

成型方法	成型特点	工艺性能要求	制件特征		材料利用率	生产率	主要应用
			尺寸	结构			
铸造	液态金属填充型腔	流动性好，收缩性小	各种	可复杂	较高	低~高	型腔较复杂尤其是内腔复杂的制件，如箱体、壳体、床身、支座等
自由锻	固态金属塑性变形	变形抗力较小，塑性较好	各种	简单	较低	低	传动轴、齿轮坯、炮筒等
模锻			中小件	可较复杂	较高	较高或高	受力较大或较复杂，且形状较复杂的制件，如齿轮、阀体、叉杆、曲轴等
焊接	通过金属熔池液态凝固或塑性变形或原子扩散实现连接	淬硬、裂纹、气孔等倾向较小	各种	可复杂	较高	低~高	形状复杂或大型构件的连接成型，异种材料间的连接，零件的修补等

习　题

5-1　什么是铸造性能，它有哪些主要指标，铸造性能不好的合金，容易产生哪些缺陷？

5-2　何谓合金的流动性，其大小与什么有关，其大小是怎样衡量的？

5-3　何谓缩孔、缩松？简述缩孔、缩松的形成因素及防止方法。

5-4　什么是铸造？简述铸造的主要优缺点。

5-5　什么是锻造？简述锻造的主要优缺点。

5-6　何谓金属的可锻性，影响金属可锻性的因素有哪些？

5-7　什么叫焊接，焊接有哪些优缺点？

5-8　什么叫焊接热影响区，低碳钢焊接热影响区的组织与性能怎样？

5-9　热加工的加热会对金属产生哪些缺陷，如何防止？

6 机械零件选材及工艺路线分析

从原料到制成零件，一般需要经过毛坯生产和机械加工两个阶段。在此过程中，为了调整和改善材料的力学性能，还要进行热处理。一个好的工艺方案，就是根据零件的尺寸、形状、技术要求以及现有设备等情况，正确选择合适的材料及毛坯加工方法和零件的机械加工方法，使零件的制造最经济合理，生产率最高，成本最低。

毛坯材料的选择是工艺设计的第一步，它选择的好坏直接影响整个工艺过程，因而显得格外重要。其次，在两个阶段的加工过程中，适时地、合理地进行热处理也是非常重要的。本章就如何合理地选择毛坯，正确分析热处理在机械零件加工工艺过程中的作用，结合前面已学知识，进行综合性的分析和应用。

6.1 机械零件的失效形式

6.1.1 失效的概念

失效是指机器或机械零件在使用过程中，由于尺寸、形状、材料的组织或性能发生变化而引起的机器或机械零件不能完成指定功能或机械构件丧失了原设计功能的现象。零部件的失效会使机床失去加工精度、输气管道发生泄漏、飞机出现故障等，严重地威胁人身生命和生产的安全，造成巨大的经济损失。因此，分析零部件的失效原因、研究失效机理、提出失效的预防措施便具有十分重要的意义。

机械零件的失效是其服役期内因受到损伤而使机器低效工作或提前退役的现象。零件具有以下情况均可视为失效：

（1）完全破坏而不能工作，如齿轮的断齿、刃具的崩刃、构件的断裂等；

（2）虽然能工作但达不到预定的功能和效果，如弹性元件的弹力不足、刃具的钝化、齿轮齿面的磨损导致传动系统的振动等；

（3）损坏不严重，但继续工作不安全，如钢丝绳的断丝、刹车片的磨损、食品容器的锈蚀等。

常见的失效形式可分为下列 3 种：变形失效、破断或断裂失效、表面损伤引起的失效。

6.1.2 失效形式

零件的损坏往往会带来严重的后果，因此人们对零件可靠性的要求越来越高。此外，从经济性考虑，也要求不断提高零件的寿命。所以机构或机械零件的失效分析也就越来越重要。失效分析的目的是找出零件损伤的原因，并提出相应的改进措施，失效分析的结果对于零件的设计、选材、加工以及使用有着重要的指导意义。

6.1.2.1 机械零件的失效形式

零件在工作时的受力情况一般比较复杂，往往承受多种应力的复合作用，因而使零件具有不同的失效形式。

A　断裂失效

断裂是指金属零部件在应力作用下，材料分离为互不相连的两个或两个以上部分的现象，它是金属零部件常见的失效形式之一。断裂是一种严重的失效形式，它不但使零部件失效，有时还会导致严重的人身和设备事故。

断裂可分为韧性断裂、低温脆性断裂、疲劳断裂以及高温蠕变断裂等。当零部件在外载荷作用下，某一危险截面上的应力超过零部件的强度极限时，将发生前两种断裂；当零件在循环交变应力作用下，工作时间较长时，最易发生疲劳断裂；当零件在高温下长时间工作时则容易产生高温蠕变断裂。

（1）韧性断裂失效。零件在过大的外力作用下，出现过量塑性变形后而发生断裂导致零件失效。

（2）低温脆性断裂失效。零件在低于其材料的韧脆转变温度以下工作时，韧性和塑性大大降低并发生脆性断裂而失效。

（3）疲劳断裂失效。零件在承受交变载荷时，一定周期后会发生断裂导致零件失效。疲劳断裂为脆性断裂。

（4）高温蠕变断裂失效。在高温下工作的零件，当蠕变变形量超过一定范围时，零件内部产生裂纹，导致快速断裂而失效。

（5）环境破断失效。在负载条件下，由于环境因素（例如腐蚀介质）的影响，往往出现低应力下的延迟断裂使零件失效。

B　过量变形失效

机械零件受载工作时，必然会发生弹性变形。在允许范围内的微小弹性变形对机器工作影响不大，但过量的弹性变形会使零件或机器不能正常工作，有时还会造成较大振动，致使零件损坏。当超过材料的屈服强度时，塑性材料还会发生塑性变形，这会造成零件的尺寸和形状改变，破坏零件与零件间的相互位置和配合关系，使零件或机器不能正常工作。

变形失效主要有弹性变形失效和塑性变形失效两种。弹性变形具有可逆性、单质性、变形量小等特点，所以造成的危害性不大。而塑性变形是不可逆的变形，这样的过量变形将影响构件的使用功能。为避免上述情况出现可采取以下措施：

（1）选择合适的材料和构件结构，如采用高弹性模量材料或者增加承载面积；

（2）准确确定构件的工作条件，正确进行应力计算；

（3）严格控制工艺流程，减少残余应力等。

C　表面损伤失效

绝大多数零件都与其他零件具有静或动的接触和配合关系。载荷作用于表面，摩擦和磨损就发生在表面；环境介质包围着表面，腐蚀就在表面产生。因此，失效大都会出现在表面。表面损伤包括磨损失效、腐蚀失效和表面接触疲劳失效。表面损伤后通常都会增大摩擦，增加能量消耗，破坏零件的工作表面，致使零件尺寸发生变化，最终造成零件报废，因此零件的使用寿命在很大程度上受到表面损伤的限制。

实际零件在工作中往往不只是一种失效方式起作用，但一般来说，造成一个零件失效时总是一种方式起主导作用，因此，失效分析的核心就是要找出主要的失效方式。各类基本失效方式可以互相组合成更复杂的复合失效方式，如腐蚀疲劳、蠕变疲劳、腐蚀磨损等。各类失效都有主导方式和辅助方式，因此在分析时往往把失效方式归入主导一类中，例如腐蚀疲劳，疲劳特征是主导因素，腐蚀起辅助作用，因此被归入疲劳一类进行分析。

6.1.2.2 机械零件的失效原因

机械零件在设计寿命内发生失效的原因多种多样，一般认为是由设计不合理、选材不当或材料存在缺陷、制造工艺不合理、使用操作和维修不当等方面引起的。

A 设计不合理

由于设计上考虑不周或认识水平的限制，设计不合理造成机械零件在使用过程中失效的现象时有发生。其中结构和形状不合理，如零件存在缺口、小圆弧转角、不同形状过渡等高应力区引起的失效均比较常见。设计中的过载、应力集中、机构选择不当、安全系数过小以及搭配不合理等都会导致机械零件失效。

B 选材不当和材料存在缺陷

机械零件的材料选择要遵循使用性能原则、加工工艺性能原则及经济性能原则。使用性能原则是首先要考虑的，零件在特定环境中使用时，对可预见的失效形式要为其选择足够的能抵抗该种失效的材料。如韧性材料可能产生屈服变形或断裂失效，则应该选择具有足够的屈服强度和抗拉强度的材料；但在可能产生低应力脆性断裂、疲劳及应力腐蚀开裂的情况下，高强度的材料往往适得其反。在保证零件使用性能、加工工艺性能要求的前提下，经济性也是必须考虑的。

机械零件所用的原材料一般要经过冶炼、轧制、锻造、铸造等过程，在制造过程中造成的缺陷往往也会导致零件的早期失效。冶炼工艺较差时会使金属材料中含有较多的氧、氢、氮，并有较多的杂质和夹杂物，这不仅会使材料的性能变脆，甚至还会形成疲劳裂纹源，导致早期失效。若轧制工艺控制不好，会使材料表面粗糙、凹凸不平，产生划痕、折叠等，这些缺陷都会导致失效。铸造容易使铸件产生疏松、偏析、内裂纹、夹杂物沿晶间析出等引起脆断的缺陷，因此高强度的机械零件较少用铸件。由于锻造能够明显改善材料的力学性能，许多受力零件应尽量采用锻件。

C 制造工艺不合理

机械零件往往要经过冷热成型、焊接、机械加工、装配等制造工艺过程。若工艺规范制定不合理，则在加工成型过程中往往会给零件留下各种各样的缺陷。如冷热成型的表面粗糙不平；焊接时焊缝的表面缺陷、焊接裂纹；机械加工中出现的圆角过小、划痕；组装的错位、不同心度等，所有的这些缺陷如超过一定限度则会导致零件以及装备早期失效。

D 使用操作不当和维修不当

使用操作不当是机械零件失效的重要原因之一，如违章操作、超载、超速、缺乏经验、粗心大意等；如对装备的检查、维修和更换不及时，或对检查发现的问题没有采取适当的修理、防护措施等。

6.1.2.3 失效分析的一般方法

正确的失效分析是找出零件失效原因，解决零件失效问题的基础环节。在失效分析中，有两项最重要的工作：（1）收集失效零件的有关资料，这是判断失效原因的重要依据，必要时还要做断裂力学分析。（2）根据宏观及微观的断口分析，确定失效发源地的性质及失效方式。机械零件的失效分析是一项综合性的技术工作，大致有如下步骤：

（1）尽量仔细地收集失效零件的残骸，防止碰撞和污染，并拍照记录实况，确定重点分析的对象，样品应取自失效的发源部位，或能反映失效性质和特点的地方。

（2）对所选试样断口进行宏观（用肉眼或低倍显微镜）及微观（用高倍的光学或电子显微镜）分析以及必要的金相组织分析，确定失效的发源点及失效的方式。

（3）详细记录并整理失效零件的有关资料，如设计图纸和说明书、实际加工工艺、使用维修记录等。根据这些资料全面地从设计、加工、使用各方面进行具体的分析。

（4）对失效样品进行性能测试、组织分析、化学分析和无损探伤，检验材料的性能指标是否合格，组织是否正常，成分是否符合要求，有无内部或表面缺陷等，全面收集各种必要的数据。

（5）进行断裂力学分析，在某些情况下需要进行断裂力学计算，以便确定失效的原因并提出改进措施。

（6）综合各方面分析资料作出准确判断，确定失效的具体原因，提出改进措施，写出相关报告。

6.2　选材的基本原则

机械设计工作的一般程序是：首先根据零件的工作条件（如载荷性质、工作温度、使用环境等）选择材料，然后根据所选材料的力学性能和工艺性能来确定零件的断面尺寸和结构形状，最后制定出零件的图样和技术条件。所以材料的正确选择是保证产品内在质量的一个非常重要的因素。

机械零件的选材是一项十分重要的工作。选材是否恰当，特别是一台机器中关键零件的选材是否恰当，将直接影响到产品的使用性能、使用寿命及制造成本。选材不当严重时可能导致零件完全失效并导致重大的经济损失，有时甚至要付出生命的代价。

零件选材应该考虑以下几方面问题：选材应满足零件工作条件对材料使用性能的要求；选材应满足生产工艺对材料工艺性能的要求；选材应力求使零件生产的总成本最低；选材应考虑产品的实用性和市场需求；选材应考虑实现现代化生产的可行性。因此，在掌握各种工程材料性能的基础上，正确、合理地选择和使用材料是从事工程构件和机械零件设计与制造的工程技术人员的一项重要任务。

机械零件的选材又是一项复杂的工作。因为每个机械零件都有特定的功用，在其服役期内要保证各项指标均符合设计要求，且零件经久耐用。为此，零件应具有足够的失效抗力。如前所述，影响零件失效的原因是多方面的，从选材角度来看，应有3条原则：（1）材料应满足相应的使用性能指标；（2）材料应有良好的工艺性能；（3）材料的成本较低。

6.2.1　选材的使用性能原则

按使用性能原则选择材料主要是根据力学性能来确定材料类型，若有特殊的工作环境和要求，则需同时考虑相关的物理和化学性能。

在机械设计工作中，选择零件材料的主要依据是零件的工作条件和预期寿命。从零件的工作条件和预期寿命中找出对材料力学性能的要求，这是材料选择的基本出发点。但不是任何机械零件的寿命越长越好，因为这样必然导致生产成本过高，从而使整台设备在价格上明显缺乏竞争力，同时也违背现代设计思想。每种零件应考虑其用途和自身寿命，同时也要考虑整个设备的设计使用寿命，使每个零件的寿命不要超过整个设备的寿命，因此确定零件合理的使用寿命十分重要。

绝大多数零件的失效主要是力学因素造成的，因此确定力学性能指标后，就要选择相应的材料来满足，而材料的力学性能指标又取决于材料的化学成分、热处理工艺等因素。因此在选材中要注意以下几个问题。

6.2.1.1 材料的热处理条件

如果某种材料的力学性能指标的测试条件与零件的热处理条件一致，则可以直接从材料设计手册中选取，否则还要针对具体零件的材料和热处理工艺进行力学性能测试。

6.2.1.2 力学性能指标的综合作用

一般情况下，在提高材料强度的同时，塑韧性就要下降，当塑韧性下降到一定值时，在低应力的作用下材料易产生微裂纹，从而使得承载能力下降。所以，为了保证零件的使用安全，在对零件进行选材并确定热处理方案时，一定要考虑力学性能指标的综合作用，充分考虑零件力学性能的强韧性配合。零件在不同工作条件下，强韧性的合理配合至今尚无普遍运用的估算方法，对于实际工作的各种零件来说，一般只是根据下列原则定性地确定，其可靠性往往仍需由实际试验来验证。

A 塑性、韧性的选择

对于在静载荷下工作，结构上存在非尖锐缺口（如结构小孔、键槽、凸肩等）的零件，高的塑性可以降低局部的应力集中，防止零件产生微裂纹，所选材料应有一定的塑性和韧性。而对于在低温下工作的零件，常选择韧性较大的材料。对于承受小能量多次冲击的零件以及结构上存在尖锐缺口和内部存在裂纹的零件，强度是非常重要的因素，可以不按照传统的方法选择塑性及韧性都很高的材料。

B 硬度的选择

材料的硬度常在一定的范围内影响着强度。一般情况下，提高金属材料硬度的方法，同时能够使强度得到提高，而使塑性、韧性下降。但对于高碳钢，如果材料的热处理方法不当，则可能在硬度升高的同时，强度也下降。如将过共析钢加热至 A_{cm} 线以上，然后再缓慢冷却，则会得到网状渗碳体组织，使钢的强度、塑性、韧性严重下降，但由于渗碳体的存在，硬度却很高。

应该指出，材料的常规力学性能对零件的承载能力和预期寿命各有其独立作用，但它们之间又互有影响。因此在选材时就存在取舍问题，对于大多数的零件来说，在保证强度、硬度的同时，应合理地确定塑性与韧性，以充分发挥材料的潜能。当然，采取某些热处理工艺可以得到细化、超细化的晶粒，而使得材料在强度提高的同时，硬度、塑性和韧性也都能得到提高。

6.2.2　选材的工艺性能原则

一般材料都需要进行成型加工才能成为成品零件。材料的工艺性能表示材料成型加工的难易程度，工艺性能的好坏直接影响零部件的质量、生产效率和成本。因此，材料的选择在满足使用性能的基础上，还应满足成型加工工艺性的要求。

6.2.2.1　切削加工性能

对要求有较高精度的零件，毛坯成型后还需要进行切削加工。选材时就要考虑到切削加工的特点，不要选择非常难以切削加工的材料，或者考虑以适当的热处理来改善切削加工性，否则难以达到零件所要求的表面粗糙度和尺寸精度。

6.2.2.2　热处理工艺性能

重要的零件都要进行热处理，选材时就要考虑材料的热处理性能。例如，零件的整个断面都需要淬火的重要轴类，在选择材料时就需要选择淬透性很好的材料；对于刀具类零件，就需要选择有较高回火稳定性的材料；对于需要锻造的零件，最好选择本质细晶粒度材料；对于表面需要涂（镀）层的零件，就要考虑表面与基体的结合力等。

6.2.2.3　热成型工艺性能

材料通常都需要热成型才能成为零件的毛坯，因此，材料满足热成型工艺的工艺性能将是非常重要的。例如，对于铸造成型的毛坯，使用的材料必须满足流动性好及收缩性小的要求，对于某些薄壁件还需要材料有非常高的流动性；对需要压力加工成型的零件，就需要材料具有小的变形抗力和良好的塑性；对需要焊接成型的零件，应考虑其焊接性能，一般来说，随着钢中含碳量的增加，材料的焊接性能下降，当碳当量大于0.45%时，其焊接性能显著恶化。

总之，良好的工艺性能是保证零件顺利加工成型、改善零件的质量、简化零件的生产工艺、降低零件的生产成本的重要条件。

主要热成型加工的工艺性能包括：

（1）铸造性能。主要指标是金属的流动性和收缩性，此外还需考虑偏析性和吸气性。

（2）锻造性能。主要指标是金属的塑性和变形抗力。

（3）焊接性能。针对不同的焊接方法和焊接条件，确定材料焊接性能的优劣。

6.2.3　选材的经济性原则

在满足零件使用性能和工艺性能的前提下，选材时还应考虑尽量降低零件的材料费用。零件的总成本与零件的寿命、质量、加工费用、维修费用和材料价格有关。因此应根据各种资料，对总成本进行分析，以便选材和设计等工作做得更合理。

零件选材时，在满足使用性能和工艺性能要求的条件下，应避免选择稀有贵重材料，如碳钢比合金钢价格低，则应尽可能优先选择碳钢；应根据我国的具体情况和富有资源就近取材，如我国是贫镍、铬的国家，而硅、锰、稀土元素较多，因此选择硅锰类钢代替镍铬类钢从价格上说要便宜得多；有时，还可选用价格较低的钢种，通过适当的热处理来满足零件使用性能的要求，但要通过成本的核算，确定增加的热处理工序所增加的成本要比选择价格较高的材料成本低。

零件选材时，还应尽量选择可简化加工工序的材料；应合理地选择代用材料，使代用材料既可保证产品的使用性能，又能大幅度降低其加工费用，简化加工工艺。例如，用球墨铸铁代替锻钢材料做低速柴油机的曲轴、铣床主轴已成为以铸代锻的成功范例，具有较好的经济效益。

6.3 热处理方案的选择及工艺路线的合理安排

通过第3章的学习我们已经知道，对于不同力学性能要求的机械零件，如果选用钢铁材料，则可通过一定的热处理方法来提高或改善机械零件的力学性能。因此，对于不同的受力状况，确定了不同的钢铁材料，选择合适的热处理方案来满足其力学性能的要求是十分重要的。

6.3.1 热处理方案的选择

6.3.1.1 对要求综合力学性能的零件

通常此类零件的工作条件是承受循环载荷或冲击载荷，失效形式一般为过量变形或疲劳破坏。因此，其热处理方案可有以下几种选择：

（1）对于选择承受均匀且较小载荷的碳钢作为此类零件的材料，通常热处理方案确定为正火或调质处理，获得铁素体+索氏体或回火索氏体组织。

（2）对于选择承受交变且较大载荷的合金钢作为此类零件的材料，通常热处理方案确定为调质处理，获得回火索氏体组织。

（3）对于选择球墨铸铁作为此类零件的材料，通常热处理方案可确定为调质处理、等温淬火、表面淬火+低温回火等，获得回火索氏体组织或下贝氏体组织或回火马氏体组织。

6.3.1.2 对要求高弹性的元件

通常此类元件的工作条件是承受循环载荷或冲击载荷，失效形式一般为过量变形与疲劳破坏。因此其热处理方案为：

（1）采用冷加工成型的元件，如形状尺寸较小的弹簧，采用去应力退火，以消除内应力。

（2）采用热加工成型的元件，如形状尺寸较大的弹簧，采取淬火+中温回火，获得回火屈氏体组织。

6.3.1.3 对于要求表面耐磨的零件

通常此类零件的工作条件是承受循环载荷或冲击载荷，表面受到摩擦，失效形式一般为磨损与疲劳破坏。因此其热处理方案有以下几种：

（1）对于选择同时受磨损与循环、冲击载荷，失效形式为磨损的中、低碳钢作为此类零件的材料。

1）中碳钢。通常采用调质处理后进行表面淬火和低温回火的热处理方案，最终获得心部具有较好综合力学性能的组织，表面为回火马氏体 + 碳化物组织。

2）低碳钢。采用渗碳、淬火 + 低温回火的热处理方案，最终获得心部具有较好综合力学性能的组织，表面为高碳回火马氏体 + 碳化物组织。

（2）对于选择高应力大冲击载荷，要求高硬度及很好的韧性的高锰钢作为此类零件的材料，通常采用水韧处理，以获得单相奥氏体组织。

6.3.1.4　对于要求高硬度和高耐磨性的刃具

通常此类工具的工作条件为：刀刃本身承受弯曲、扭转、剪切、冲击和振动等负荷作用，同时还受到工件和切屑的强烈摩擦，失效形式主要是磨损。

（1）对于选择受力较小、磨损较大，失效形式为磨损的过共析钢或低合金刃具钢作为此类工具的材料，通常采用正火、球化退火后进行淬火 + 低温回火的热处理方案，获得回火马氏体 + 球状碳化物 + 少量残余奥氏体组织。

（2）对于选择受力较大、较高温度下耐磨，失效形式为磨损或断裂（崩刃）的高速钢作为此类工具的材料，通常采用大锻造比锻造、球化退火后进行高温淬火和 3 次高温回火的热处理方案，获得回火马氏体 + 球状碳化物 + 少量残余奥氏体组织。

6.3.2　热处理工艺路线的合理安排

热处理工艺路线具体如下：

（1）预先热处理的工序安排。预先热处理是为了消除前道工序的组织缺陷，为后续热处理做组织准备或为后续切削加工做组织和性能准备的热处理。通常包括退火、正火、调质等热处理，一般安排在毛坯生产之后、切削加工之前或粗、精加工之间。

（2）最终热处理的工序位置。最终热处理是为了实现机械零件最终的力学性能所采取的热处理。通常包括淬火 + 回火及表面热处理等，一般安排在半精加工之后、精磨之前。

6.4　典型零件选材与热处理工艺分析

6.4.1　齿轮类零件

6.4.1.1　齿轮的工作条件、失效形式及性能要求

齿轮是机械工业中应用最广泛的重要传动零件之一，它主要用于传递动力、改变运动速度和运动方向。

齿轮工作时的受力情况是：传递扭矩使齿根承受很大的交变弯曲应力；换挡、启动或啮合不均时，齿部承受一定的冲击载荷；齿面相互滚动或滑动接触时，承受很大的接触压应力及摩擦力的作用。

齿轮的主要失效形式有：齿根疲劳断裂、齿面局部剥落和过度磨损。

齿轮材料应具有以下性能：高的弯曲疲劳强度和接触疲劳强度；高的齿面硬度和耐磨性；良好的心部强度和韧性；较好的工艺性能。

6.4.1.2　齿轮的选材及热处理工艺分析

根据应用场所的不同，齿轮选材的范围非常广泛，现以常用的两种为例介绍如下。

A 汽车、拖拉机变速齿轮

汽车、拖拉机用变速齿轮的工作条件较恶劣，受力较大，超载荷工作和受冲击频繁。因此，在耐磨性、疲劳强度、抗冲击能力等方面的要求比机床用齿轮高。一般选用合金渗碳钢如20CrMnTi钢、20CrMnMo钢等制造。

其工艺路线一般为：下料→锻造→正火→机械加工→渗碳+淬火+低温回火→喷丸→磨内孔及换挡槽→装配。

合金渗碳钢的热处理工艺性能较好，有较好的淬透性，渗碳淬火后变形小。锻造后正火的目的：（1）获得正火组织（铁素体+索氏体）以改善锻造组织缺陷，提高齿轮整体抗冲击的能力；（2）改善合金渗碳钢的切削加工性能；（3）为其后的最终热处理做组织准备。

渗碳的作用是提高齿面含碳量（0.8%～1.05%），通过其后的淬火+低温回火，可获得0.8～1.3mm的淬硬层，以提高齿轮表面的硬度和耐磨性。最终组织：表面为高碳回火马氏体+碳化物+少量残余奥氏体；心部在淬透时为低碳回火马氏体，未淬透时为原始组织（铁素体+索氏体）。

喷丸处理的目的是使零件表层产生压应力，提高抗疲劳性能。

B 机床传动齿轮

机床传动齿轮工作时受力不大，转速中等，工作较平稳，无强烈冲击，强度和韧性要求均不太高，一般用中碳钢（或合金调质钢）制造。经调质后心部有足够的强韧性，能承受较大的弯曲应力和冲击载荷；表面采用高频淬火强化，硬度可达52～55HRC，耐磨性得到提高。

其加工工艺路线为：下料→锻造→正火→粗加工→调质→精加工→高频淬火+低温回火→精磨。

工艺中，采用正火处理后获得铁素体+索氏体（或伪共析索氏体）组织，可消除锻造应力、均匀组织、改善切削加工性、改善齿轮表面加工质量，为后续热处理做组织准备；采用调质处理后获得回火索氏体，可使齿轮心部具有较高的综合力学性能，以承受交变弯曲应力和冲击载荷，还可以减少高频淬火变形；高频感应加热淬火+低温回火可提高齿轮表面硬度和耐磨性。最终组织：表面为回火马氏体，心部为回火索氏体。

6.4.2 轴类零件

6.4.2.1 轴的工作条件、失效形式及性能要求

轴是各种机械的重要零件之一，大多数做回转运动的零件均安装在轴上。轴与轴上的零件组合成传动部件并传递运动和动力。其工作条件和受力情况比较复杂，主要失效形式如下：受横向力并传递扭矩，承受交变弯曲应力和扭应力，常常发生疲劳断裂；轴颈和花键等部位发生相对运动，承受较大的摩擦，轴颈表面产生过量的磨损；承受一定的过载和冲击载荷，产生过量弯曲变形，甚至发生折断或扭断。因此，轴的失效形式是断裂和局部过度磨损。

根据轴类零件的工作条件和失效形式，所选择的材料应满足以下的要求：良好的综合力学性能，以防止过载和冲击断裂；高的疲劳强度，以防止疲劳断裂；良好的切削加工性；局部高的表面硬度和良好的耐磨性，以防止轴颈磨损。

6.4.2.2　轴的选材及热处理工艺分析

A　机床主轴

机床主轴主要承受交变弯曲应力和扭转应力，有时也承受冲击载荷作用，轴颈和锥孔表面受摩擦。因此，主轴应该具有良好的综合力学性能，花键、轴颈和锥孔表面应有较高的硬度和耐磨性。

如C616车床的主轴工作时承受扭转和弯曲应力，载荷不大，转速中等，可选用45号钢，具体加工工艺路线为：

下料→锻造→正火→粗加工→调质→半精车外圆+钻中心孔+铣键槽→局部淬火+低温回火（锥孔及外锥体）→车各空刀槽+粗磨外圆+滚铣花键→花键高频淬火+回火→精磨（外圆，外锥体及内锥孔）。

工艺中，采用正火处理后获得铁素体+索氏体组织，可消除锻造应力、均匀组织、改善切削加工性能，为后续热处理做准备；采用调质处理后获得回火索氏体组织，目的是使主轴得到高的综合力学性能；内锥孔和外圆锥面经盐浴局部淬火+低温回火后获得回火马氏体组织，可以提高内锥孔和外圆锥面与卡盘、顶尖相对运动时的耐磨性；花键部位采用高频淬火和回火后获得回火马氏体组织，以保证其耐磨性和高的精度。

B　内燃机曲轴

内燃机曲轴工作时承受扭转和弯曲及冲击力，要求曲轴具有高的强度，一定的冲击韧性和弯曲、扭转疲劳强度，在轴颈处要有高的硬度和耐磨性。

中小功率内燃机曲轴最常用的材料是45号钢和球墨铸铁，高速大功率内燃机曲轴一般采用合金钢，如35CrMo钢、42CrMo钢等。

（1）用45号钢制造曲轴的工艺路线为：下料→锻造→正火→粗加工→调质处理→精加工→轴颈表面淬火+低温回火→精磨。

45号钢制造曲轴的工艺中，正火、调质处理、轴颈部分表面淬火+低温回火等热处理的目的和获得的组织，与机床主轴工艺中相应的热处理工艺相同。

（2）用球墨铸铁（QT700－2）制造曲轴的工艺路线为：熔炼→铸造→退火→粗车→调质处理→精车→轴颈气体氮－碳共渗（软氮化）→精磨。

工艺中，采用退火处理后获得铁素体+球状石墨组织，可以消除铸造应力，防止出现白口组织；经调质处理后得到回火索氏体+球状石墨组织，可以获得良好的综合力学性能；软氮化处理是为了提高轴颈处的抗磨损能力。

6.5　工程材料应用举例

6.5.1　汽车零件用材

6.5.1.1　缸体、缸盖和缸套

缸体常用的材料有灰铸铁和铝合金两种。缸盖应采用导热性好、高温强度高、能承受反复热应力、铸造性能良好的材料来制造。目前使用的缸盖材料有两种：一种是灰铸铁或合金铸铁；另一种是铝合金。常用缸套材料为耐磨合金铸铁，主要有高磷铸铁、硼铸铁、合金铸铁以及铝合金等。

6.5.1.2 活塞、活塞销

活塞材料一般选用20号钢或20Cr、20CrMnTi等低碳合金钢。活塞销外表面应进行渗碳或碳氮共渗处理，以满足外表面硬而耐磨，材料内部韧而耐冲击的要求。

6.5.1.3 气门

气门材料应选用耐热、耐蚀、耐磨的材料。进气门一般可用40Cr、35CrMo、38CrSi、42Mn2V等合金钢制造；而排气门则要求用高铬耐热钢制造。

6.5.1.4 连杆

连杆材料一般采用45号钢、40Cr或者40MnB等调质钢。

6.5.1.5 半轴

中小型汽车的半轴一般用45号钢、40Cr钢制造，而重型汽车用40MnB、40CrNi或40CrMnMo等淬透性较高的合金钢制造。

6.5.1.6 保险杠、刹车盘、纵梁及壳体等

保险杠、刹车盘、纵梁等承受一定载荷的结构件，通常采用08号钢、20号钢、25号钢和Q345等热轧钢板制造。而对于一些形状复杂、受力不大的机械外壳、驾驶室、轿车的车身等覆盖零件，则用上述钢种的冷轧钢板来制造。

6.5.2 机床零件用材

6.5.2.1 机身、底座用材

机床底座常采用灰铸铁制造，其牌号有HT150、HT200及孕育铸铁HT250、HT300、HT350、HT400等。机身、箱体等大型零部件在单件或小批量生产时，也可采用普通碳素钢来制造，其中Q235钢用得最多。

6.5.2.2 齿轮用材

在无润滑的情况下，钢制小齿轮常用普通碳素钢制造。强度要求高的齿轮多采用40号钢、45号钢和合金调质钢等经正火或调质处理的中碳优质钢制造。高速、重载或受强烈冲击的齿轮，宜采用20Cr、20CrMnTi等合金渗碳钢制造。

6.5.2.3 轴类零件用材

一般采用正火或调质处理的45号钢等优质碳素钢制造轴类零件。不重要的或受力较小的轴及一般较长的传动轴，可以采用Q235、Q255或Q275等普通碳素钢制造。承受载荷较大，且要求直径小、质量小或要求提高轴颈耐磨性的轴，可以采用40Cr等合金调质钢或20Cr等合金渗碳钢制造。曲轴和主轴常采用球墨铸铁和可锻铸铁制造。

6.5.2.4　螺纹联接件用材

螺纹联接件由螺栓、多头螺栓、紧固螺钉等联接零件构成。无特殊要求的一般螺纹联接件常用低碳或中碳的普通碳素钢 Q235、Q255、Q275 制造。受中等载荷以及精密机床的螺栓，常用 35 号钢、45 号钢等优质碳素结构钢制造。受重载、高速的极重要的联接螺栓，常用合金结构钢 40Cr、40CrV 等制造。

6.5.2.5　螺旋传动用材

不需要进行热处理的螺旋传动件常用 45 号钢、50 号钢制造；需要进行热处理的螺旋传动件用 T10 钢、65Mn 钢、40Cr 钢等钢材制造。而制造螺母的材料中以铸造锡青铜 ZCuSn10Zn2、ZCuSn6Zn6Pb3 使用得最为广泛。在较小载荷及低速传动中的螺母可用耐磨铸铁制造。

6.5.2.6　蜗轮传动用材

制造蜗轮的材料有铸造锡青铜、铸造铝青铜和铸铁。当滑动速度较大时，常采用铸造锡青铜。为节约贵重的铜合金，制造直径为 100 ~ 200mm 的青铜蜗轮时，常采用将青铜轮缘与灰铸铁轮芯分别加工再组装成一体的方法。蜗轮材料一般为低碳钢或合金渗碳钢，也可采用中碳钢或合金调质钢。

6.5.2.7　滑动轴承用材

滑动轴承合金包括 3 种类型的用材：

（1）有色金属材料和铸铁，如巴氏轴承合金、铜基轴承合金和普通灰口铸铁或加入铬、镍、钛等合金的耐磨铸铁或球墨铸铁；

（2）陶质金属，如通过粉末冶金技术制造含油轴承；

（3）塑料，如常用 ABS 塑料、尼龙、聚甲醛、聚四氟乙烯等制作塑料轴承。

6.5.2.8　滚动轴承用材

滚动轴承的内外圈和滚动体一般用 GCr9、GCr15、GCr15SiMn 等高碳铬或铬锰轴承钢和 GSiMnV 等无铬轴承钢制造。

6.5.2.9　机床其他零件用材

机床其他零件的用材情况如下：

（1）凸轮用材。一般尺寸不大的平板凸轮可用 45 号钢制造，并进行调质处理；要求高性能的凸轮可用 45 号钢和 40Cr 钢制造，并进行表面淬火处理；尺寸较大的凸轮（直径大于 300mm 或厚度大于 30mm），一般采用 HT200、HT250 或 HT300 等灰铸铁或耐磨铸铁制造。

（2）刀具用材。刀具用材包括碳素工具钢、合金工具钢、高速钢和硬质合金。

6.5.3　仪器仪表用材

6.5.3.1　壳体材料

仪器仪表壳体选用的材料有两大类：

（1）采用普通碳素结构钢（如 Q195 钢、Q215 钢、Q235 钢），再用油漆防锈和装饰；或可采用铬不锈钢、铬镍奥氏体不锈钢。

（2）采用非金属材料，如 ABS 塑料，由于其易电镀和易成型、力学性能良好，是制造管道、储槽内衬、电机外壳、仪表壳、仪表盘等的优秀材料。

6.5.3.2　轴类零件用材

仪器仪表的轴类零件因受力不大，可选用 Q235 等普通碳素钢、聚甲醛塑料等工程塑料制造。对于重要且需要耐蚀的轴销等零件，可采用硬铝 LY12、LY11 和黄铜 HMn58 - 2 等有色金属制造。

6.5.3.3　凸轮用材

仪器中多数凸轮所用材料为中碳钢或中碳合金钢，一般尺寸不大的平板凸轮可用 45 号钢板制造，并进行调质处理。要求高性能的凸轮可用 40Cr 钢制造，并进行表面淬火。

6.5.3.4　齿轮用材

仪器仪表用齿轮可用普通碳素钢 Q275 制造，一般不经热处理；可用 QAl10 - 4 - 4 青铜来制造在 400℃以下工作的齿轮、阀座；用 QAl11 - 6 - 6 青铜来制造在 500℃以下工作的齿轮、套管及其他减磨和耐蚀的零件。硅青铜 QSi3 - 1 有高的弹性、强度和耐磨性，耐蚀性良好，可用来制造耐蚀件及齿轮、制动杆等。

小　结

本章是对工程材料和成型工艺知识的初步应用。机械零件在使用前的成型过程中，为了保证能够满足要求，首先要进行材料的选择；其次要确定加工方法。不同的加工方法对材料的力学性能和工艺性能有着不同的要求，这就需要在加工过程中，通过对材料采用不同的热处理方法来适应加工工艺的要求，最终还要满足使用的要求。

通过本章的学习，需要熟悉机械零件选材的基本原则，熟悉材料在加工过程中不同热处理工艺的目的、组织和性能要求，从而能够初步掌握工程材料的基本应用，达到充分认识材料及其热处理重要性的目的。

习　题

6 - 1　何谓失效，零件的失效形式有哪些，引起失效的原因是什么，分析失效的目的是什么？

6 - 2　机械零件的选材一般应根据哪些原则来考虑，分析问题的首要出发点是什么？

6 - 3　请举例说明零件设计不当会给热处理工艺带来哪些危害？

6 - 4　已知一轴，尺寸为 ϕ30mm × 200mm，要求摩擦部分表面硬度为 50 ~ 55HRC，现用 30 号钢制作，采用高频表面淬火（水冷）和低温回火，使用过程中发现摩擦部分严重磨损，试分析失效原因，如何解决？

6-5　有一轴类零件，工作中主要承受交变弯曲应力和交变扭转应力，同时还受到震动和冲击，轴颈部分还受到摩擦磨损。该轴直径 30mm，选用 45 号钢制造。

（1）试拟订该零件的加工工艺路线；

（2）说明每项热处理工艺的作用；

（3）试述轴颈部分从表面到心部的组织变化。

6-6　一重要螺栓（ϕ25mm）起连接紧固作用，工作时主要承受拉力。要求整个截面有足够的抗拉强度、屈服强度、疲劳强度和一定的冲击韧性。

（1）应选用什么材料，选用该材料的理由是什么？

（2）试制订该零件的加工工艺路线。

（3）说明每项热处理工艺的作用和得到什么组织？

6-7　现需制造一齿轮，要求表面具有高的硬度、耐磨性和高的接触疲劳极限，心部具有良好的韧性，有如下几种材料：（1）T12 钢经淬火 + 低温回火；（2）45 号钢经调质处理；（3）用低碳合金结构钢 20Cr 经渗碳 + 淬火 + 低温回火，试问：

（1）应采用上述哪种工艺？

（2）机械零件选材的基本原则有哪些？

（3）说明各热处理的目的及热处理后的组织。

6-8　用 20CrMnTi 钢制造汽车变速箱齿轮，要求表面具有高的硬度、耐磨性和高的接触疲劳极限，心部具有良好的韧性。

（1）写出其加工工艺路线。

（2）机械零件选材的基本原则有哪些？

（3）说明此钢中各元素的作用及各热处理的目的。

6-9　用 40Cr 钢制造传动齿轮，其加工工艺路线如下：

下料→锻造→正火→机械粗加工→调质处理→半精加工→高频淬火 + 低温回火→磨削加工。试问：

（1）机械零件选材的基本原则有哪些？

（2）以上工艺中各热处理工艺的目的是什么？

（3）写出各热处理工艺后的组织。

6-10　用 20Cr 钢制造一个小轴，其工艺路线为：

下料→模锻→正火→机械加工→渗碳→淬火 + 低温回火→磨削加工。试问：

（1）机械零件选材的基本原则有哪些？

（2）以上工艺中各热处理工艺的目的是什么？

（3）写出各热处理工艺后的组织。

冶金工业出版社部分图书推荐

书　　名	作　者	定价（元）
机械振动学（第2版）（本科教材）	闻邦椿　主编	28.00
机电一体化技术基础与产品设计（第2版）（本科教材）	刘　杰　主编	46.00
现代机械设计方法（第2版）（本科教材）	臧　勇　主编	36.00
机械优化设计方法（第3版）（本科教材）	陈立周　主编	29.00
冶金热工基础（本科教材）	朱光俊　主编	30.00
金属学与热处理（本科教材）	陈惠芬　主编	39.00
金属塑性成形原理（本科教材）	徐　春　主编	28.00
金属压力加工原理（本科教材）	魏立群　主编	26.00
金属压力加工工艺学（本科教材）	柳谋渊　主编	46.00
钢材的控制轧制与控制冷却（本科教材）	王有铭　等编	32.00
型钢孔型设计（本科教材）	胡　彬　等编	45.00
轧制测试技术（本科教材）	宋美娟　主编	28.00
加热炉（第3版）（本科教材）	蔡乔方　主编	32.00
材料成形实验技术（本科教材）	胡灶福　等编	18.00
轧钢厂设计原理（本科教材）	阳　辉　主编	46.00
金属压力加工原理及工艺实验教程（本科教材）	魏立群　主编	28.00
金属压力加工实习与实训教程（本科教材）	阳　辉　主编	26.00
金属材料工程实习实训教程（本科教材）	范培耕　主编	33.00
材料现代测试技术（本科教材）	廖晓玲　主编	45.00
机电一体化系统应用技术（高职高专教材）	杨普国　主编	36.00
机械制造工艺与实施（高职高专教材）	胡运林　编	39.00
液压技术（高职高专教材）	刘敏丽　主编	26.00
通用机械设备（第2版）（高职高专教材）	张庭祥　主编	26.00
高炉炼铁设备（高职高专教材）	王宏启　等编	36.00
采掘机械（高职高专教材）	苑忠国　主编	38.00
矿山固定机械使用与维护（高职高专教材）	万佳萍　主编	39.00
矿冶液压设备使用与维护（高职高专教材）	苑忠国　主编	27.00
机械设备维修基础（高职高专教材）	闫家琪　等编	28.00
金属材料及热处理（高职高专教材）	王悦祥　主编	35.00
塑性变形与轧制原理（高职高专教材）	袁志学　主编	27.00
现代轨梁生产技术（高职高专教材）	李登超　编著	28.00
金属热处理生产技术（高职高专教材）	张文莉　等编	35.00
金属材料热加工技术（高职高专教材）	甄丽萍　主编	26.00
金属塑性加工生产技术（高职高专教材）	胡　新　主编	32.00
轧钢工理论培训教程（职业技能培训教材）	任蜀焱　主编	49.00